大学计算机实训及案例分析教程

主　编　张小莉　李盛瑜

科学出版社

北　京

内 容 简 介

本书以“技能—能力—思维”三层培养目标为核心，旨在训练基本技能、培养综合应用能力和拓展计算思维能力。全书分为三部分，第一部分通过信息管理、操作系统及各种教学相关平台的使用实验，使学生掌握计算机基本操作和应用技能；第二部分采用任务驱动模式对办公自动化中的综合应用案例进行分析指导，使学生能利用计算机及信息技术手段解决实际工作和生活中的问题；第三部分通过 Python 编程语言实验，让学生建立程序设计思想，提升计算思维能力，拓展利用计算机解决问题的思维方法，启发和训练学生的创新能力。

本书内容分层递进、循序渐进，既可以作为高等学校本、专科生的教材及考试培训用书，也可作为自学计算机人士的指导参考用书。

图书在版编目（CIP）数据

大学计算机实训及案例分析教程/张小莉，李盛瑜主编．—北京：科学出版社，2020.8

ISBN 978-7-03-065834-0

Ⅰ．①大…　Ⅱ．①张…　②李…　Ⅲ．①电子计算机–高等学校–教材　Ⅳ．①TP3

中国版本图书馆 CIP 数据核字（2020）第 147383 号

责任编辑：胡云志　纪四稳 / 责任校对：杨　赛
责任印制：霍　兵 / 封面设计：蓝正设计

科学出版社 出版
北京东黄城根北街 16 号
邮政编码：100717
http://www.sciencep.com
石家庄继文印刷有限公司印刷
科学出版社发行　各地新华书店经销

*

2020 年 8 月第　一　版　开本：720 × 1000　1/16
2024 年 8 月第十一次印刷　印张：15 1/2
字数：320 000

定价：47.00 元

（如有印装质量问题，我社负责调换）

前　言

随着信息技术革命的全面推进，云计算、大数据、人工智能、物联网等新兴技术已经融入社会生活的各个方面，深刻影响和改变着人们的学习、工作、生活、思维方式。大学计算机基础作为普通高等学校各专业学生的一门必修课程，其目标是全面培养学生的信息素养、计算机科学素养和计算机思维能力，掌握计算机学科与技术的基本知识，使之具备利用计算机分析问题和解决问题的思维与能力，以便在以后的学习和工作中，能够更好地使用计算机及相关技术解决本专业领域的问题。

本书以对计算机的认知能力和计算机基本应用技能培养为切入点，构建基于培养计算思维能力的实践教学体系，面向应用、分层递进、案例丰富、科学合理。本书的实验项目以“技能—能力—思维”三层培养目标为核心，注重学生基本技能的训练，加强学生综合应用能力和计算思维的培养。按照基本操作及应用、综合应用案例分析、计算思维能力拓展实训进行由浅入深、循序渐进的教学，训练学生从计算思维的角度去解决实际应用问题。

本书分为三部分，第一部分为基本操作及应用，第二部分为综合应用案例分析，第三部分为计算思维能力拓展实训。

第一部分包含 16 个实验项目，内容包括信息管理及平台操作实验、文字处理实验、电子表格实验、演示文稿实验。实验类型涵盖验证型、综合型和设计型。每个实验项目均采用任务驱动模式，具有明确的实验目的、具体的实验任务、翔实的实验步骤、新颖的自主实验设计要求，让学生在完成实验任务的过程中掌握计算机基本操作技能和应用方法。

第二部分包含 7 个实验项目，内容包括文字处理综合应用案例、电子表格综合应用案例和演示文稿综合应用案例。这些案例多是综合性和应用性较强的实验任务，主要侧重于利用计算思维的方法和计算机及信息技术的手段解决实际工作中的问题，同时启发和培养学生的创新能力。

第三部分包含 7 个实验项目，内容包括 Python 语言基本结构、Python 图形绘制，旨在通过 Python 编程语言让学生建立程序设计思想，提升计算思维能力，拓展利用程序设计的方法解决复杂问题的能力。

本书的实验项目设计“以学生为本”，充分遵循学生的认知规律。通过任务驱动和案例教学法组织实验项目，可读性高，操作性强，能学以致用，激发学生的学习积极性。全书紧扣教学大纲和等级考试大纲的要求，既可作为各类院校学生学习大学计算机基础的学习指导书，也可作为学生参加计算机等级考试的学习参考书。

本书作者均来自长期担任计算机基础教学的一线教师，具有丰富的课程教学经验，由重庆工商大学张小莉、李盛瑜担任主编，代秀娟、丁明勇担任副主编，陈伟、祁媛媛、罗佳、杨雪涛、李永祥等参加编写，何希平教授担任主审，全书由张小莉、李盛瑜统稿。在本书的编写过程中，得到了重庆工商大学教务处领导的指导及关怀，得到了重庆工商大学计算机科学与信息工程学院领导的热忱关心和帮助，重庆工商大学计算机科学与信息工程学院大学计算机教学部全体教师对本书的出版给予了大力支持，在此一并表示最诚挚的感谢。

由于作者水平有限，书中难免有不足之处，恳请广大读者批评指正。

编　者

2020 年 3 月于重庆工商大学

目　　录

第三部分　计算思维能力拓展实训

第一部分　基本操作及应用

第 1 章　信息管理及平台操作实验

实验 1-1-1　文件和文件夹的基本操作

【实验目的】

1. 掌握文件和文件夹的基本操作
2. 掌握“Windows 资源管理器”的使用方法

【主要知识点】

1. “Windows 资源管理器”的使用
2. 创建和管理文件夹的层次结构
3. 文件和文件夹的基本操作

【实验任务及步骤】

本书实验均在 Windows 7 操作系统下进行。

【任务 1】启动“Windows 资源管理器”，浏览计算机资源，熟悉主要功能按钮的使用方法。

操作步骤

(1) 启动“Windows 资源管理器”主要有以下几种方法。

方法一：单击“开始”→“所有程序”→“附件”→“Windows 资源管理器”命令，即可启动如图 1-1-1 所示“Windows 资源管理器”窗口。

方法二：鼠标右键单击“开始”按钮，选择快捷菜单中的“打开 Windows 资源管理器”命令。

方法三：双击“计算机”或某一文件夹图标，即可打开“Windows 资源管理器”窗口，此时，窗口标题为当前打开的文件夹(或驱动器)名。

(2) 在“Windows 资源管理器”窗口中，单击左窗格的上、下滚动按钮或拖动垂直滚动条，可上下移动来浏览左窗格中的显示内容。

(3) 通过单击文件夹左边的展开按钮“+”号，逐级展开文件夹结构，找到需要访问的目标文件夹(单击“+”号展开文件夹结构的同时，“+”号变为折叠按钮“−”号。可以单击“−”号折叠文件夹结构)。

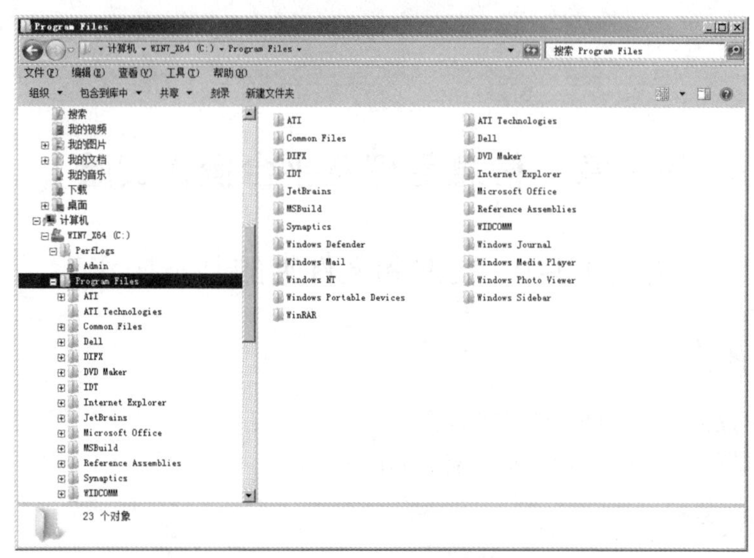

图 1-1-1　“Windows 资源管理器”窗口

(4) 单击左窗格中的某一文件夹，如“Program Files”文件夹，使该文件夹处于打开状态，在右窗格中将显示该文件夹中的内容。

(5) 单击工具栏上的“返回”按钮，可返回当前文件夹“Program Files”的上一级文件夹(如 C 盘文件夹)，此时右窗格内显示 C 盘文件夹的内容。

(6) 也可在右窗格中双击某文件夹图标，打开文件夹，如“Program Files”，在右窗格中可见到该文件夹中的内容。

【任务 2】设置“Windows 资源管理器”右窗格内容的显示方式，并对其中文件、文件夹列表进行排序。

操作步骤

(1) 在“Windows 资源管理器”窗口中，单击“组织”右边的下拉按钮，在其下拉菜单中选择“布局”，在“布局”级联菜单中单击“菜单栏”，窗口可显示菜单项。

(2) 单击“查看”菜单，在其下拉菜单中，分别单击其中的“大图标”“小图标”“列表”“详细信息”等命令，命令项前有“●”标记的为当前显示方式。图 1-1-2 为按“详细信息”方式显示的结果。

(3) 选择“详细信息”方式，若拖动右窗格上方任意两个属性之间的竖分隔线，可以对“名称”“大小”“类型”和“修改日期”各项的显示宽度进行调整。如将鼠标指向“名称”和“修改日期”之间的竖线上，当鼠标变为双向箭头时向右拖动鼠标至适当的位置时释放鼠标，可加大“名称”栏显示宽度，此时文件、文件夹列表的名称会全部显示于窗口中。

图 1-1-2　按“详细信息”方式显示

(4) 对“Windows 资源管理器”右窗格中的文件、文件夹列表进行排序。

方法一：在“查看”下拉菜单中，选择“排序方式”命令，在其级联菜单中分别单击：按类型、按大小、按名称和按修改日期等排序命令，观察右窗格中内容按命令重新进行排列，如图 1-1-3 所示。

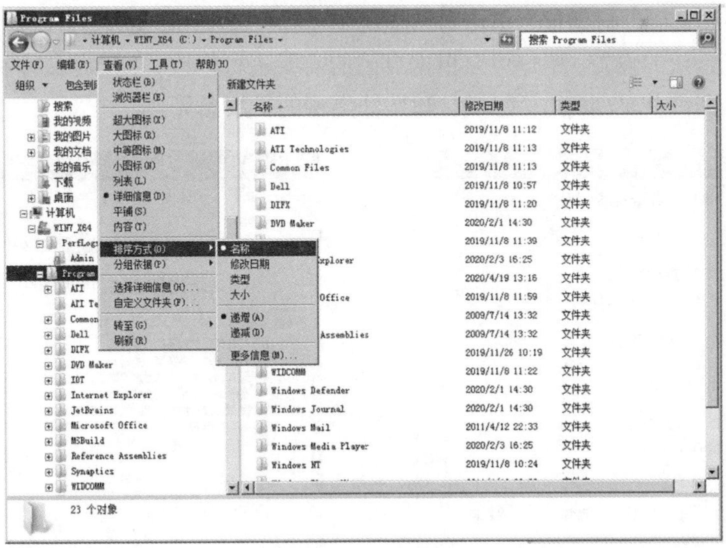

图 1-1-3　排列图标

方法二：在“详细信息”显示方式下，单击右窗格上方的“名称”“大小”“类型”和“修改日期”各项，观察右窗格的变化。例如：单击“大小”选项，则显示方式按文件从小到大排列，再次单击“大小”，则按从大到小排列；单击“类型”选项，窗口中的文件、文件夹按扩展名的字母顺序排列。

【任务 3】文件属性设置，搜索 C 盘文件夹中的“calc.exe”文件，并将其属性设置为“隐藏”和“只读”。

操作步骤

(1) 在“Windows 资源管理器”中打开 C 盘文件夹，通过“搜索”框找到“calc.exe”文件。

(2) 鼠标右键单击“calc.exe”文件，在弹出的快捷菜单中选择“属性”命令，打开如图 1-1-4 所示文件属性对话框。

(3) 分别勾选“隐藏”和“只读”前面的复选框，将其选中，单击“确定”按钮，则该文件已被设置成只读和隐藏属性文件。

(4) 单击“查看”菜单的“刷新”命令，会发现“calc.exe”文件已经被隐藏了。

【任务 4】“文件夹选项”功能的使用。

操作步骤

在“Windows 资源管理器”窗口，单击“工具”→“文件夹选项”命令，打开“文件夹选项”对话框，单击对话框的“查看”选项卡，如图 1-1-5 所示。对于其中系统默认的设置，用户可以根据自己的需要进行修改，如隐藏文件和文件夹、使用简单文件共享(推荐)、隐藏已知文件类型的扩展名等。

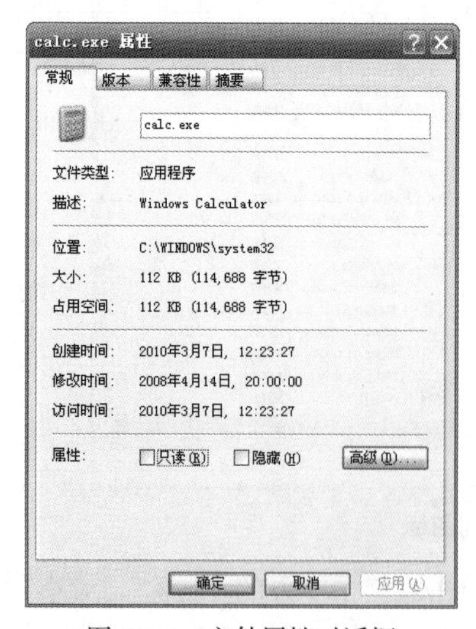

图 1-1-4　文件属性对话框

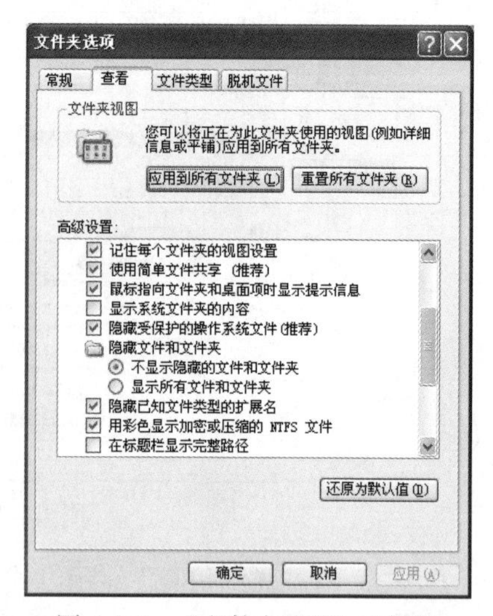

图 1-1-5　“文件夹选项”对话框

方法与技巧

1. 文件的属性

文件的属性有“只读”“隐藏”“系统”和“存档”四种。系统文件和隐藏文件在资源管理器中一般不显示，但可以通过“文件夹选项”对话框来设置是否显示系统文件和隐藏文件。

2. 文件及文件夹名的意义和组成

计算机中处理的任何数据和信息都以文件的形式存储在磁盘上，并通过层次目录结构进行管理。操作系统支持用户“按名存取”文件。文件和文件夹的名称由若干个合法字符组成。文件名的组成格式如下：

<主文件名>[.<扩展名>]

其中，主文件名表示该文件的名称，不可省略，扩展名表示该文件的类型，可以省略。文件夹一般没有扩展名。常见的扩展名及其约定的文件类型如表1-1-1所示。

表1-1-1 扩展名及其约定类型

扩展名	约定类型	扩展名	约定类型
bat	批处理文件	com	命令解释文件
bmp	Windows 位图文件	exe	可执行文件
txt	文本文件	bak	备注文件
docx	Word 文档文件	xlsx	Excel 工作簿文件
pptx	PowerPoint 演示文稿文件	c	C 语言源程序文件
dbf	数据库的表文件	tmp	临时文件

3. 文件和文件夹的命名规则

(1) 文件名可使用字母(不区分大小写)、数字0～9、汉字及部分特殊字符等。

(2) 不允许使用的字符有\、/、:、→、<、>、"、?、*等。

(3) 取名遵循“见名知意”的原则。

4. 文件和文件夹的选定操作

(1) 选定单个文件或文件夹：单击“Windows 资源管理器”右窗格中的某个文件或文件夹的图标即可选定该文件或文件夹。

(2) 选定多个连续的文件或文件夹：在“Windows 资源管理器”窗口，单击右窗格中的第一个要选定的文件或文件夹图标，然后按住 Shift 键不放，再单击最后一个要选定的文件或文件夹图标。

(3) 选定多个不连续的文件或文件夹：在“Windows 资源管理器”窗口，单击第一个要选定的文件或文件夹，按住 Ctrl 键不放，再逐一单击要选定的文件或文件夹图标。

(4) 选定某个区域的文件或文件夹：在“Windows 资源管理器”窗口，按住鼠标左键，拖动鼠标形成一个矩形框，则矩形框中的文件被选中，如图 1-1-6 所示。

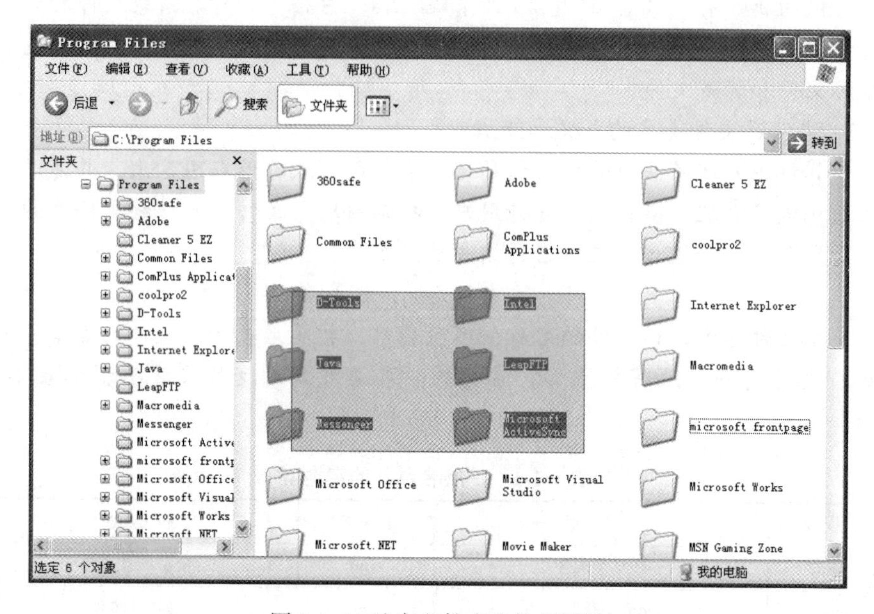

图 1-1-6 选定文件或文件夹区域

(5) 选定全部文件和文件夹：在“Windows 资源管理器”窗口，单击“编辑”菜单中的“全选”命令，或按 Ctrl+A 组合键，可选定全部文件和文件夹。

(6) 选定大部分文件和文件夹：先选择少数不需选择的文件和文件夹，然后单击“编辑”菜单中的“反向选择”命令，即可选定多数所需的文件或文件夹。

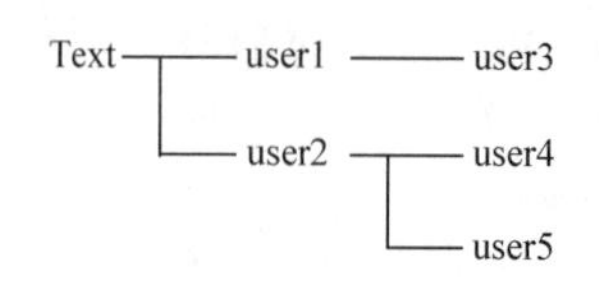

图 1-1-7 新建文件夹结构

【任务 5】层次型文件夹结构的建立。在 D 盘根目录下，新建如图 1-1-7 所示的层次型文件夹结构。

操作步骤

(1) 使用“文件”菜单建立“Text”文件夹。

① 打开“Windows 资源管理器”窗口，在左窗格中找到 D 盘并打开。

② 单击“文件”→“新建”→“文件夹”命令，系统新建一个名为“新建文件夹”的子文件夹，如图 1-1-8 所示，且此时文件名反白显示，如图 1-1-9 所示。

③ 输入文字“Text”，按 Enter 键或鼠标单击其他任意位置完成“Text”文件夹的建立。

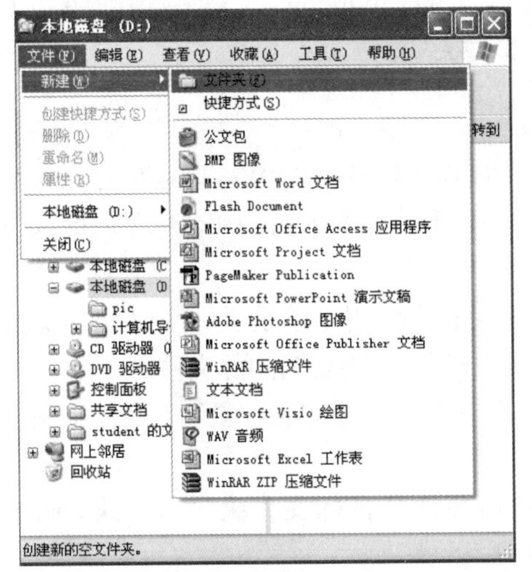

图 1-1-8　“文件”菜单中“新建”子菜单

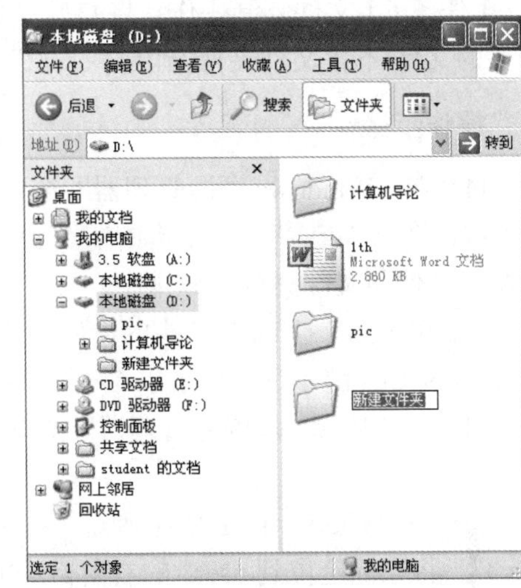

图 1-1-9　新建文件夹时的窗口

(2) 使用快捷菜单方法建立 user1 和 user2 及其下一级的文件夹。

在右窗格双击打开“Text”文件夹→右键单击“Text”文件夹空白处，打开快捷菜单，如图 1-1-10 所示，单击“新建”→“文件夹”命令，建立“新建文件夹”。直接输入新文件夹名“user1”，“Text”文件夹中“user1”子文件夹建立成功，重复上述操作建立“user2”子文件夹。

(3) 用同样方法完成其他文件夹的创建，最后得到如图 1-1-11 所示的文件夹结构。

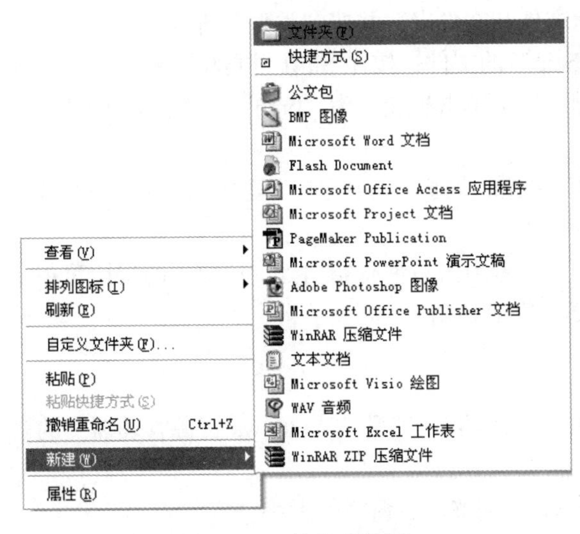

图 1-1-10　快捷菜单图

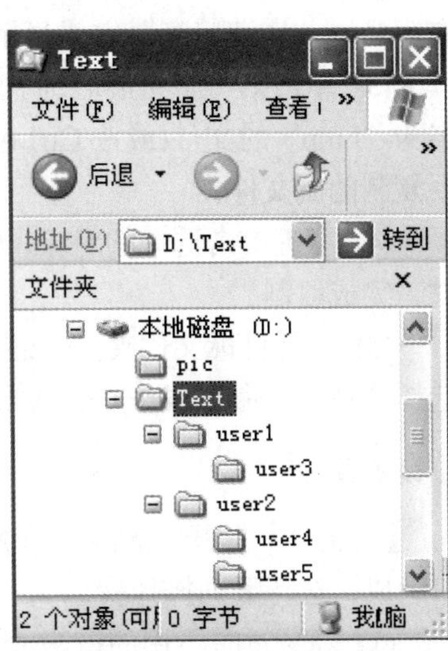

图 1-1-11　新建文件夹结构

【任务 6】文件复制操作。将 C 盘文件夹下的“Windows”文件夹中所有以 C 开头的文件(不含文件夹)复制到“user3”文件夹中。

操作步骤

(1) 在“Windows 资源管理器”窗口，找到并打开“C:\ Windows”文件夹。

(2) 单击“查看”→“详细信息”命令→单击右窗格上边的“名称”列标题→右窗格文件和文件夹按名称排序。

(3) 单击第一个以 C 开头的文件，按住 Shift 键，再单击最后一个以 C 开头的文件(或按 Ctrl 键，逐个单击以 C 开头的文件)选中需要复制的源文件。

(4) 在“Windows 资源管理器”窗口“编辑”菜单中单击“复制”命令，完成复制。

(5) 在“Windows 资源管理器”中找到并打开目标文件夹“D:\Text\user1\user3”，将光标定位到 user3 的右窗格选中。

(6) 在“Windows 资源管理器”窗口“编辑”菜单中单击“粘贴”命令，完成粘贴。

【任务 7】将 C 盘文件夹下的“Windows”文件夹中所有扩展名为“bmp”的文件复制到“user2”文件夹中。

操作步骤

(1) 在“Windows 资源管理器”窗口，打开“Windows”文件夹。

(2) 单击“查看”→“详细信息”命令→单击右窗格上边的“类型”列标题→右窗格以“详细信息”方式显示文件和文件夹，并按“类型”排序。

(3) 单击第一个扩展名为“bmp”的文件，按住 Shift 键再单击最后一个扩展名为“bmp”的文件(或按 Ctrl 键，逐个单击扩展名为“bmp”的文件)，即选中需要复制的源文件。

(4) 右键单击选中的对象，从弹出的快捷菜单中选择“复制”命令或按 Ctrl+C 键，完成复制。

(5) 打开目标文件夹“user2”，右键单击右窗格空白处，从弹出的快捷菜单中选择“粘贴”命令或按 Ctrl+V 键，完成粘贴。

【自主实验】

【任务 1】打开“Windows 资源管理器”，熟悉“Windows 资源管理器”的窗口组成，进行下列操作：

(1) 隐藏暂时不用的窗格，并适当调整左右窗格的大小。

(2) 改变文件和文件夹的显示方式及排序方式，观察相应的变化。

【任务 2】在 D 盘创建一个名为“lx”的文件夹，再在“lx”文件夹下创建一个名为“lxsub”的子文件夹，进行下列操作：

(1) 在“C:\Windows”文件夹中搜索类型为“.txt”的文件，任选 4 个复制到“D:\lx”文件夹。

(2) 将“D:\lx”文件夹中的一个文件移动到“lxsub”子文件夹中。

(3) 在“D:\lx”文件夹中创建一个类型为“.txt”的空文件，文件名为“my.txt”。

(4) 删除“lxsub”子文件夹至回收站，再将其恢复。

(5) 将“lx”文件夹下的最后一个文件的属性设为“隐藏”。

(6) 在窗口中显示出属性为“隐藏”的文件。

(7) 在窗口中显示文件的扩展名，并记录扩展名为“txt”的文件。

(8) 在 C 盘搜索名为“calc.exe”的文件，并将其复制到“D:\lx”文件夹中。

(9) 将“D:\lx”文件夹中“calc.exe”文件改名为“计算器.exe”。

【任务 3】查看“C:\Windows”文件夹的属性，了解该文件夹的位置、大小、包含的文件及子文件夹数、创建时间等信息。

实验 1-1-2　文件压缩与解压缩

【实验目的】

1. 了解常用的文件压缩软件
2. 掌握文件压缩软件 WinRAR 的使用方法

【主要知识点】

1. 文件压缩与解压缩的方法
2. 设置压缩文件名、解压路径等参数

【实验任务及步骤】

【任务 1】将实验 1-1-1 自主实验任务 2 中所建立文件夹“lx”压缩，并命名为“实验 2 任务 2.exe”。

操作步骤

(1) 选中实验 1-1-1 自主实验任务 2 中所建立文件夹“lx”并单击鼠标右键，在弹出的快捷菜单中选择“添加到压缩文件”命令，如图 1-1-12 所示。

(2) 在弹出的如图 1-1-13 所示的“压缩文件名和参数”对话框中，选中“压缩文件格式”选项组中的“RAR”单选框，并在“压缩选项”选项组中选中“创建自解压格式压缩文件”，将“压缩文件名”改为“实验 2 任务 2.exe”，然后单击

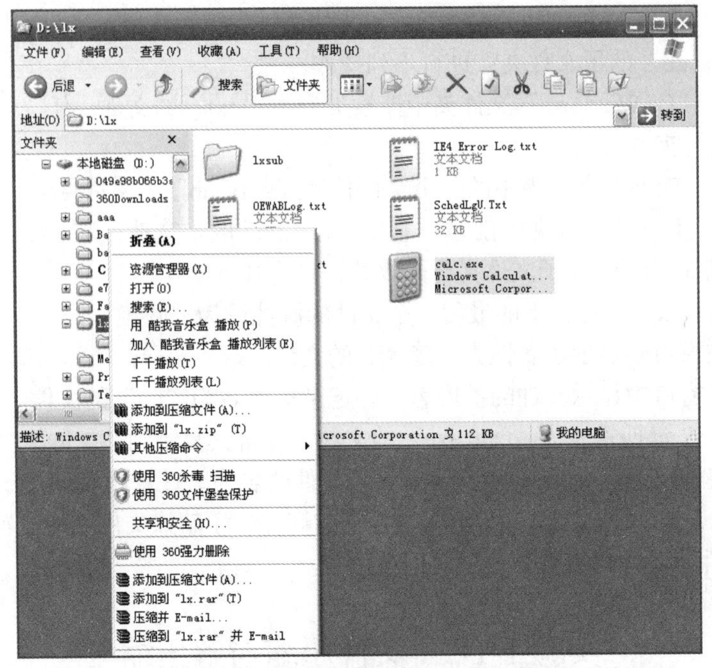

图 1-1-12　选择要压缩的文件或文件夹后右键单击的效果

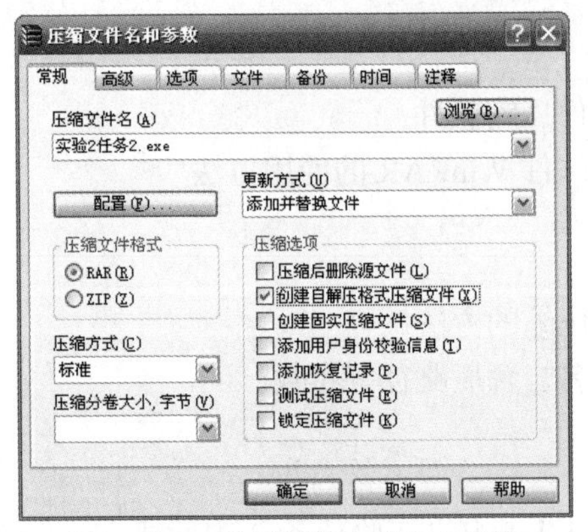

图 1-1-13　设置压缩文件名和参数

“确定”按钮。

【任务 2】将“实验 2 任务 2.exe”解压到 D 盘。

操作步骤

双击压缩文件“实验 2 任务 2.exe”，打开“WinRAR 自解压文件”窗口，如图 1-1-14 所示，选择目标文件夹后，单击“安装”按钮。如果创建的不是自解压格式的压缩文件，则在双击它时会出现如图 1-1-15 所示的 WinRAR 主界面，单击工具栏“解压到”按钮，弹出如图 1-1-16 所示的“解压路径和选项”对话框，在“目标路径”下拉列表框中输入或选择文件解压后的路径，然后单击“确定”按钮。

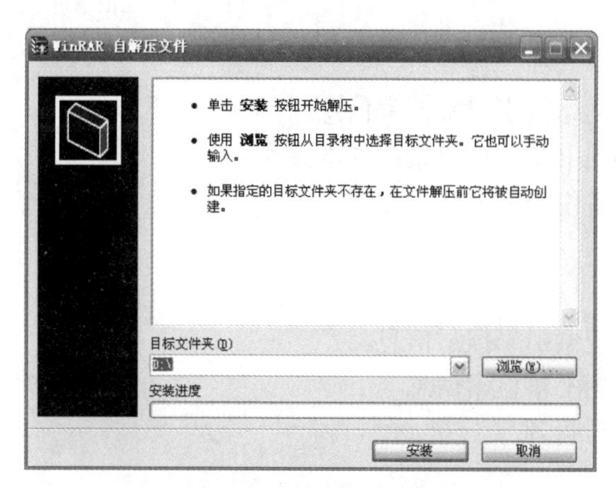

图 1-1-14　自解压文件窗口

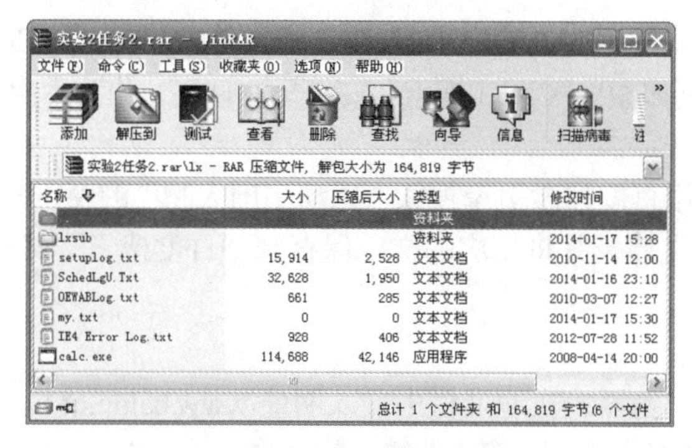

图 1-1-15　WinRAR 主界面

图 1-1-16　“解压路径和选项”对话框

实验 1-1-3　信息检索与信息管理

【实验目的】

1. 掌握使用网络搜索引擎搜索信息
2. 掌握数字图书馆信息检索的基本操作
3. 掌握资料备份与管理的方法

【主要知识点】

1. 利用百度搜索引擎搜索信息
2. 利用数字图书馆检索信息
3. 数据备份与管理

【实验任务及步骤】

在 D 盘根目录下建立"JCSY1-3"一级子文件夹，在"JCSY1-3"文件夹下面再分别建立"百度搜索""CNKI 搜索"二级子文件夹，作为本次实验的工作目录。

【任务 1】利用百度搜索引擎搜索"感动中国人物"的 Word 文档、Excel 文档以及 Adobe PDF 文档，并将相应的文档保存到"百度搜索"文件夹中。

操作步骤

(1) 启动 IE 浏览器，在地址栏中输入网址 www.baidu.com，访问百度首页。

(2) 在百度首页中输入"感动中国人物　filetype:doc"，或者在百度首页中选择"文库"，打开百度文库以后输入"感动中国人物"同时选择".doc"选项。

(3) 在查询结果中下载一篇相关的 Word 文档，保存到"百度搜索"文件夹中。

(4) 按照上述方法再分别搜索 Excel 文档(.xls 或.xlsx)以及 Adobe PDF 文档(.pdf)。

方法与技巧

1. 什么是搜索引擎

搜索引擎是指根据一定的策略、运用特定的计算机程序从互联网上搜集信息，在对信息进行组织和处理后，为用户提供检索服务，将用户检索相关的信息展示给用户的系统。目前国内常用的搜索引擎有百度、Google、搜狗、360 搜索、有道等，本节以百度搜索引擎为例介绍搜索引擎的使用方法和技巧。

百度搜索引擎是目前全球最大的中文搜索引擎，搜索内容分为新闻、网页、贴吧、音乐、图片、视频、地图、文库等。百度网站的域名为 www.baidu.com，首页界面如图 1-1-17 所示。

图 1-1-17　百度首页

2. 百度搜索技巧

1) 搜索的关键词

在百度搜索引擎中，关键词可以是一个或多个。当你要查询的关键词较为冗长时，建议将它拆成几个关键词来搜索，词与词之间用空格隔开，多数情况下，输入两个关键词搜索，就已经有很好的搜索结果。百度还对搜索的关键词提供拼音和错别字提示。

2) 专业文档搜索

百度搜索引擎支持对 Office 文档、Adobe PDF 文档、RTF 文档进行全文搜索。因此，除了搜索网页信息，百度搜索引擎也可以直接搜索 Word、Excel、PowerPoint、PDF 等格式的文件。搜索的方法是：在普通的查询后面加上“filetype:文档类型扩展名”，就可以限定文件类型查询。“filetype:”后面可以跟以下文件格式：doc、xls、ppt、pdf、rtf、all。其中，all 表示搜索所有这些文件类型。例如，“大国工匠 filetype:pdf”，可以检索出含有“大国工匠”相关的 PDF 文档。也可使用“百度文库”进行专业文档搜索，方法是：在百度首页中选择“文库”，打开百度文库以后，输入需要查询的内容，同时在输入框下方选择文档类型。

【任务 2】通过学校图书馆的中国知网(CNKI)下载 2 篇有关“中国高性能计算机”的论文资料，并保存到“CNKI 搜索”文件夹中。

操作步骤

(1) 启动 IE 浏览器，进入学校校园网首页，打开“图书馆”，选择“数据库服务/中文期刊/中国知网 CNKI(本地)”。

(2) 在“标准检索”标签窗口的“主题”栏中，输入“中国高性能计算机”，单击“检索文献”按钮。

(3) 在查询结果中下载 2 篇相关的文档，保存到“CNKI 搜索”文件夹中。

(4) CNKI 文献的文件格式为 CAJ/PDF，因此为了保证正确地阅读 CNKI 文献，系统中必须安装 CAJViewer 和 Adobe Reader 软件，这些阅读器软件可以在 CNKI 的“下载中心”下载。

方法与技巧

1. 利用数字图书馆检索信息

数字图书馆是利用现代先进的数字化技术，将图书馆馆藏文献数字化。通过互联网上网服务，用户可以随时随地地查询资料、获取信息。通俗地说，数字图书馆是互联网上的图书馆，是没有“围墙”的图书馆。目前，国内各高校都建有自己的数字图书馆，为高校师生的教学科研提供了文献检索的帮助。这里以 CNKI 为例介绍数字图书馆信息检索方法。

CNKI 是集期刊、博硕士论文、会议论文、报纸、工具书、年鉴、专利、标准、国学、海外文献资源为一体的、具体国际领先水平的网络文献平台。网站域名为 www.cnki.net，文献阅读器为 CAJ/PDF，首页界面如图 1-1-18 所示。

图 1-1-18　CNKI 首页

2. CNKI 检索步骤与方法

1) 选择数据库确定检索范围

检索文献之前可以根据要求指定检索的范围，进行单一数据库检索或是多数据库跨库检索，例如，选择“学术期刊”数据库，在期刊范围内检索文献。

2) 选择检索方式

选择检索方式是指根据学科领域、文献主题(篇名、关键词、摘要等)、年限、来源期刊、支持基金、作者等条件设置检索策略，界面如图 1-1-19 所示。

图 1-1-19　CNKI 的学术期刊网页

3) 扩检或缩检

在文献检索时，如果想扩大检索的范围，可以采用以下几种方法实现：

(1) 选择更多的数据库进行检索。

(2) 使用高级检索中的“或者”。

(3) 检索路径选择“摘要”或者“全文”。

(4) 使用“模糊”检索功能。

如果想缩小检索的范围，则使用以下几种方法。

(1) 减少数据库的选择和缩短检索的时限范围。

(2) 使用高级检索中“并且”“不包括”和“词频”功能。

(3) 在第一次检索的结果中进行第二次检索。

总之，选择的限制条件越多，查找出来的文献就越少、越精确；反之，文献量越大，精准性越差。

3. 获得检索结果

CNKI 对文献的检索结果提供了下载(CAJ/PDF 格式)、导出参考文献、生成检索报告、相关信息分析等功能。

【任务 3】在学校图书馆的 CNKI(本地)中检索 2 篇有关“社会主义核心价值观在高校思想政治工作中的应用”的论文资料，要求检索的文献是近 3 年发表的论文。将检索的文献保存到“CNKI 搜索”文件夹中。

操作步骤

(1) 启动 IE 浏览器，进入学校校园网首页，打开“图书馆”，选择“数据库服务/中文期刊/中国知网 CNKI(本地)”。

(2) 在“标准检索”标签窗口的“主题”栏中，输入“高校思想政治工作”，同时在“主题”栏的“并含”栏中输入“社会主义核心价值观”。

(3) 在“发表时间”栏中选择时间的起点和终点。

(4) 设置完检索条件以后单击“检索文献”按钮，再将相关文档保存到“CNKI 搜索”文件夹中。

【任务 4】利用 Word 文档进行资料管理。

在“JCSY1-3”文件夹中新建一个 Word 文档，文件名为“资料大纲.docx”，文件内容如下方框所示。分别将标题 1～7 与源文件建立超链接，最后将“JCSY1-3”文件夹加密压缩。

资料大纲

1. 感动中国人物的 Word 文档
2. 感动中国人物的 Excel 文档
3. 感动中国人物的 Adobe PDF 文档
4. 中国高性能计算机的论文 1
5. 中国高性能计算机的论文 2
6. 社会主义核心价值观在高校思想政治工作中的应用论文 1
7. 社会主义核心价值观在高校思想政治工作中的应用论文 2

操作步骤

(1) 新建 Word 文档，输入文档内容。

(2) 选定标题 1 所有内容，单击“插入”菜单，选择“超链接”命令，在超链接对话框中，“链接到”选择“现有文件或网页”，“查找范围”选择源文件所在的文件夹，找到源文件并选定，最后单击“确定”按钮。

(3) 按上述方法，分别建立第 2～7 个标题的超链接，完成以后以“资料大纲.docx”为文件名将文档保存到“JCSY1-3”文件夹。

(4) 鼠标右键单击“JCSY1-3”文件夹，在快捷菜单中选择“添加到压缩文件”，在“压缩文件名和参数”对话框中选择“高级”标签，设置密码，完成以后单击“确定”按钮退出。

方法与技巧

数据备份的目的是将重要的数据存储到多个无关联的地方，一旦系统出现问题或其中某一个地方的数据遭到破坏，还可以通过其他地方的数据进行恢复，以避免造成严重的损失。重要文件不要存放在系统盘中，尤其不要放在桌面上，因为系统一旦崩溃，系统盘的数据可能会丢失。数据备份的常用方法有：使用 U 盘或移动硬盘备份数据，或者将数据备份到电子邮箱或网络空间中。另外，对于一些重要文件，还可以通过数据加密来实现安全性管理。

【自主实验】

【任务 1】在 D 盘根目录建立一个名为“我的资料”的文件夹，在“我的资料”文件夹中分别建立“word”“excel”“ppt”以及“pdf”四个子文件夹。

【任务 2】利用百度搜索引擎搜索与“大数据人工智能时代与学生本人所学专业”相关的 Word 文档、Excel 文档以及 PowerPoint 文档各 1 篇资料，下载后分别存于文件夹“word”“excel”和“ppt”中。

【任务 3】通过学校图书馆的 CNKI(本地)，下载 4 篇与“大数据人工智能时代与学生本人所学专业”相关的 PDF 文档，存于“pdf”文件夹中。

【任务 4】在“我的资料”文件夹中新建一个 Word 文档，文件名为“资料大纲.docx”。选择一个 Word、Excel 或 PowerPoint 文档进行加密，并对“我的资料”文件夹进行压缩加密。

方法与技巧

Microsoft Office 办公软件 Word、Excel、PowerPoint 文件加密的方法相同，步骤是：“文件”→“信息”→“权限”→“用密码进行加密”。

实验 1-1-4　收发电子邮件

【实验目的】

掌握电子邮件的基本操作

【主要知识点】

收发电子邮件

【实验任务及步骤】

【任务】使用浏览器收发电子邮件。

操作步骤

(1) 启动 IE 浏览器，进入学校校园网邮箱页面，登录自己的邮箱。

(2) 进入自己的邮箱以后可以查看邮件信息，如图 1-1-20 所示，单击“收信”按钮，即可打开收件箱。在收件箱中列出了用户接收的所有信件，若用户要查阅信件，则在主题列表中单击相关超链接，可打开信件内容。

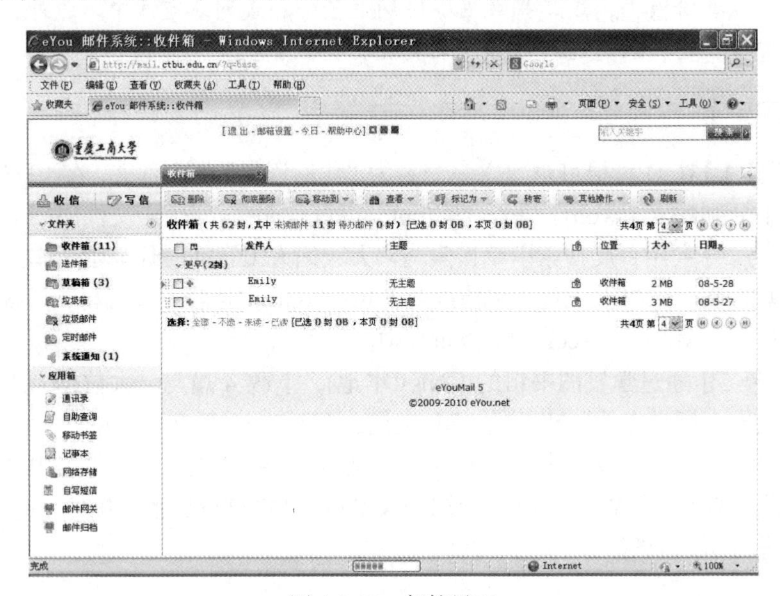

图 1-1-20　邮箱界面

(3) 单击“写信”按钮，即可打开送件箱，在送件箱中用户可以撰写和发送信件，如图 1-1-21 所示。在“收件人”文本框中输入收件人的邮箱地址，在“主题”文本框中输入该信件的主题，在下方的文本框中输入信件内容，需要发送文件时，单击“上传附件”按钮，添加附件。设置完成后，单击“立即发送”按钮发送邮件。

方法与技巧

电子邮件(E-mail)，是指通过网络的电子邮件系统书写、发送和接收信件，是互联网应用最广的服务。电子邮件的通信是在信箱之间进行的，因此用户要想发

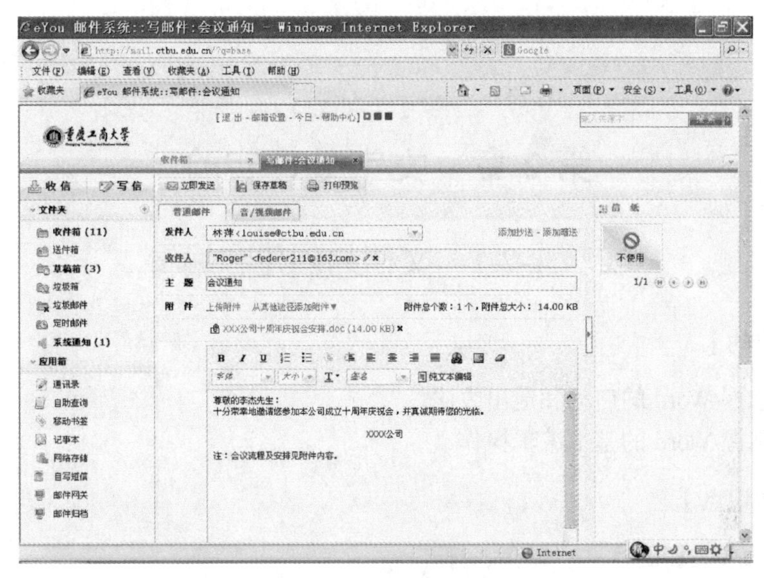

图 1-1-21　撰写电子邮件

送和接收邮件，就必须要申请电子邮箱。电子邮箱地址的形式为邮箱名@邮箱所在的主机域名。目前，互联网上的电子邮箱有很多，可以根据不同的需求有针对性地去选择，如果需要经常和国外的客户联系，建议使用国外的电子邮箱，如 Gmail、Hotmail、MSN mail、Yahoo mail 等；如果需要大容量的邮箱来存放图片、视频资料，可以使用 Gmail、Yahoo mail、Hotmail、MSN mail、网易免费邮、Yeah mail 等。

电子邮件的基本操作：首先申请免费电子邮箱，注册成功以后就可以使用邮箱收发电子邮件。

【自主实验】

【任务】将实验 1-1-3 中的“JCSY1-3.rar”文件保存到自己的邮箱。

方法与技巧

通过自己给自己发邮件，就可以将指定的文件保存到自己的邮箱中。具体操作方法：在“收件人”一栏填写自己的邮箱，写好信件以后发送。

第 2 章　文字处理实验

实验 1-2-1　文档的创建和编辑

【实验目的】

1. 掌握 Word 的启动和退出方法
2. 掌握 Word 的基本编辑操作

【主要知识点】

1. Word 文档的建立、保存、打开
2. Word 文档的基本编辑方法

【实验任务及步骤】

在 D 盘根目录下建立“JCSY2-1”子文件夹作为本次实验的工作目录。启动 Word，新建文档“WD11.docx”保存于“JCSY2-1”文件夹下。

【任务】在“WD11.docx”中录入文字，如图 1-2-1 所示。

新一代人工智能
2016 年对于人工智能来说是一个特殊的年份。由谷歌旗下 DeepMind 公司开发的 AlphaGo 大胜围棋世界冠军、职业九段棋手李世石，让近十年来再一次兴起的新一代人工智能技术走向台前。
简介
人工智能，英文缩写为 AI，研究的主要目标是使机器能够胜任一些通常需要人类智能才能完成的复杂工作。在有大数据之前，计算机并不擅长于解决需要人类智能的问题，但是今天这些问题换个思路就可以解决了，其核心就是变智能问题为数据问题。因此，新一代人工智能主要是大数据基础上的人工智能。
大数据带来思维革命
大数据是一种思维方式的革命。在无法确定因果关系时，大数据为我们提供了解决问题的新方法，大数据中所包含的信息可以帮助我们消除不确定性，而数据之间的相关性在某种程度上可以取代原来的因果关系，帮助我们得到我们想知道的答案。这便是大数据思维的核心。
新一代人工智能的特点
从人工知识表达到大数据驱动的知识学习技术。
从分类型处理的多媒体数据转向跨媒体的认知、学习、推理。
从追求智能机器到高水平的人机、脑机相互协同和融合。
从聚焦个体智能到基于互联网和大数据的群体智能。
从拟人化的机器人转向更加广阔的智能自主系统。
大数据与智能革命重新定义未来
综上所述，未来会有越来越多的行业工作被人工智能取代，我们该如何应对呢？吴军博士在他的著作《智能时代 大数据与智能革命重新定义未来》一书中指出：在历次技术革命中，一个人、一家企业，甚至一个国家，可以选择的道路只有两条：要么加入智能浪潮，成为前 2%的人，要么观望徘徊，被淘汰。所以，如果不想被社会淘汰，就要争取成为 2%的人。

图 1-2-1　“WD11.docx”样张

操作步骤

(1) 选择“开始”→“所有程序”→“Microsoft Office”→“Microsoft Office Word 2010”即可启动 Word 2010，系统自动产生“文档 1.docx”，如图 1-2-2 所示，进入文档编辑状态。

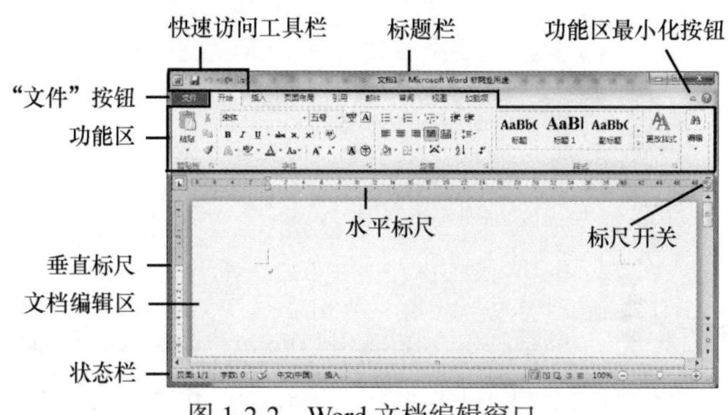

图 1-2-2　Word 文档编辑窗口

(2) 单击“快速访问工具栏”上的“保存”按钮，在弹出的“另存为”对话框中选择文档存储的位置及文件名，如图 1-2-3 所示，单击“确定”按钮保存文件，回到编辑状态。

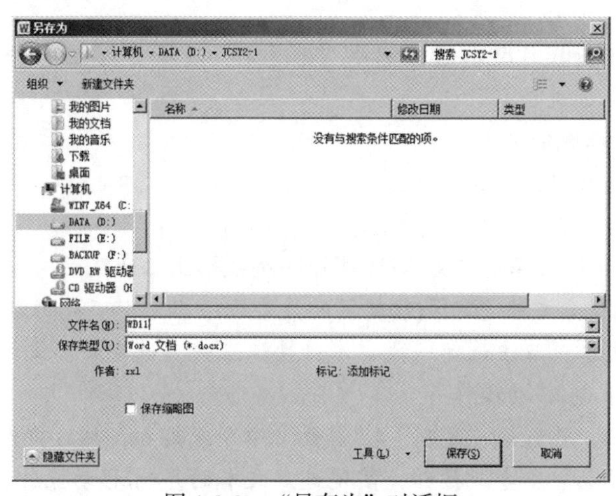

图 1-2-3　“另存为”对话框

(3) 将插入点即竖线光标定位到编辑区的左上角，开始录入文字，每一个自然段结束时按一次 Enter 键，即 Enter 键可以换行。Enter 键标志着该自然段结束，并在段落结束处产生段落标记，同时将插入点定位在下一段的段首。

(4) 文字录入过程中，每隔一段时间单击“保存”按钮一次以随时保存文件。

(5) 输入结束，单击“保存”按钮并关闭文档窗口。

(6) 若需进一步处理该文档，则找到该文件双击打开；或打开 Word，单击“快速访问工具栏”上的“打开”按钮，弹出如图 1-2-4 所示的“打开”对话框，在该对话框中选择需要的文档，打开文档继续编辑。

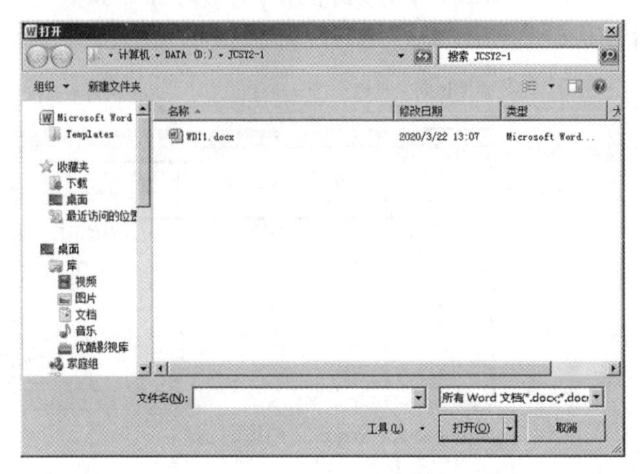

图 1-2-4　“打开”对话框

方法与技巧

1. 文本选定操作

在对文本进行操作之前通常都要“先选定，后操作”，以下介绍常用的选定方法：

(1) 拖动鼠标选定文本。

(2) 按住 Shift 键选定连续文本。

(3) 按住 Ctrl 键选定不连续文本。

(4) 按住 Alt 键选择垂直文本(即选择一个矩形文本块)。

(5) 将鼠标移至文档选定区(编辑区的最左边)，当光标变成向右的空心箭头时，单击选定一行文本；双击选定一段文本；快速三击可选定整篇文档。

2. 文本的复制/移动操作

先选定文本，再选择“复制”/“剪切”命令或按钮，然后将光标定位到目标位置，选择“粘贴”命令或按钮，实现选定文本的复制/移动操作。

3. 文本的删除

(1) Backspace 键可删除插入点前一个字符。

(2) Delete 键可删除插入点后一个字符。

4. 文档编辑方式

(1) 插入方式：这种方式下，用户在插入点处输入的字符不会覆盖插入点后面的字符，这是系统默认方式。

(2) 改写方式：这种方式下，用户在插入点处输入的字符将会覆盖插入点后面的字符。

插入方式与改写方式可以通过键盘上的 Insert 键进行切换，也可以通过双击编辑区下方状态栏上的“改写”按钮进行切换。默认方式下“改写”按钮呈灰色显示，表示此时为插入方式。

5. 特殊符号的输入方式

(1) 单击“插入”选项卡选择“符号”组，单击“符号”按钮，在下拉列表中单击所需符号。

(2) 单击“插入”选项卡选择“符号”组，单击“符号”按钮，若所需符号不在下拉列表中，则单击“其他符号”，打开“符号”对话框，选择所需要的特殊符号。

(3) 右键单击输入法指示器上的软键盘开关，弹出软键盘菜单，打开其中所需软键盘进行输入，输入完毕后单击软键盘开关关闭。

6. 撤销与恢复操作

单击“快速访问工具栏”中的“撤销”按钮，可以撤销上一次操作，单击按钮右边的下拉箭头，将显示最近执行过的可以撤销的操作列表；单击“快速访问工具栏”中的“恢复”按钮，可以恢复撤销过的操作。

7. 拼写与语法检查

单击“审阅”选项卡选择“校对”组，单击“拼写和语法”按钮，打开“拼写和语法”对话框，Word 会对文本录入过程中的拼写错误和语法错误进行检查，并提供修改建议。Word 会在错误单词下用红色波浪线进行标记，在语法错误处用绿色波浪线标记。用户只需在带有波浪线的文字上单击鼠标右键，系统就会弹出一个罗列出修改建议的快捷菜单，只要在快捷菜单中选择系统建议的内容，就可以将错误之处替换为系统建议的内容。

实验 1-2-2　文档排版和格式化

【实验目的】

掌握 Word 文档排版的方法和技巧

【主要知识点】

1. 字体格式、段落格式的设置
2. 查找与替换操作
3. 分栏设置与首字下沉
4. 文本框的使用
5. 项目符号的使用

6. 页眉与页脚的设置
7. 文档页面设置

【实验任务及步骤】

在 D 盘根目录下建立“JCSY2-2”子文件夹作为本次实验的工作目录。将“WD11.docx”另存为“WD12.docx”。对“WD12.docx”进行排版操作，“WD12.docx”样张如图 1-2-5 所示。

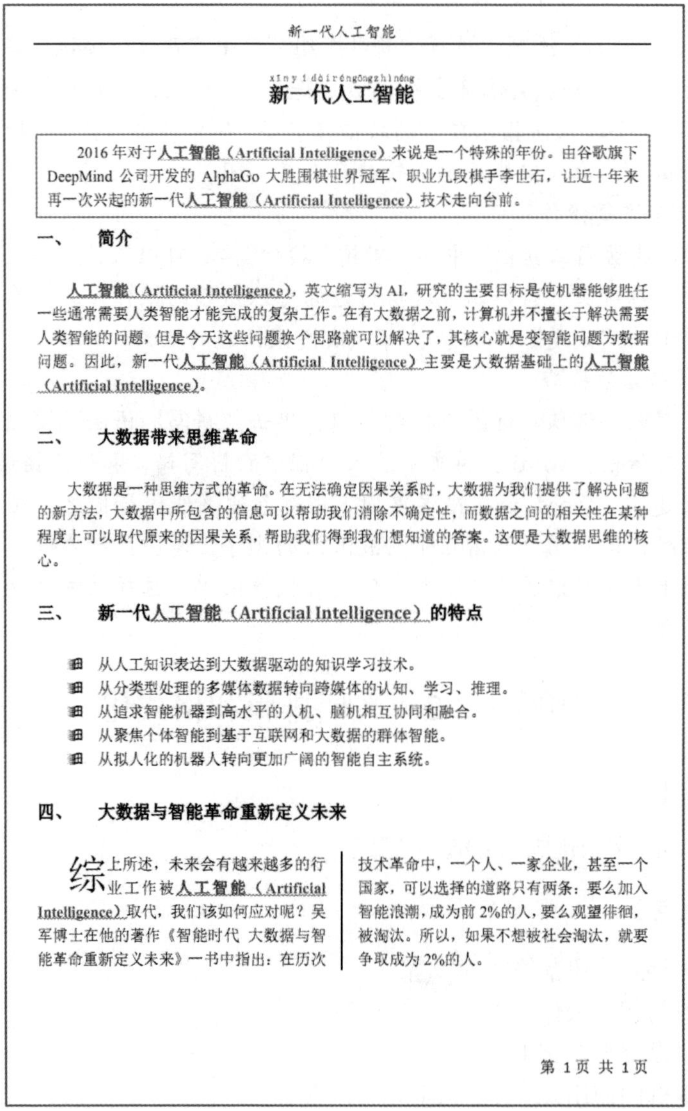

新一代人工智能

xīn yī dài réngōngzhìnéng
新一代人工智能

2016 年对于人工智能（Artificial Intelligence）来说是一个特殊的年份。由谷歌旗下 DeepMind 公司开发的 AlphaGo 大胜围棋世界冠军、职业九段棋手李世石，让近十年来再一次兴起的新一代人工智能（Artificial Intelligence）技术走向台前。

一、 简介

人工智能（Artificial Intelligence），英文缩写为 AI，研究的主要目标是使机器能够胜任一些通常需要人类智能才能完成的复杂工作。在有大数据之前，计算机并不擅长于解决需要人类智能的问题，但是今天这些问题换个思路就可以解决了，其核心就是变智能问题为数据问题。因此，新一代人工智能（Artificial Intelligence）主要是大数据基础上的人工智能（Artificial Intelligence）。

二、 大数据带来思维革命

大数据是一种思维方式的革命。在无法确定因果关系时，大数据为我们提供了解决问题的新方法，大数据中所包含的信息可以帮助我们消除不确定性，而数据之间的相关性在某种程度上可以取代原来的因果关系，帮助我们得到我们想知道的答案。这便是大数据思维的核心。

三、 新一代人工智能（Artificial Intelligence）的特点

- 从人工知识表达到大数据驱动的知识学习技术。
- 从分类型处理的多媒体数据转向跨媒体的认知、学习、推理。
- 从追求智能机器到高水平的人机、脑机相互协同和融合。
- 从聚焦个体智能到基于互联网和大数据的群体智能。
- 从拟人化的机器人转向更加广阔的智能自主系统。

四、 大数据与智能革命重新定义未来

综上所述，未来会有越来越多的行业工作被人工智能（Artificial Intelligence）取代，我们该如何应对呢？吴军博士在他的著作《智能时代 大数据与智能革命重新定义未来》一书中指出：在历次技术革命中，一个人、一家企业，甚至一个国家，可以选择的道路只有两条：要么加入智能浪潮，成为前 2%的人，要么观望徘徊，被淘汰。所以，如果不想被社会淘汰，就要争取成为 2%的人。

第 1 页 共 1 页

图 1-2-5 “WD12.docx”样张

【任务 1】设置字体及段落格式。

要求：

字体格式：文章大标题设置为标题 1 宋体四号字、加粗、居中、标注拼音注音；小标题设置为标题 2 宋体小四号字、加粗；中文正文宋体五号字，英文字体 Times New Roman，五号；使用中文标点。

段落格式：首行缩进 2 字符，单倍行距，段前段后 0 行，正文文本两端对齐。

操作步骤

(1) 选定全文→选择“开始”选项卡→单击“字体”组右下角的“字体”对话框启动器按钮，打开“字体”对话框，如图 1-2-6 所示设置中文字符格式，宋体五号字；英文字符格式，Times New Roman，五号；字体颜色，黑色。

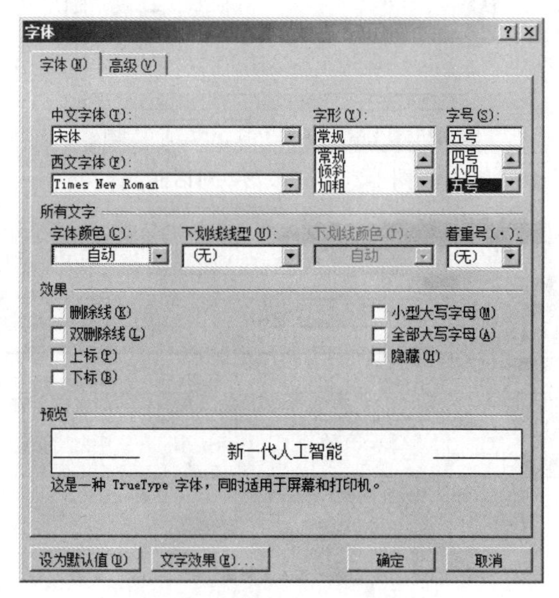

图 1-2-6　“字体”对话框

(2) 选定全文→选择“开始”选项卡→单击“段落”组右下角的“段落”对话框启动器按钮，打开“段落”对话框，如图 1-2-7 所示设置文档段落格式，首行缩进 2 字符；单倍行距；段前段后 0 行；正文文本两端对齐。

(3) 将插入点定位到文档第一行，单击“开始”选项卡→在“样式”组单击“标题 1”按钮，系统默认的“标题 1”样式为宋体、二号、加粗、两端对齐→右键单击“标题 1”按钮→鼠标右键单击“标题 1”按钮选择“修改”命令，打开“修改样式”对话框，将系统默认的“标题 1”样式修改为宋体、四号、加粗、居中，如图 1-2-8 所示。

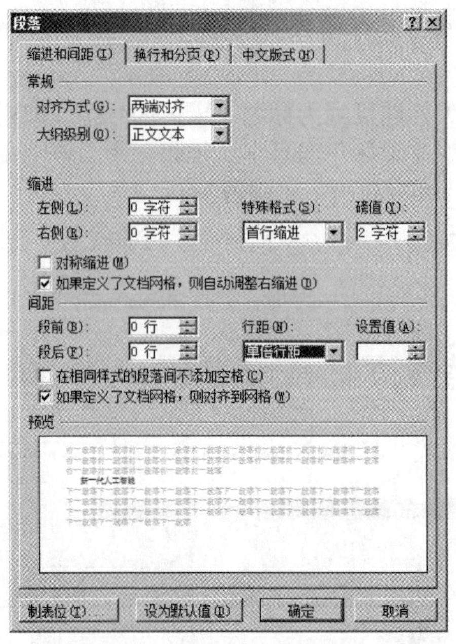

图 1-2-7　“段落”对话框

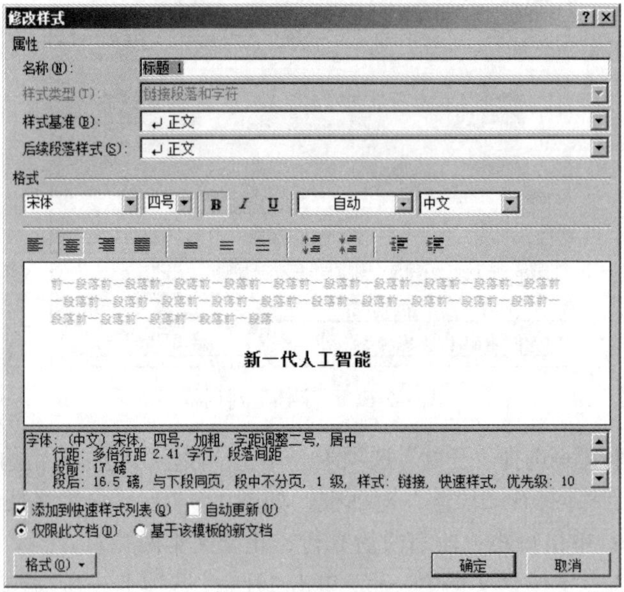

图 1-2-8　标题 1 样式

(4) 选定标题“新一代人工智能”→单击“开始”选项卡→选择“字体”组→单击“拼音指南”按钮，打开“拼音指南”对话框，如图 1-2-9 所示。设置标题拼音注音后单击“确定”按钮。

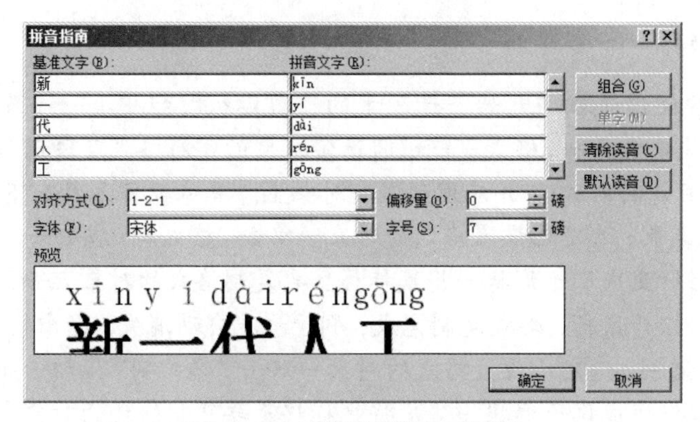

图 1-2-9　“拼音指南”对话框

(5) 将插入点定位到文档中的“简介”上，用步骤(3)中的方式修改“标题 2”的样式，设置为宋体、小四号字、加粗、两端对齐；单击“开始”选项卡→选择“段落”组→单击“编号”下拉按钮 →在弹出的“编号库”中选择所需的编号样式，如图 1-2-10 所示，给标题加上编号为“一、简介”。

(6) 用第(5)步中的方法设置其余三个小标题的格式，如图 1-2-5 所示样张。

图 1-2-10　单击“编号”下拉按钮后弹出的“编号库”

方法与技巧

格式刷的使用。在“开始”选项卡的“剪贴板”组中有一个刷子样的按钮 格式刷，这就是格式刷。格式刷能够将选定对象的字符格式及段落格式复制下来(只复制格式不复制内容)，并应用到另一对象上。具体操作方式如下。

(1) 单次复制：选定已设置格式的对象→单击“格式刷”按钮→将鼠标移到编辑区→鼠标指针变成刷子形状→将鼠标移至要复制格式的对象上→拖动格式刷光标刷过对象→松开鼠标，格式复制完成，刷子形状自动消失，退出格式复制状态。

(2) 多次复制：选定已设置格式的对象→双击“格式刷”按钮→将鼠标移到编辑区→鼠标指针变成刷子形状→多次将鼠标移至要复制格式的对象上→拖动格式刷光标刷过对象，进行格式复制→完成所有格式复制后需再次单击“格式刷”按钮，刷子形状自动消失，退出格式复制状态。

【任务 2】查找和替换操作。

要求：将“WD12.docx”正文中的“人工智能”替换为“人工智能(Artificial Intelligence)”宋体、加粗、红色、波浪线，小标题中字体为小四号，正文中字体为五号。

操作步骤

(1) 将插入点定位到文档第一段段首→选择“开始”选项卡→在“编辑”组中，单击“替换”按钮→打开“查找和替换”对话框→选择“替换”选项卡→在“查找内容”文本框中输入“人工智能”→单击“更多”按钮，展开搜索选项→选择搜索范围为“向下”，如图 1-2-11 所示。

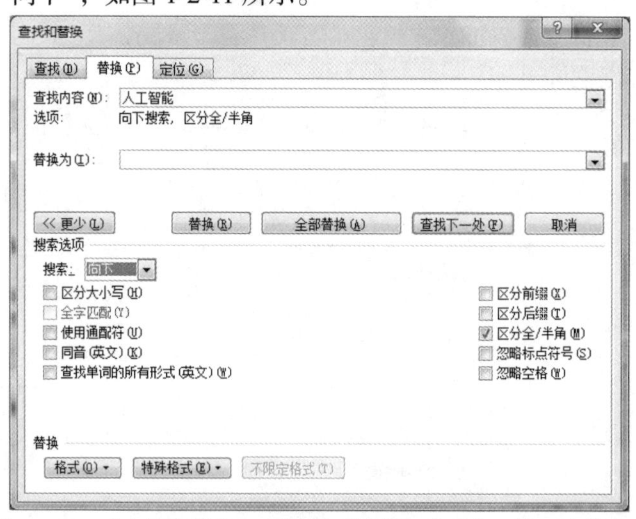

图 1-2-11　“查找和替换”对话框“替换”选项卡，设置查找内容

(2) 将光标定位到“替换为”文本框，输入“人工智能(Artificial Intelligence)”→单击替换下的“格式”下拉按钮→选择“字体”→打开“替换字体”格式设置对话框，按任务要求设置字体格式→选择搜索范围为“向下”，如图 1-2-12 所示。

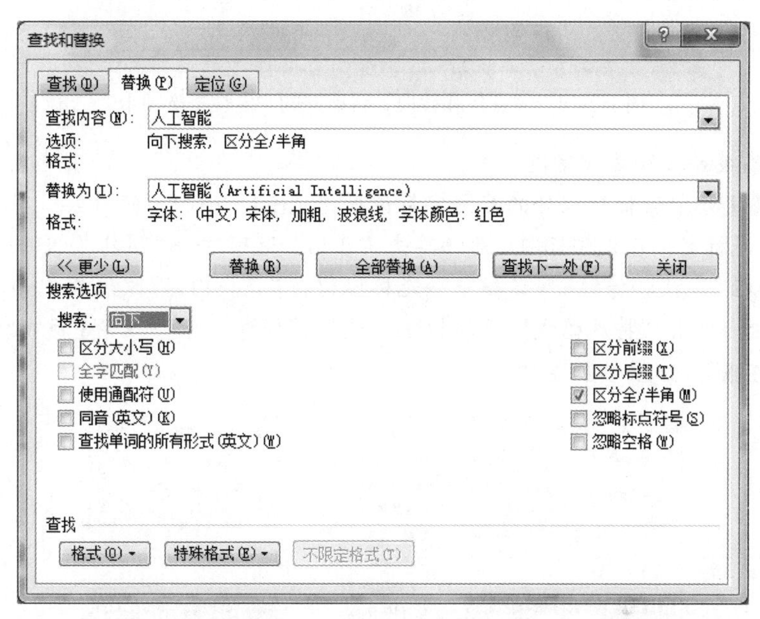

图 1-2-12　“查找和替换”对话框“替换”选项卡，设置替换内容

(3) 单击“全部替换”按钮，进行文字及格式的替换。当系统弹出如图 1-2-13 所示消息框时，为了避免文档大标题中的内容被替换，单击“否”按钮。这样除了大标题和文本框中的内容，其余部分满足条件的文字均被替换。

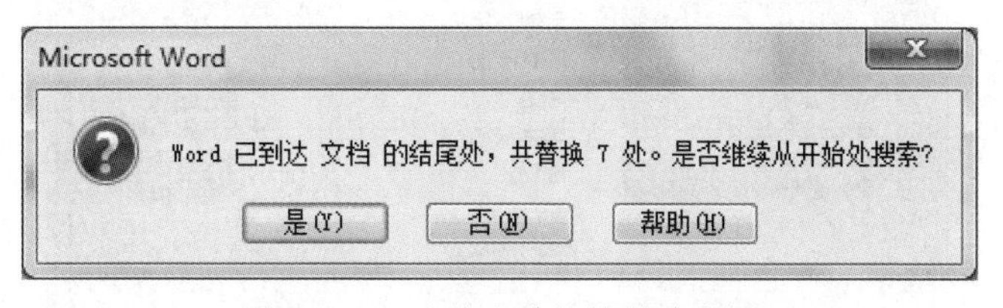

图 1-2-13　查找和替换结果消息框

方法与技巧

1. 在文档中定位

除了查找和替换文档中的文本内容和格式，还可以通过“定位”选项卡对文档中的特殊目标进行定位，如图 1-2-14 所示。

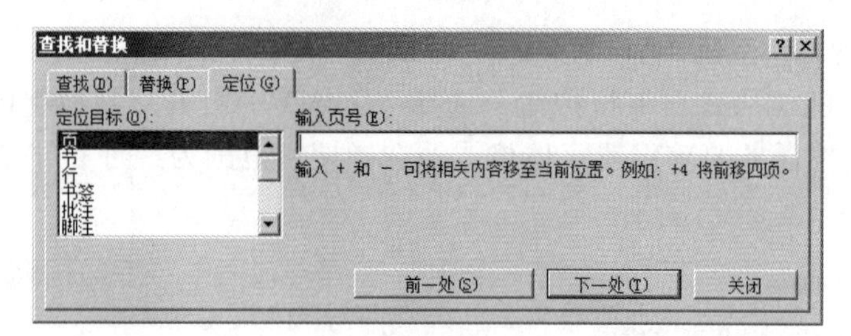

图 1-2-14　“查找和替换”对话框的“定位”选项卡

2. 高级查找和替换案例

将某文档中除标题以外的英文字符设置为 Arial、小四、倾斜。

(1) 光标定位在文档标题之后→单击“开始”选项卡→“编辑”组→“替换”。

(2) 在“查找和替换”对话框中→光标停留在“查找内容”文本框中→单击“更多”按钮→单击“特殊格式”下拉按钮→选择“任意字母”→“查找内容”文本框出现“^$”，如图 1-2-15 所示。

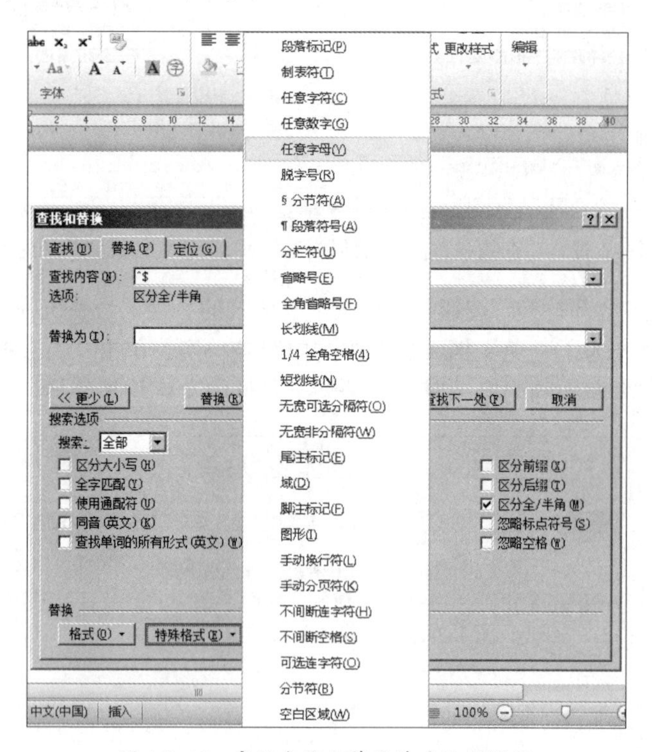

图 1-2-15　高级查找和替换特殊格式设置

(3) 在“查找和替换”对话框中→光标停留在“替换为”文本框中→单击“格式”下拉按钮→选择“字体”命令，在“字体”对话框中按要求设置英文字体格式，如图 1-2-16 所示。

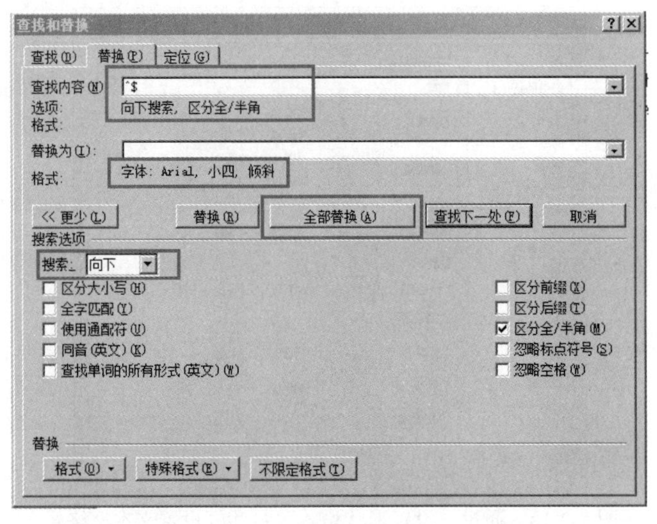

图 1-2-16　高级查找和替换内容设置

(4) 选择“搜索”选项→“向下”→单击“全部替换”。

(5) 如果标题中有英文字符，则会出现如图 1-2-17 所示对话框，选择“否”即可。

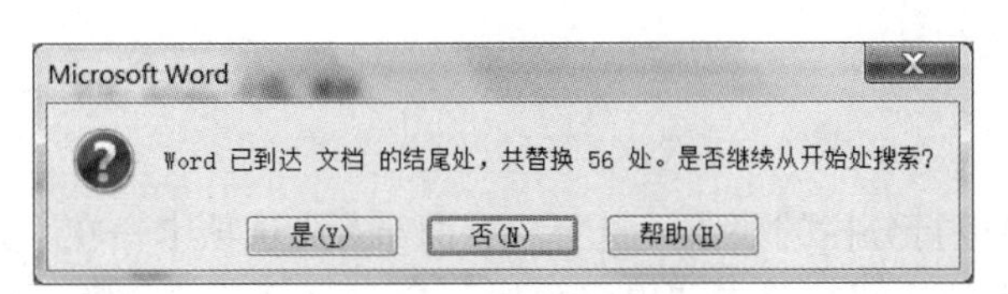

图 1-2-17　确认替换对话框

【任务 3】文本框的使用。

要求：将文本第一段放入文本框中，并将文本框设置为自己满意的格式。

操作步骤

(1) 选定文档第一段→选择“插入”选项卡→在“文本”组中，单击“文本框”按钮，弹出下拉列表→在下拉列表底部选择“绘制文本框”，该段文字立即被置于文本框之中→移动文本框到样张指定位置。

(2) 右键单击文本框→在快捷菜单中选择“其他布局选项”→打开“布局”对话框，按要求设置文本框的位置、文字环绕方式、大小。

(3) 右键单击文本框→在快捷菜单中选择“设置形状格式”→打开“设置形状

格式”对话框，按要求设置文本框格式，如图 1-2-18 所示。

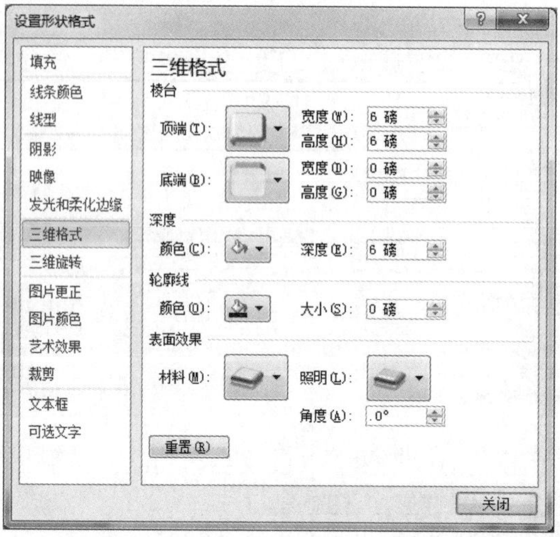

图 1-2-18　通过“设置形状格式”对话框设置文本框格式

【任务 4】设置分栏及首字下沉。

要求：对文章最末一段的内容进行分栏设置，分两栏，栏宽相等，带分隔线，并设置首字下沉 2 行。

操作步骤

(1) 选定要进行分栏的段落→选择“页面布局”选项卡→在“页面设置”组中单击“分栏”下拉按钮→单击“更多分栏”命令→打开“分栏”对话框，设置分栏数 2，栏宽相等，带分隔线，如图 1-2-19 所示，单击“确定”按钮完成设置。

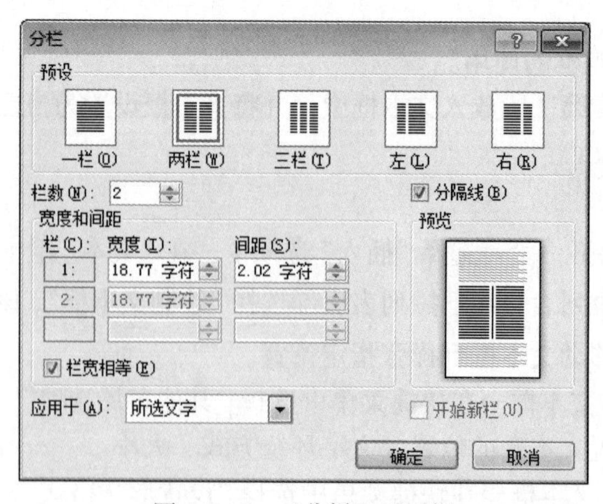

图 1-2-19　“分栏”对话框

(2) 将插入点定位到需要设置首字下沉的段落→选择“插入”选项卡→在“文本”组中单击“首字下沉”下拉按钮→单击“首字下沉选项”命令→打开“首字下沉”对话框，设置首字下沉位置、字体、下沉行数、距正文距离，如图 1-2-20 所示，单击“确定”按钮完成设置。

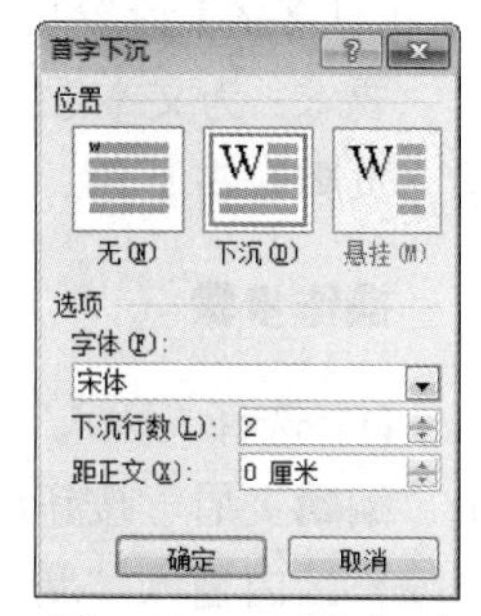

图 1-2-20　“首字下沉”对话框

方法与技巧

1. 设置分栏时应注意的问题

(1) 分栏操作应在“页面视图”下进行。

(2) 当需要分栏的部分是文档最后一段时，需要在其段末按一下 Enter 键，增加一个空段落后再进行分栏操作。

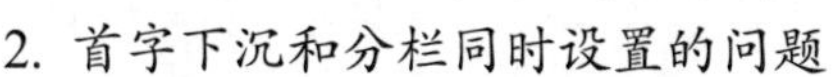
2. 首字下沉和分栏同时设置的问题

当某一段落需要同时进行首字下沉和分栏操作时，一般先进行分栏操作，后进行首字下沉的设置。如果先做了首字下沉，则分栏时选定的部分不能包含下沉的首字，否则分栏不可操作。

【任务 5】项目符号的使用。

要求：为“三、新一代人工智能(Artificial Intelligence)的特点”的内容设置如图 1-2-5 所示样张的项目符号。

操作步骤

选定要设置项目符号的段落→选择“开始”选项卡→在“段落”组中单击“项目符号”下拉按钮→单击“定义新项目符号”命令→打开“定义新项目符号”对话框→单击“符号”按钮→打开“符号”对话框，选择相应的项目符号，如图 1-2-21 所示，单击“确定”按钮完成设置。

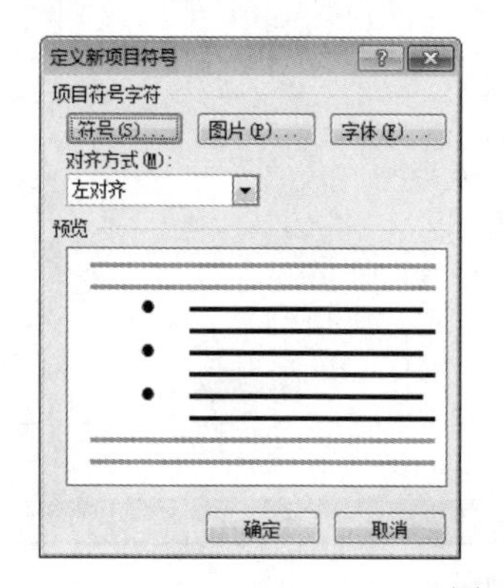

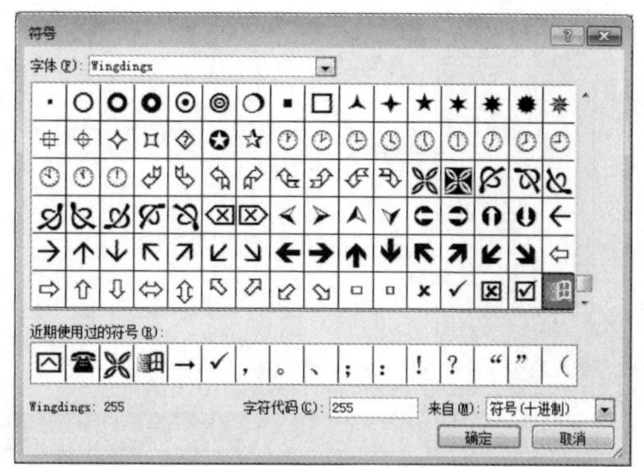

图 1-2-21　设置项目符号

【任务 6】设置页眉和页脚。

要求：为文本添加如图 1-2-5 所示样张的页眉和页脚，页眉楷体、五号字、居中；页脚在右下角，字体设置为宋体、常规五号字。

操作步骤

(1) 选择“插入”选项卡→在“页眉和页脚”组中单击“页眉”下拉按钮→单击“编辑页眉”按钮(或双击页眉区)，进入页眉编辑区，如图 1-2-22 所示，在页眉编辑区内输入“新一代人工智能”，并设置为楷体、五号字、居中。

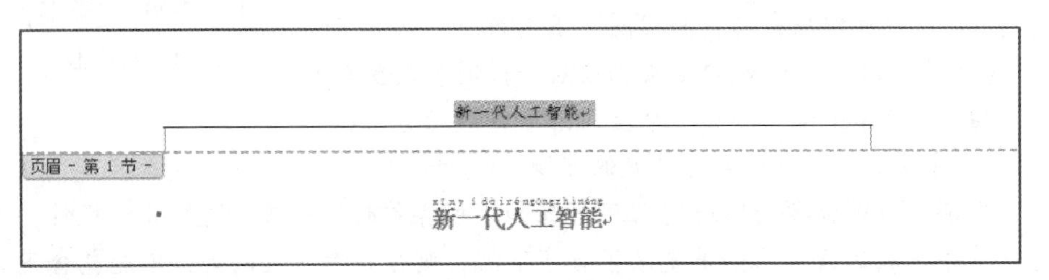

图 1-2-22　设置页眉

(2) 在功能区中单击“页眉和页脚工具”→在“导航”组中单击“转至页脚”按钮，进入页脚编辑区→在“页眉和页脚”组中单击“页码”下拉按钮→单击“页面底端”→在“X/Y”型页码样式中选择“加粗显示的数字 3”→进入页脚编辑区，如图 1-2-23 所示。页脚处的 1/1 表示第 1 页/共 1 页。

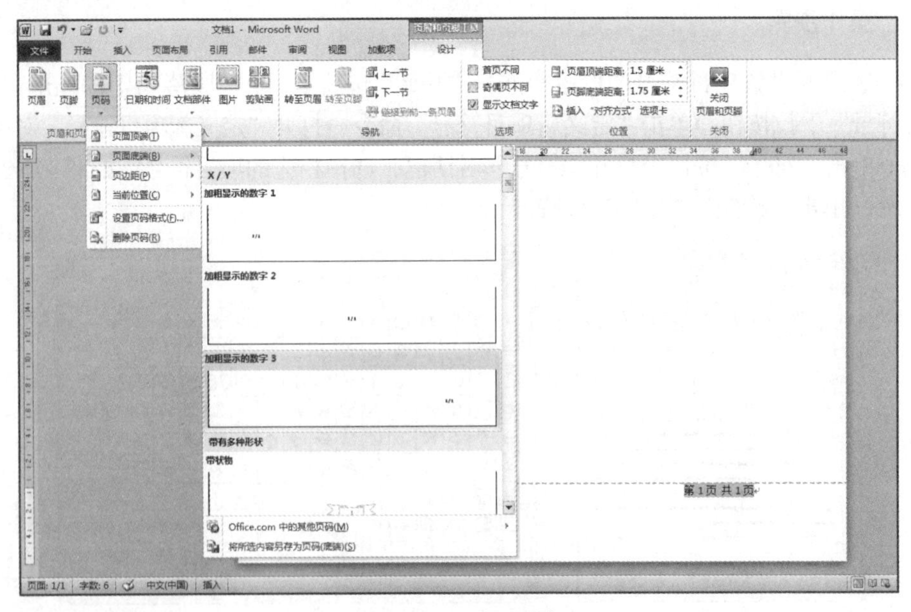

图 1-2-23　设置页脚

(3) 将光标定位到页脚处→在第一个“1”前后分别输入“第”和“页”→用一个空格字符代替“/”→在第二个“1”前后分别输入“共”和“页”→页脚显示为“第 1 页 共 1 页”→将页脚字体设置为宋体、常规五号字。

(4) 单击“页眉和页脚工具”中的“关闭页眉和页脚”按钮 或双击正文区，返回文档编辑状态。

【任务 7】文档的页面设置。

要求：纸张 A4，上下页边距 2.54 厘米，左右页边距 3.17 厘米，装订线位置左。

操作步骤

选择“页面布局”选项卡→单击“页面设置”组右下角的启动器按钮 →打开“页面设置”对话框，如图 1-2-24 所示，按任务要求进行页面设置。

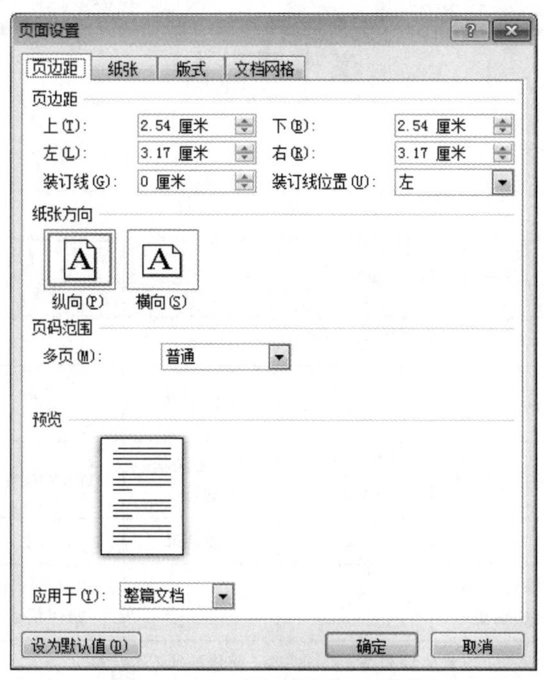

图 1-2-24　“页面设置”对话框

实验 1-2-3　表格的创建

【实验目的】

1. 掌握 Word 中表格的基本操作
2. 掌握 Word 表格中数据的处理

【主要知识点】

1. 表格的制作
2. 表格的编辑
3. 表格的格式化
4. 表格中数据的计算
5. 表格中数据的排序

【实验任务及步骤】

在D盘根目录下建立“JCSY2-3”文件夹作为本次实验的工作目录。启动Word，新建文档“WD21.docx”保存于“JCSY2-3”文件夹下。在“WD21.docx”中建立如图1-2-25样张所示表格。

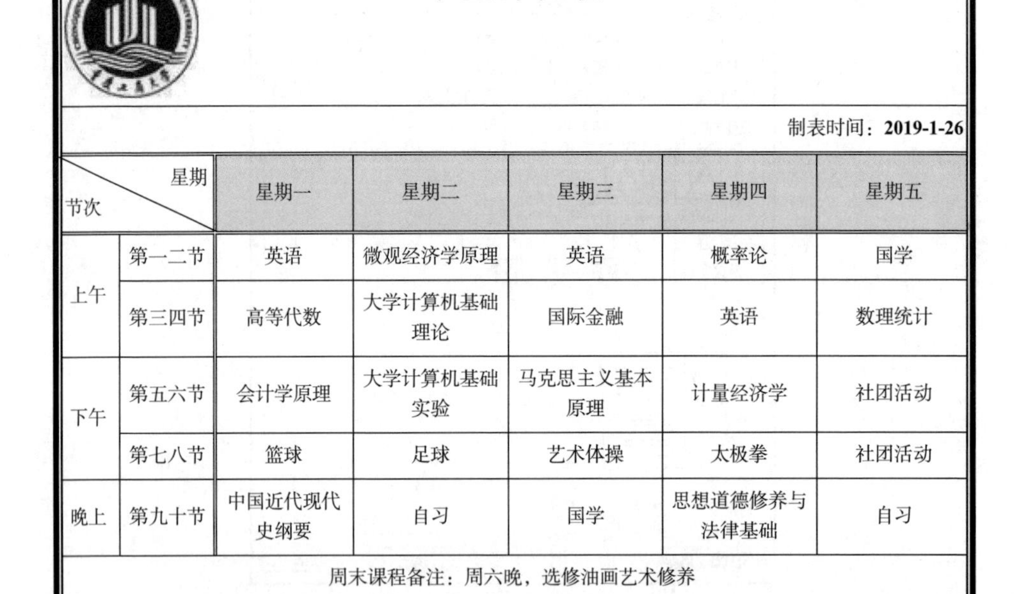

<table>
<tr><td colspan="7">学生课程表</td></tr>
<tr><td colspan="7">制表时间：2019-1-26</td></tr>
<tr><td colspan="2">星期
节次</td><td>星期一</td><td>星期二</td><td>星期三</td><td>星期四</td><td>星期五</td></tr>
<tr><td rowspan="2">上午</td><td>第一二节</td><td>英语</td><td>微观经济学原理</td><td>英语</td><td>概率论</td><td>国学</td></tr>
<tr><td>第三四节</td><td>高等代数</td><td>大学计算机基础理论</td><td>国际金融</td><td>英语</td><td>数理统计</td></tr>
<tr><td rowspan="2">下午</td><td>第五六节</td><td>会计学原理</td><td>大学计算机基础实验</td><td>马克思主义基本原理</td><td>计量经济学</td><td>社团活动</td></tr>
<tr><td>第七八节</td><td>篮球</td><td>足球</td><td>艺术体操</td><td>太极拳</td><td>社团活动</td></tr>
<tr><td>晚上</td><td>第九十节</td><td>中国近代现代史纲要</td><td>自习</td><td>国学</td><td>思想道德修养与法律基础</td><td>自习</td></tr>
<tr><td colspan="7">周末课程备注：周六晚，选修油画艺术修养</td></tr>
</table>

图1-2-25　“WD21.docx”中的表格样张

【任务1】绘制表格。

要求：按照图1-2-25所示样张绘制表格。

操作步骤

(1) 为了满足本任务的要求，需要插入一个6列8行的表格。先将插入点定位到要插入表格的位置，然后可以采用以下几种方式之一绘制表格。

图 1-2-26　“插入表格”对话框

方法一：选择“插入”选项卡→单击“表格”组中的“表格”下拉按钮→单击“插入表格”命令→打开“插入表格”对话框→输入所需的行、列数，如图 1-2-26 所示，单击“确定”按钮完成表格插入。

方法二：选择“插入”选项卡→单击“表格”组中的“表格”下拉按钮，弹出表格网格框→在表格网格框中按住鼠标左键根据需要拖拽出行、列数即可。

方法三：选择“插入”选项卡→单击“表格”组中的“表格”下拉按钮→单击“绘制表格”命令，当鼠标指针变成铅笔形状时，可以拖动鼠标手动绘制表格。

方法与技巧

通过上述三种方法都能够启动“表格工具”。利用“设计”选项卡中的“绘制表格”按钮，可以手动自由绘制表格；利用其中的“擦除”按钮，可以擦除不需要的线条，如图 1-2-27 所示。

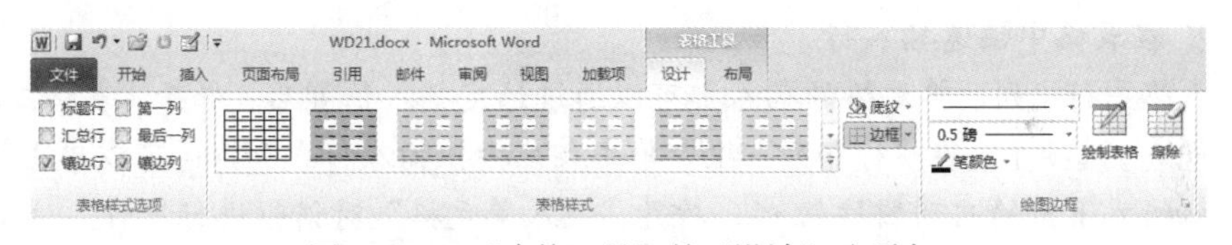

图 1-2-27　“表格工具”的“设计”选项卡

(2) 选定表格第一行的所有单元格→选择“表格工具”的“布局”选项卡→单击“合并单元格”按钮，第一行的 6 个单元格合并为一个单元格。

(3) 用相同的方法将第二行的所有单元格进行合并。

(4) 适当调整第三行的行高，将插入点定位到第三行第一列→选择“表格工具”的“设计”选项卡→单击“边框”下拉按钮→选择其中的“斜下框线”按钮，给所选单元格加上斜线，如图 1-2-28 所示。

方法与技巧

1. 表格、行、列、单元格的快捷选定

(1) 单击表格左上角的图标即可选定整个表格。

(2) 将鼠标定位到某一列的上方，当鼠标指针变成向下箭头时，单击即可选定该列。

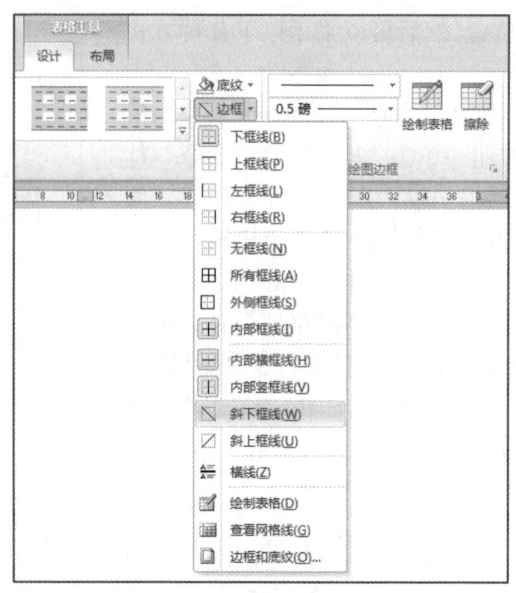

图 1-2-28　边框线设置按钮

(3) 将鼠标定位到某一单元格的左侧，当光标变成向右上 45°角的箭头时，单击即可选定该单元格。

2. 在表格中快速插入行

表格中行、列、单元格的插入都可以通过选定插入位置后，选择“表格工具”的“布局”选项卡，在“行和列”组中单击相应按钮插入行或列。也可以单击“行和列”组右下角的启动器按钮，打开“插入单元格”对话框进行操作。这里介绍一种在表格中快速插入行的方法：将插入点光标定位到需要插入新行的行尾(表格右外框线之后)，按下 Enter 键，即可在该行之后插入一个新行。

3. 斜线表头的常用制作方法

在表格绘制过程中，如果需要为第一行第一列的单元格绘制斜线表头，可以采用以下方法：

(1) 选定该单元格→选择“表格工具”的“设计”选项卡→单击“边框”下拉按钮→选择其中的“斜下框线”按钮，给所选单元格加上斜线。

(2) 选定该单元格，利用“设计”选项卡中的“绘制表格”按钮，当光标变成铅笔形状后即可为所选单元格手动绘制斜线。

【任务 2】在表格中输入内容。

要求：按照图 1-2-25 所示样张在表格中输入文本。将插入点定位到单元格中即可输入文本。当输入的英文文本超过了单元格的列宽时，系统会自动调整该列的列宽以适应文本的长度；当输入的中文文本超过了单元格的列宽时，系统会让文本自动换行，列宽不变。

操作步骤

(1) 将插入点定位到第一行的单元格内，插入学校的校徽图片，并输入“学生课程表”，设置为隶书、二号字、加粗、居中。

(2) 在第二行中输入制表时间，隶书、五号字、加粗、右对齐。

(3) 将插入点定位到第三行第一列具有斜线的单元格内，输入“星期”后，选择“开始”选项卡，在“段落”组中单击“文本右对齐”按钮；按下 Enter 键换行，选择“开始”选项卡，在“段落”组中单击“两端对齐”按钮，输入“节次”。

(4) 按照样张的要求输入表格其他单元格的内容。

方法与技巧

1. 在学校主页上截取校徽图片

方法一：

(1) 首先打开学校主页，然后光标定位于表格中需要插入校徽处，在 Word 中选择“插入”选项卡→选择“插图”组→单击“屏幕截图”下拉按钮，打开“可用视窗”列表，如图 1-2-29 所示。

(2) 光标定位于表格中需要插入校徽处，单击“可用视窗”列表下方的“屏幕剪辑”命令，直接用鼠标拖动的方式在学校主页上选择校徽部分屏幕区域作为图片插入文档。

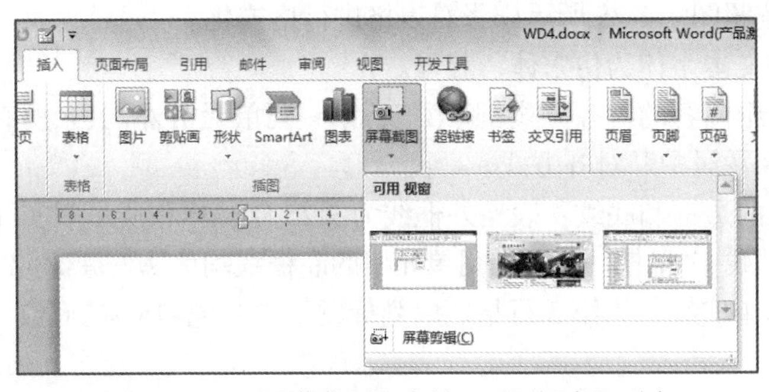

图 1-2-29　“屏幕截图”中的“可用视窗”列表

方法二：

(1) 如下两种方法均可将学校主页作为图片插入 Word 文档中。

① 首先打开学校主页，用 Word 的“屏幕截图”命令，在“可用视窗”列表中显示目前打开的所有应用程序屏幕画面，单击其中的学校主页缩略图可以将其作为图片插入文档中。

② 打开学校主页，使用屏幕硬拷贝操作复制学校主页，并粘贴到文档空白处。其中屏幕硬拷贝命令 Print Screen 用于复制整个屏幕，Alt+Print Screen 用于复制活

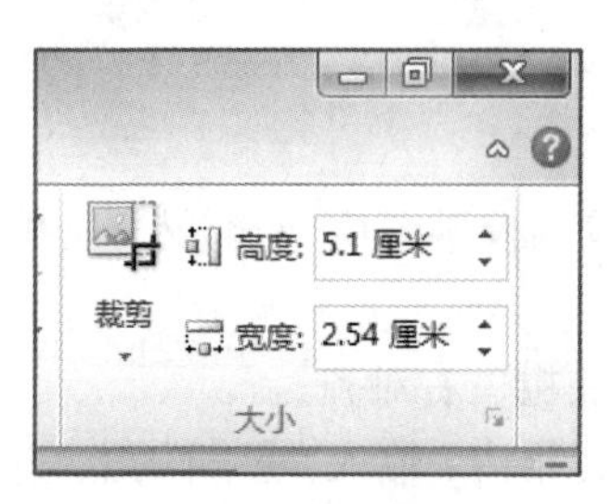

图 1-2-30　“图片工具”中“格式”选项卡的“大小”组

动窗口。

(2) 选中学校主页图片，功能区中出现“图片工具”的“格式”选项卡，选择“大小”组，如图 1-2-30 所示。

(3) 单击“大小”组中的“裁剪”按钮，拖动鼠标在图片上裁剪出校徽。

(4) 将裁剪出来的校徽图片复制粘贴到表格指定位置。

2. 文本与表格的转换

Word 可以实现将文档中排列整齐的文本转换为表格，也可以将表格转换为文本，具体操作如下。

(1) 文本转换成表格：选定要转换的文本→选择“插入”选项卡→单击“表格”组的“表格”下拉按钮→单击“文本转换成表格”命令 文本转换成表格(V)... →打开“将文字转换成表格”对话框进行设置→单击“确定”按钮完成转换。

(2) 表格转换成文本：选定要转换的表格→选择“表格工具”的“布局”选项卡→单击“数据”组中的“转换为文本”按钮 转换为文本 →打开“表格转换成文本”对话框进行设置→单击“确定”按钮完成转换。

【任务 3】对表格进行格式化。

要求：按照图 1-2-25 所示样张对表格进行格式化。

(1) 表格文本字体为仿宋体、五号。

(2) 表格中内容的对齐方式：除第三行第一列单元格外，其余所有单元格的内容均采用“水平居中”对齐方式。

(3) 表格的边框和底纹：表格外框线为 2.25 磅，样张所示双实线；第三行的上框线和下框线、“星期一”所在列单元格的左框线均为 1/2 磅双实线；其余内框线均为 1/2 磅单实线；为第 3 行指定的列标题加上灰色–15%的底纹。

操作步骤

(1) 表格文本字体格式化：选定表格中除第一行和第二行外的所有文本，设置为仿宋体、五号字、加粗。

(2) 表格中内容的对齐方式：选定需要设置对齐方式的单元格→选择“表格工具”的“布局”选项卡→在“对齐方式”组中根据需要选择一种对齐方式，如图 1-2-31 所示。

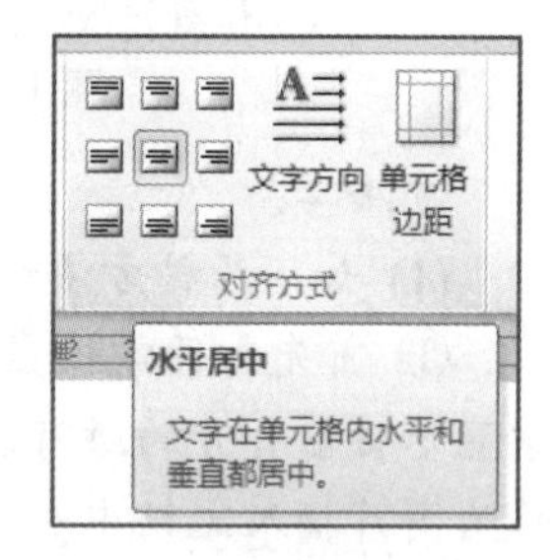

图 1-2-31　单元格内容对齐方式

(3) 为表格设置边框和底纹：在 Word 中可以为整个表格或其中的单元格设置边框和底纹。先选定表格或单元格，按以下几种方法均可完成设置。

方法一：选择“表格工具”的“设计”选项卡，如图 1-2-28 所示，在“绘图边框”组中选择边框所需的线型、宽度、颜色→单击“表格样式”组的“边框”下拉按钮为选定的表格或单元格的对应位置设置边框→单击“底纹”下拉按钮 底纹，为选定的表格或单元格设置底纹。

方法二：选择“表格工具”的“设计”选项卡→单击“表格样式”组中的“边框”下拉按钮→单击“边框和底纹”命令 边框和底纹(O)... →打开“边框和底纹”对话框，如图 1-2-32 所示，选择相应的操作完成设置。

图 1-2-32　“边框和底纹”对话框

方法三：选择“表格工具”的“布局”选项卡→单击“表”组中的“属性”按钮→打开“表格属性”对话框，如图 1-2-33 所示，选择“表格”选项卡→单击

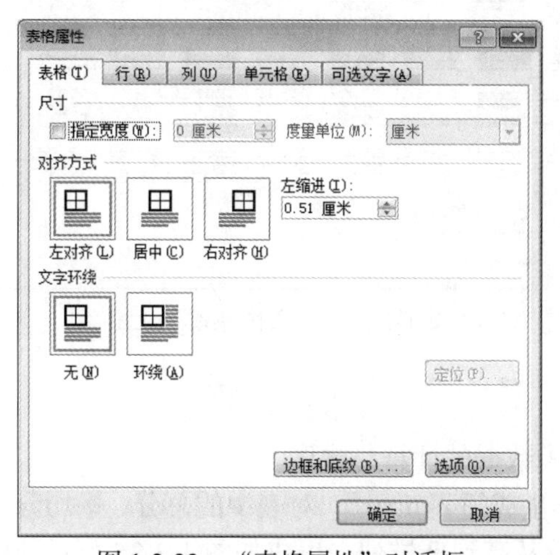

图 1-2-33　“表格属性”对话框

"边框和底纹"按钮→打开"边框和底纹"对话框，如图 1-2-32 所示，选择相应的操作完成设置。

方法与技巧

1. 表格的对齐方式

选定表格→选择"表格工具"的"布局"选项卡→单击"表"组中的"属性"按钮→打开"表格属性"对话框，如图 1-2-33 所示，选择"表格"选项卡→设置表格的对齐方式和文字环绕等。

表格的"对齐方式"是指表格与页面边距之间的位置关系，"文字环绕"是指表格与所在文档正文之间的位置关系。

2. 表格样式的使用

将插入点定位到表格内→选择"表格工具"的"设计"选项卡→选择"表格样式"→在表格样式列表框中选择所需样式，也可单击"其他"下拉按钮后新建、修改、清除表格样式，如图 1-2-34 所示。

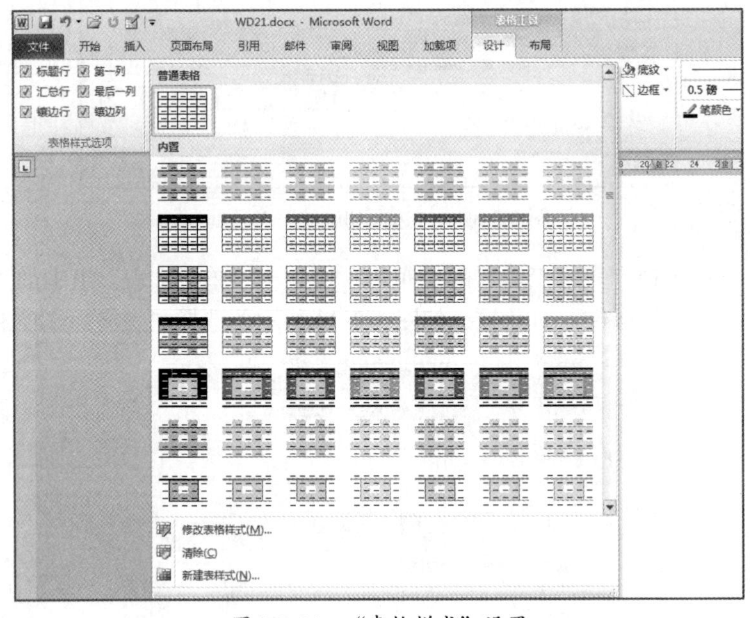

图 1-2-34 "表格样式"设置

【自主实验】

【任务 1】表格中数据的计算与排序。

要求：建立"学生成绩表.docx"，对表中的总分、平均分、各门课程平均分进行计算，并按平均分从高到低排列，生成如图 1-2-35 所示的样张。

学生成绩表					
					制表时间：2020-1-16
课程名 姓名	高等数学	大学英语	大学计算机基础	总分	平均分
刘金山	98	57	90	245	81.7
吴晓梅	68	83	85	236	78.7
王莉	50	90	74	214	71.3
段练	89	89	48	226	75.3
周大盛	98	77	78	253	84.3
各门课程平均分	80.6	79.2	75.0	234.8	78.3

图 1-2-35　“学生成绩表.docx”中的表格样张

操作步骤

(1) 建立如图 1-2-35 所示表格，将插入点定位到表格最后一行行尾(表格右外框线之后)，按下 Enter 键，即可在表格末尾插入一个新行。

(2) 计算总分。

① 将插入点定位到要存放计算结果的单元格中(刘金山的总分单元格)→选择“表格工具”的“布局”选项卡→单击“数据”组的“公式”按钮 f_x 公式→打开“公式”对话框，如图 1-2-36 所示，在“公式”文本框中输入“=SUM(LEFT)”或者输入“=SUM(B4:D4)”→单击“确定”按钮，在单元格内生成计算结果。

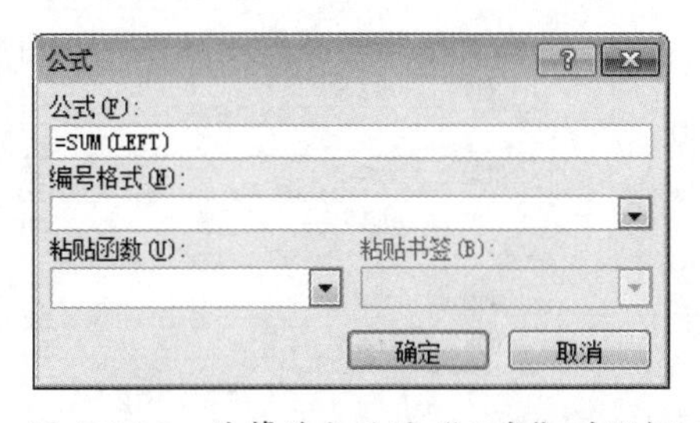

图 1-2-36　计算总分时的“公式”对话框

② 重复①中的操作完成其余学生总分的计算，也可在用公式“=SUM(LEFT)”计算出第一个总分之后，没有进行其他操作之前，将插入点定位到下一个总分单元格，按下 Ctrl+Y 组合键计算出其余学生的总分。

(3) 计算各学生的平均分。

① 将插入点定位到要存放计算结果的单元格中(刘金山的平均分单元格)→

选择“表格工具”的“布局”选项卡→单击“数据”组的“公式”按钮→打开“公式”对话框，如图 1-2-37 所示，在“公式”文本框中输入“=AVERAGE(B4:D4)”或者输入“=(B4+C4+D4)/3”→在“编号格式”下拉列表框中输入“0.0”表示保留小数点后一位并四舍五入→单击“确定”按钮，在单元格内生成计算结果。

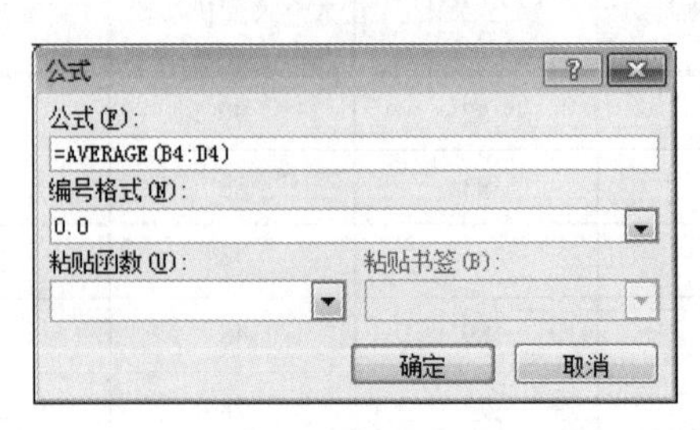

图 1-2-37　计算平均分时的“公式”对话框

② 重复①中的操作完成其余学生平均分的计算，在公式中引用单元格名称时，要根据计算的对象不同改变其行列编号。注意：由于此处单元格引用方式的限制，不能用按下 Ctrl+Y 组合键的方式计算出其余学生的平均分。

③ 根据上述的计算方法完成对“各门课程平均分”的计算，并设置其中内容“居中”对齐。

(4) 表格的排序。

将插入点定位在表格中或选定需要排序的内容→选择“表格工具”的“布局”选项卡→单击“数据”组的“排序”按钮→打开“排序”对话框，如图 1-2-38 所示，设置相应的排序关键字、类型、升降序等→单击“确定”按钮完成排序。

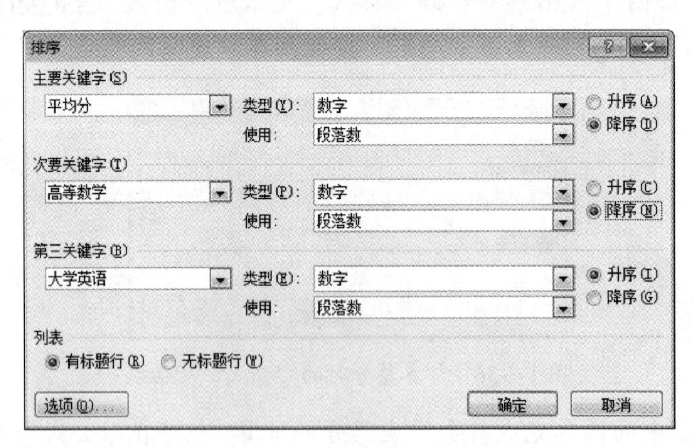

图 1-2-38　“排序”对话框

方法与技巧

1. 单元格的命名

Word 表格中的每一列号依次用字母 A，B，C，D…进行编号；每一行号依次用数字 1，2，3，4…进行编号，单元格的名称就是给单元格的列编号+行编号。例如，单元格 B4 表示第二列第四行的单元格。单元格的名称可以作为运算量在公式中参与运算。

2. 多重排序

当排序的关键字不止一个时，称为多重排序，也称为多列排序。图 1-2-38 是三个关键字的排序，这种排序的结果是：先按照主要关键字“平均分”值的降序排序，若遇平均分值相同，则按照次要关键字“高等数学”值的降序排序，若主要关键字和次要关键字的值都相同，则按照第三关键字“大学英语”值的升序排序。

【任务 2】制作“学生情况登记表”，样张如图 1-2-39 所示，并填入自己的相关信息。

学生情况登记表

基本资料				（贴照片处）
姓名		性别		
年龄		民族		
政治面貌		籍贯		
现就读学校		专业		
联系方式				
手机号码		固定电话		
家庭住址				
电子邮箱		QQ 号码		
个人简介				
求学经历	起始时间	结束时间	就读学校	
特长及爱好				
获奖情况				
填表人：		填表日期：		

图 1-2-39　“学生情况登记表”样张

实验 1-2-4　图文混排和文档美化

【实验目的】

1. 认识和掌握 Word 的图形种类及使用
2. 掌握 Word 文档中图文混排操作

【主要知识点】

1. 在一个文档中插入另一个文档的内容
2. 艺术字的使用
3. 图片的使用
4. 剪贴画的使用
5. 水印的使用

【实验任务及步骤】

在 D 盘根目录下建立“JCSY2-4”子文件夹作为本次实验的工作目录。启动 Word，新建一个空白文档存于“JCSY2-4”文件夹中，命名为“WD3.docx”。将“WD11.docx”的内容插入其中，并将其删减为如图 1-2-40 所示内容。对“WD3.docx”内容进行图文混排形成样张，如图 1-2-41 所示。

2016 年对于人工智能来说是一个特殊的年份。由谷歌旗下 DeepMind 公司开发的 AlphaGo 大胜围棋世界冠军、职业九段棋手李世石，让近十年来再一次兴起的新一代人工智能技术走向台前。

人工智能，英文缩写为 AI，研究的主要目标是使机器能够胜任一些通常需要人类智能才能完成的复杂工作。在有大数据之前，计算机并不擅长于解决需要人类智能的问题，但是今天这些问题换个思路就可以解决了，其核心就是变智能问题为数据问题。因此，新一代人工智能主要是大数据基础上的人工智能。

综上所述，未来会有越来越多的行业工作被人工智能取代，我们该如何应对呢？吴军博士在他的著作《智能时代 大数据与智能革命重新定义未来》一书中指出：在历次技术革命中，一个人、一家企业，甚至一个国家，可以选择的道路只有两条：要么加入智能浪潮，成为前 2%的人，要么观望徘徊，被淘汰。所以，如果不想被社会淘汰，就要争取成为 2%的人。

图 1-2-40 “WD3.docx”文本内容

【任务 1】将文件“WD11.docx”的内容插入“WD3.docx”。

要求：按照如图 1-2-40 所示样张，在“WD3.docx”中插入“WD11.docx”的内容，并删减。

操作步骤

(1) 打开“WD3.docx”文件，将插入点定位到相应位置。

(2) 选择“插入”选项卡→选择“文本”组→单击“对象”下拉按钮→单击“文件中的文字”命令，如图 1-2-42 所示。打开“插入文件”对话框，如图 1-2-43 所示，选择文件夹“JCSY2-1”中的文件“WD11.docx”后单击“插入”按钮→文件“WD11.docx”的内容全部插入“WD3.docx”中。

(3) 按照图 1-2-40 的要求对“WD3.docx”进行删减处理。

(4) 增加文本排版要求：正文楷体五号字，两端对齐，首行缩进 2 字符，行距为固定值 20 磅，段前段后间距为 0.5 行。第一段文字添加标准色的黄色底纹，第二段段落添加标准色的黄色底纹。文档末尾另起一行插入域日期为文档的创建日期，右对齐，宋体五号字。

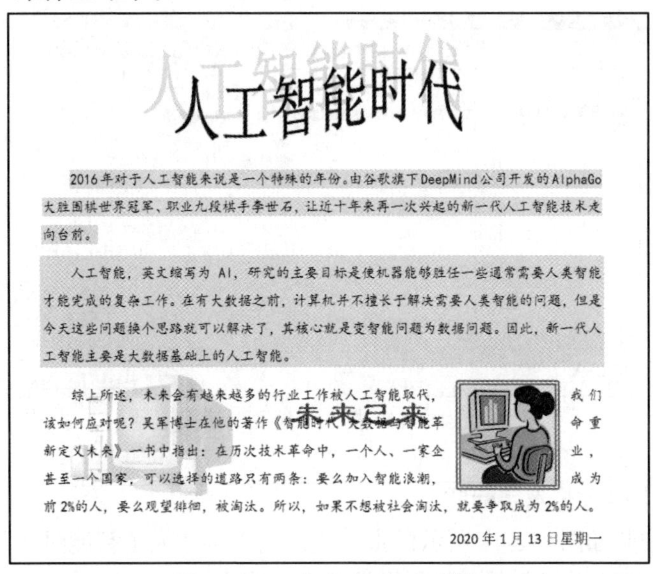

人工智能时代

2016 年对于人工智能来说是一个特殊的年份。由谷歌旗下 DeepMind 公司开发的 AlphaGo 大胜围棋世界冠军、职业九段棋手李世石，让近十年来再一次兴起的新一代人工智能技术走向台前。

人工智能，英文缩写为 AI，研究的主要目标是使机器能够胜任一些通常需要人类智能才能完成的复杂工作。在有大数据之前，计算机并不擅长于解决需要人类智能的问题，但是今天这些问题换个思路就可以解决了，其核心就是变智能问题为数据问题。因此，新一代人工智能主要是大数据基础上的人工智能。

综上所述，未来会有越来越多的行业工作被人工智能取代，我们该如何应对呢？吴军博士在他的著作《智能时代：大数据与智能革命重新定义未来》一书中指出：在历次技术革命中，一个人、一家企业，甚至一个国家，可以选择的道路只有两条：要么加入智能浪潮，成为前 2%的人，要么观望徘徊，被淘汰。所以，如果不想被社会淘汰，就要争取成为 2%的人。

未来已来

2020 年 1 月 13 日星期一

图 1-2-41　“WD3.docx”样张

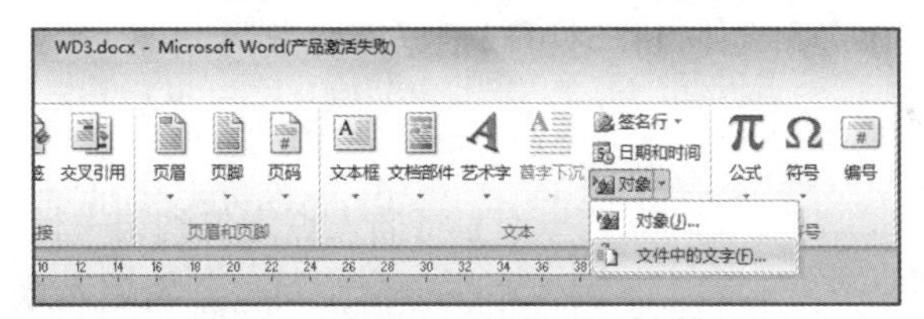

图 1-2-42　插入“文件中的文字”

图 1-2-43　“插入文件”对话框

(5) 在文档的末尾另起一行，选择“插入”选项卡→选择“文本”组→单击“文档部件”下拉按钮→单击“域”命令打开“域”对话框，设置“类别”“域名”“日期格式”，如图 1-2-44 所示，单击“确定”按钮后将对齐方式设置为右对齐。

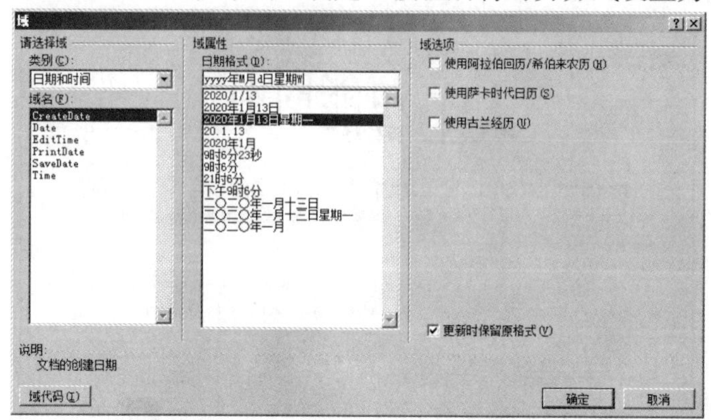

图 1-2-44　插入“域”对话框

【任务 2】插入艺术字标题。

要求：按照如图 1-2-41 所示样张，插入艺术字“人工智能时代”作为标题。样张文字效果的转换为波形 2。阴影设置：透明度 80%，大小 100%，虚化 0 磅，角度 220，距离 30 磅。具体操作时可以根据需要微调。

操作步骤

(1) 将插入点定位到第一行行首，按下 Enter 键，产生一个空行，并将插入点定位到该空行。

(2) 选择“插入”选项卡→选择“文本”组→单击“艺术字”下拉按钮→在弹出的艺术字列表框中选择一种艺术字样式，如图 1-2-45 所示，在弹出的“请在此放置您的文字”文本框中输入“人工智能时代”，完成艺术字插入→选定艺术字后按照常规方法设置字体、字号等格式。

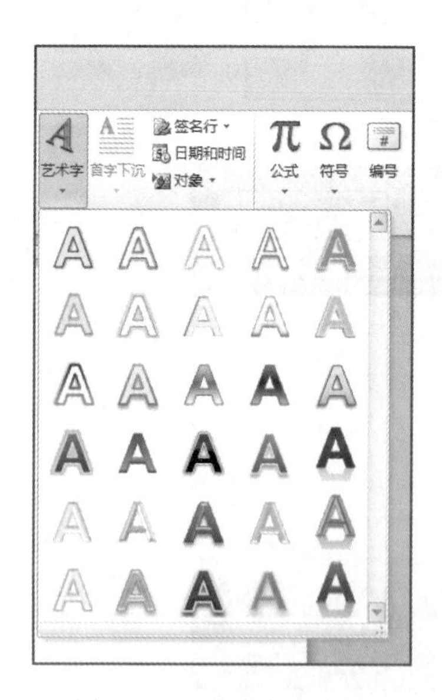

图 1-2-45　艺术字列表框

(3) 设置艺术字形状样式。

① 单击艺术字→选择“绘图工具”中的“格式”选项卡→选择“形状样式”组，如图 1-2-46 所示，在此对艺术字的形状进行各种设置。

② 单击艺术字→选择“绘图工具”中的“格式”选项卡→选择“艺术字样式”组，如图 1-2-47 所示，在此对艺术字的文本样式进行各种设置。

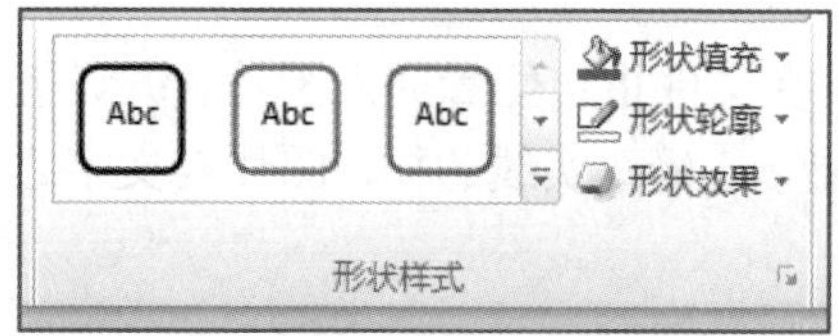

图 1-2-46　设置艺术字“形状样式”组

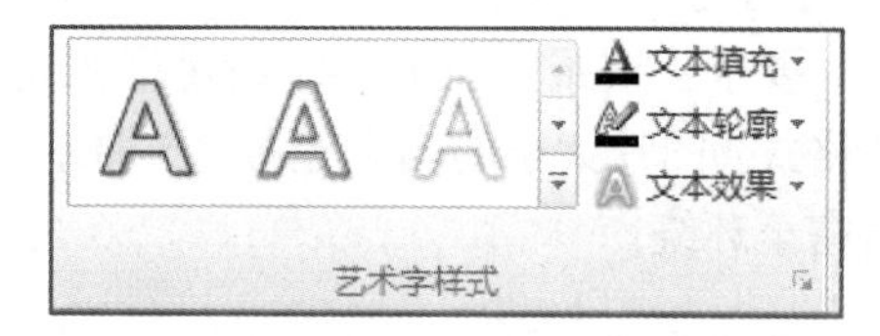

图 1-2-47　设置“艺术字样式”组

(4) 单击艺术字→选择“绘图工具”中的“格式”选项卡→选择“艺术字样式”组→单击“文本效果”下拉按钮→单击“转换”命令→在列表的“弯曲”样式中选择“波形 2”。

(5) 单击艺术字→选择“绘图工具”中的“格式”选项卡→选择“艺术字样式”组→单击“文本效果”下拉按钮→单击“阴影”命令→在列表中选择一种阴影样式，如图 1-2-48 所示。

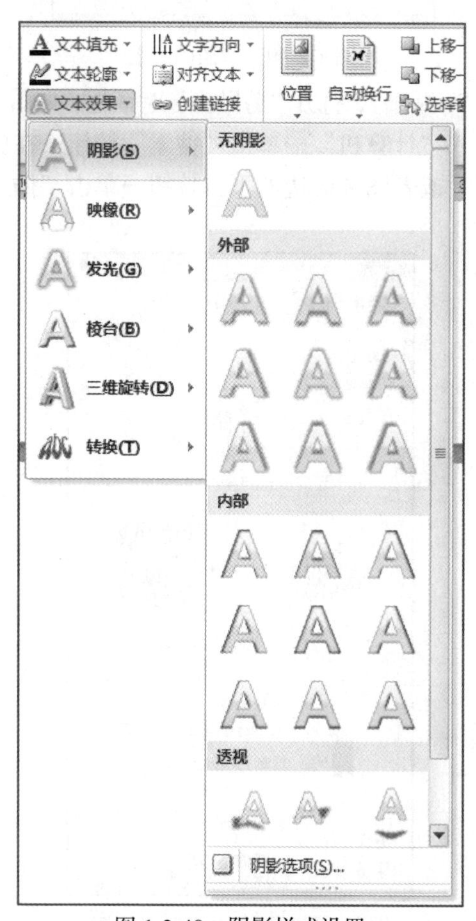

图 1-2-48　阴影样式设置

【任务 3】图片的使用。

要求：按照如图 1-2-41 所示样张要求，在文件指定位置插入图片，并设置图片格式。图片大小的高和宽各 2.5 厘米。设置 3.5 磅双实线边框。图片与文字之间紧密至环绕。

操作步骤

(1) 插入图片。

① 将插入点定位到适当的位置，选择“插入”选项卡→选择“插图”组→根据需要选择相应的按钮进行插入，如图 1-2-49 所示。

图 1-2-49 “插图”组

② 本任务选择“剪贴画”，打开“剪贴画”对话框，如图 1-2-50 所示，在“搜索文字”文本框中输入“计算机”→单击“搜索”按钮→在剪贴画列表框中选择对应的图片→单击图片或者图片旁边的下拉按钮→单击“插入”命令→图片被插入指定位置。

图 1-2-50 “剪贴画”对话框

(2) 设置图片格式。

① 右键单击已插入的图片，在弹出的快捷菜单中选择“设置图片格式”，打开“设置图片格式”对话框进行设置，如图 1-2-51 所示。

图 1-2-51　“设置图片格式”对话框

② 单击已插入的图片，通过功能区中显示出来的“图片工具”的“格式”选项卡进行设置。“图片工具”的“格式”选项卡如图 1-2-52 所示。

图 1-2-52　“图片工具”的“格式”选项卡

(3) 设置图片位置、文字环绕方式和图片大小的方法。

方法一：右键单击已插入的图片→在弹出的快捷菜单中选择“大小和位置”→打开“布局”对话框，如图 1-2-53 所示。

① 单击“位置”选项卡设置图片在页面上的相对位置。

② 单击“文字环绕”选项卡，设置图片与文字之间的环绕方式，本任务选择“紧密型”环绕。

③ 单击“大小”选项卡设置图片的尺寸。

方法二：单击选定图片→选择“图片工具”的“格式”选项卡→选择“排列”组，图 1-2-54 为“位置”和“自动换行”的下拉列表。

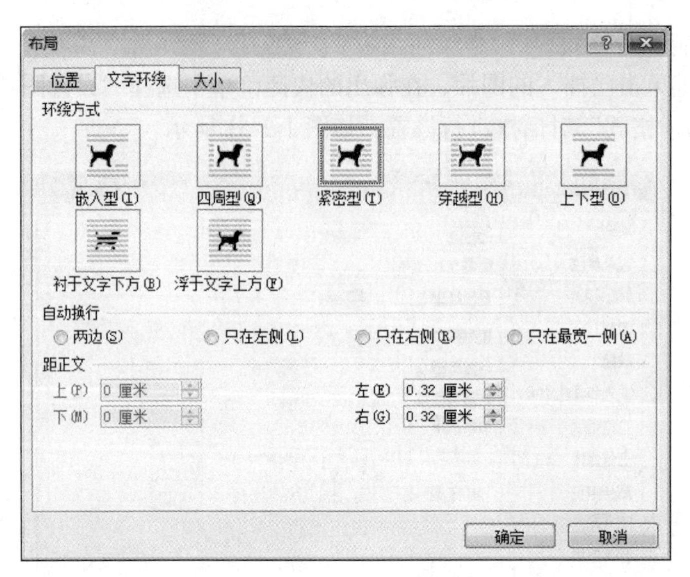

图 1-2-53　通过“布局”对话框设置文字环绕方式

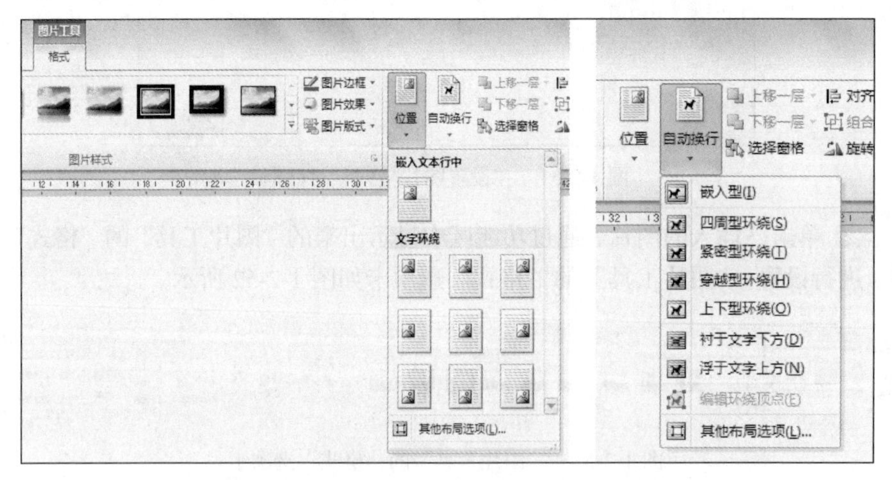

图 1-2-54　“位置”和“自动换行”下拉列表

① 单击“位置”下拉按钮选择图片在页面上的相对位置。

② 单击“自动换行”下拉按钮设置图片与文字的环绕方式。

(4) 给图片加边框的方法。

方法一：右键单击图片，打开“设置图片格式”对话框→选择“线条颜色”→选择“实线”或“渐变线”，并设置线条颜色、透明度等，如图 1-2-55 所示。

方法二：单击选定图片→选择“图片工具”的“格式”选项卡→选择“图片样式”组→利用其中的按钮进行设置。

图 1-2-55　设置图片边框的线条颜色

方法与技巧

1. 按比例调整图片大小

右键单击已插入的图片→选择“大小和位置”→打开“布局”对话框→选择“大小”选项卡→勾选“锁定纵横比”→在“缩放”组调整高度，宽度也随之而变，如图 1-2-56 所示。

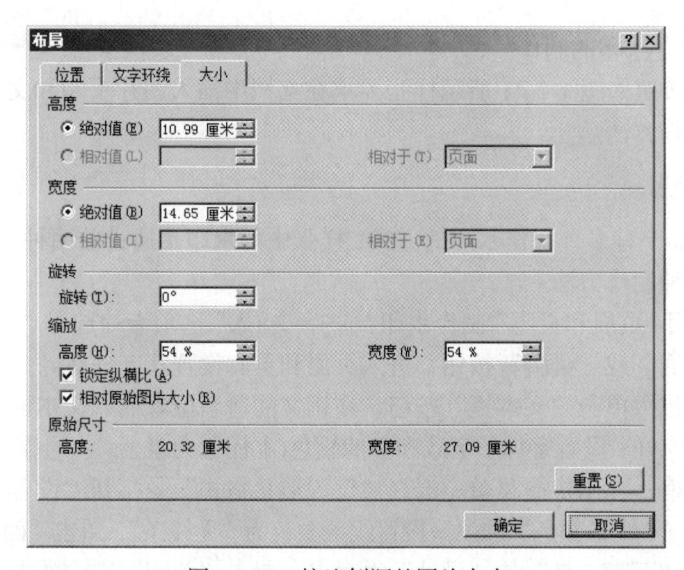

图 1-2-56　按比例调整图片大小

2. 裁剪图片

(1) 单击选定图片→打开“图片工具”的“格式”选项卡→在“大小”组中选择“裁剪”按钮→光标变为“T”形→推动“T”形光标对图片进行裁剪，如图 1-2-57 所示。

(2) 单击选定图片→打开“图片工具”的“格式”选项卡→在“大小”组中选择“裁剪”下拉按钮→单击“裁剪为形状”级联菜单→选择需要裁剪的形状→图片即刻被裁剪为相应形状。

图 1-2-57　裁剪图片

【任务 4】水印的制作。

要求：按照如图 1-2-41 所示样张要求在文档中插入图片水印和文字水印，掌握水印的制作方法。

操作步骤

在 Word 中有多种制作水印的方式，样张中的水印是通过前两种方式制作的，以下介绍几种制作方法。

(1) 利用“页眉和页脚”制作水印：选择“插入”选项卡→选择“页眉和页脚”组中的“页眉”或“页脚”按钮，进入页眉和页脚设置状态→在“插入”选项卡的“文本”组中单击“文本框”按钮，在正文的适当位置插入文本框→在文本框内输入水印字样，设置字体、字号和字的颜色(本任务为隶书，一号字，红色)→右键单击文本框，弹出快捷菜单→选择“设置形状格式”→打开“设置形状格式”对话框→选择“线条颜色”选项→设置线条颜色为“无线条”，单击“确定”按钮→选择“页眉和页脚工具”的“设计”选项卡→单击“关闭”组中的“关闭页眉和页脚”按钮。水印制作完成，文档的每一页中将显示相同的水印效果。

(2) 利用图片叠放层次制作水印：在文档中插入需要作为水印使用的图片→选择“图片工具”的“格式”选项卡→单击“调整”组中的“颜色”下拉按钮→在弹出的列表“重新着色”组中选择“冲蚀”命令→单击“排列”组中的“自动换行”下拉按钮→在弹出的列表中选择“衬于文字下方”命令。水印制作完成，这种方式制作的水印只在文档的当前页有效。

(3) 自定义图片水印：选择“页面布局”选项卡→在“页面背景”组中单击“水印”下拉按钮→在下拉列表中选择“自定义水印”命令，弹出“水印”对话框，如图 1-2-58 所示。选择“图片水印”单选按钮→单击“选择图片”按钮→在弹出的“插入图片”对话框中选择需要的图片→单击“确定”按钮即可设置图片水印。完成图片水印制作，文档的每一页中将显示相同的水印效果。

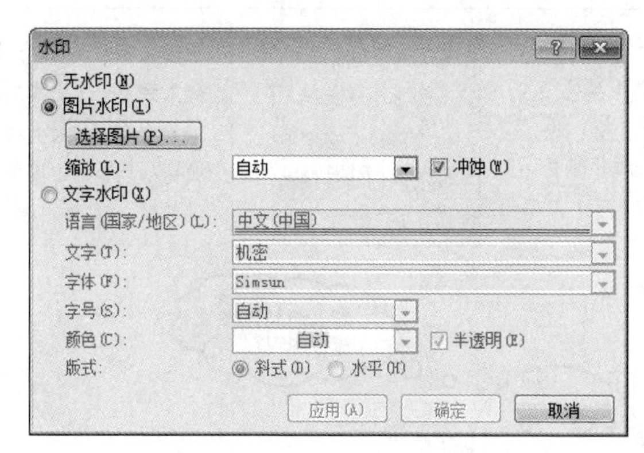

图 1-2-58　“水印”对话框

(4) 自定义文字水印：类似地，选择“页面布局”选项卡→在“页面背景”组中单击“水印”下拉按钮→在下拉列表中选择“自定义水印”命令，弹出“水印”对话框，如图 1-2-58 所示，选择“文字水印”单选按钮→输入水印所需文字并设置文字格式→单击“确定”按钮即可设置文字水印。完成文字水印制作，文档的每一页将显示相同的水印效果。

(5) 使用系统预设水印：选择“页面布局”选项卡→在“页面背景”组中单击“水印”下拉按钮→在下拉列表中选择一种系统预设水印即可完成水印制作，文档的每一页中将显示相同的水印效果。

实验 1-2-5　绘制图形和编辑公式

【实验目的】

1. 认识和掌握 Word 的图形种类及使用

2. 掌握 Word 文档中图文混排操作

【主要知识点】

1. 形状图形的使用
2. 公式编辑器的使用
3. 文本框的链接

【实验任务及步骤】

在D盘根目录下建立“JCSY2-5”文件夹作为本次实验的工作目录。启动Word，新建一个空白文档并保存于“JCSY2-5”文件夹中，命名为“WD4.docx”。在“WD4.docx”中创建如图 1-2-59 所示的内容。

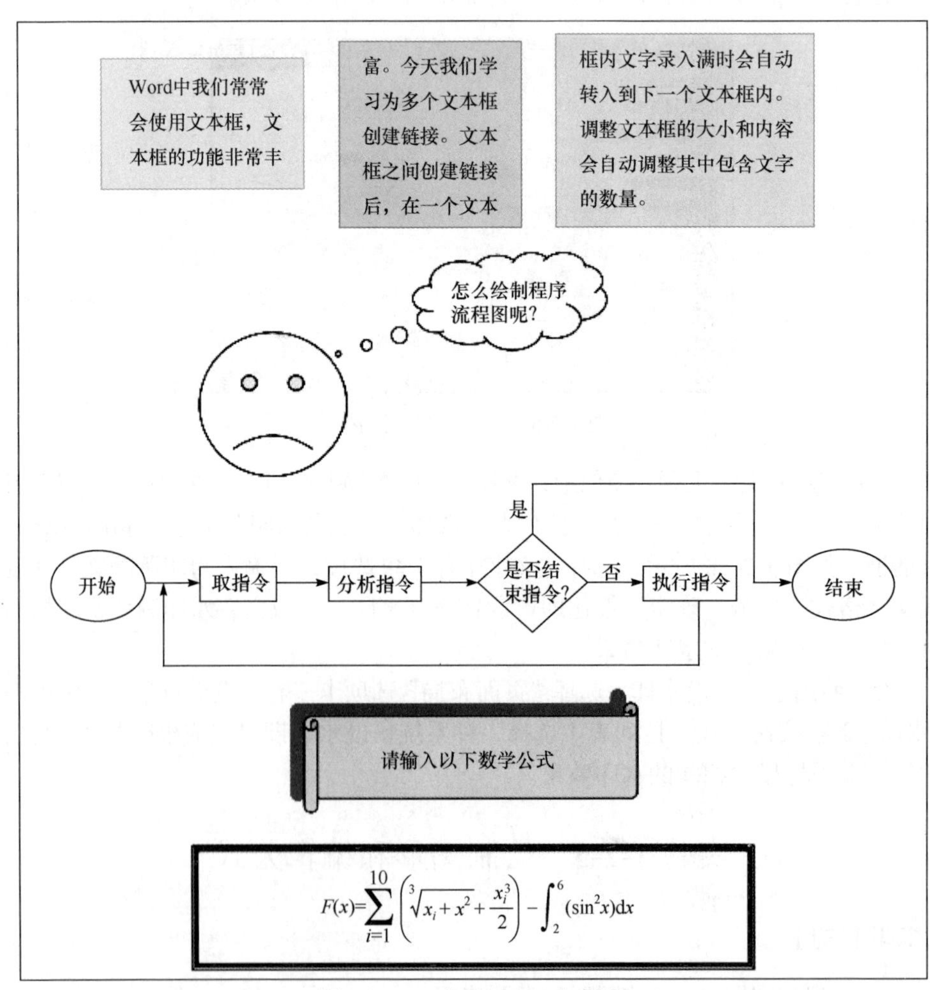

图 1-2-59　“WD4.docx”样张

【任务1】创建文本框的链接。

要求：按照如图1-2-59所示样张要求，为三个文本框创建链接，并从最左边第一个文本框开始输入一段文字。

操作步骤

(1) 选择“插入”选项卡→选择“文本”组→单击“文本框”下拉按钮→在列表框中选择“绘制文本框”命令，如图1-2-60所示，用该方法绘制三个文本框。

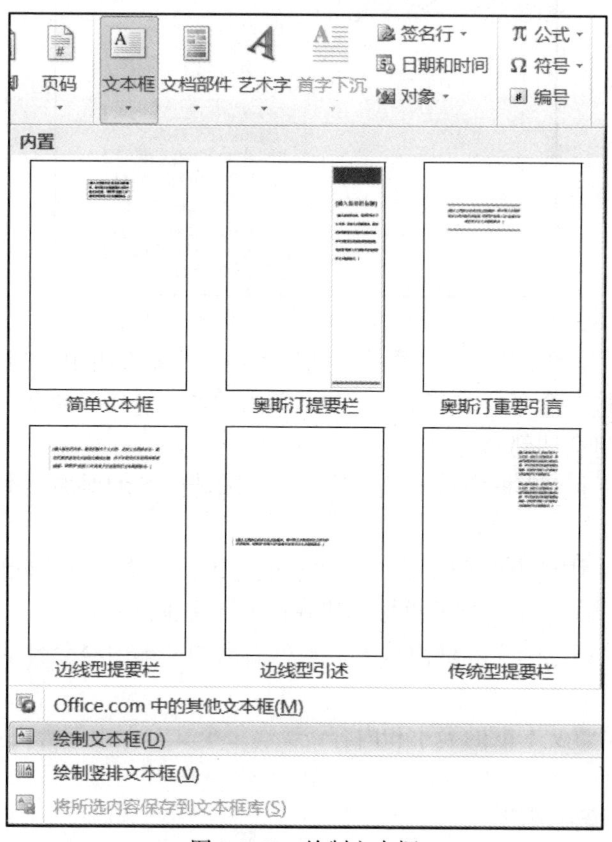

图1-2-60 绘制文本框

(2) 选择插入的文本框→选择“绘图工具”→选择“格式”选项卡为每一个文本框设置满意的外观格式。

(3) 选择左边第一个文本框→选择“绘图工具”的“格式”选项卡→单击“文本”组中的“创建链接”按钮 创建链接 ，如图1-2-61所示。此时光标在第一个文本框内变为茶杯形状。

(4) 将茶杯光标从第一个文本框内移动到第二个文本框内，此时光标变为向右倾斜倒水的形状，表示第一个文本框内溢出的文本将会导入第二个文本框。在第二个文本框内单击鼠标左键即可创建第一个文本框和第二个文本框的链接。

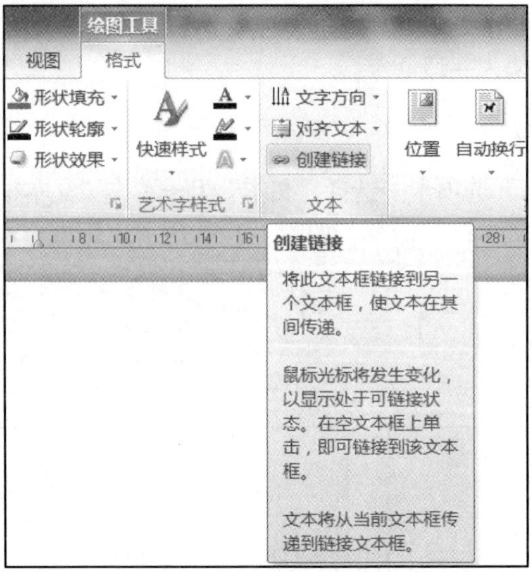

图 1-2-61　创建文本框链接

(5) 观察“绘图工具”→“格式”选项卡→“文本”组中，“创建链接”命令变为“断开链接”命令 断开链接。如果单击“断开链接”命令，第二个文本框内的所有文本将会回到第一个文本框。

(6) 在第一个文本框内输入样张的内容，随着内容的增加文本会自动转入第二个文本框内。

(7) 用(3)(4)中的方法创建第二个文本框与第三个文本框之间的链接(也可以一开始就将三个文本框之间的链接创建好再输入文本内容)。

(8) 继续在第二个文本框内输入文本，溢出的文本内容会自动转入第三个文本框。

(9) 试着调整文本框的大小和内容，观察每个文本框中包含文本的自动变化。

【任务 2】绘制图形。

要求：按照如图 1-2-59 所示样张要求，利用形状绘制图形。插入“横卷形”，并设置图形格式。

操作步骤

(1) 绘制图形。

① 选定形状图形。

方法一：选择“插入”选项卡→选择“插图”组→单击“形状”下拉按钮，弹出“形状”列表框→单击其中的图形按钮，选择所需图形，如图 1-2-62 所示。

本任务是在“星与旗帜”中选择“横卷形”。

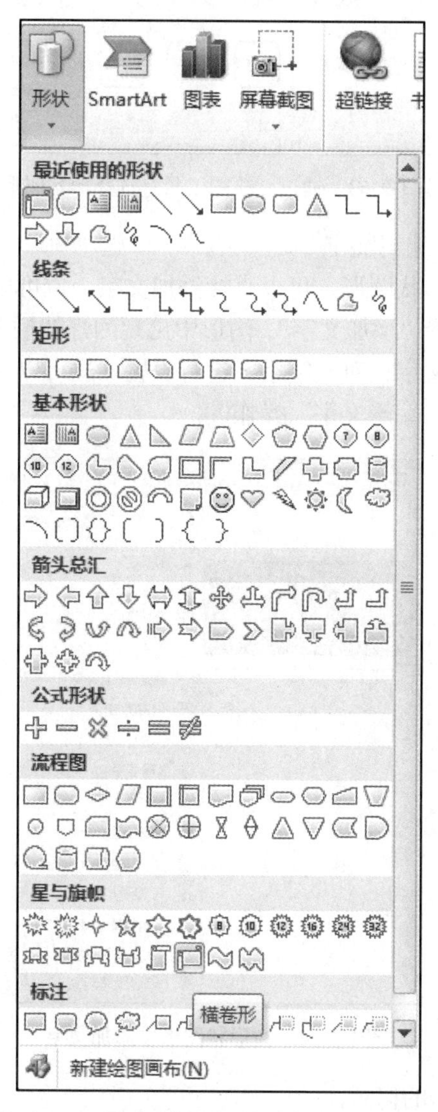

图 1-2-62　通过“插入”选项卡选择形状图形

方法二：插入图形形状后，需要继续，则可选中已插入的形状，功能区面板上出现“绘图工具”，如图 1-2-63 所示，单击“格式”选项卡→选择“插入形状”组→在“形状”列表框中可以直接选择所需形状按钮绘制图形。

②插入图形。

当选定所需形状图形后，光标呈细十字形，将光标定位到需要插入图形处，拖动鼠标，即可插入所需图形。

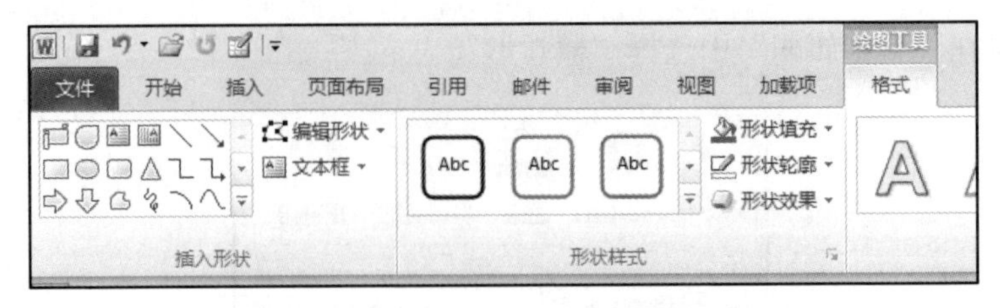

图 1-2-63　通过“绘图工具”选择形状图形

(2) 在形状图形中编辑文字。

右键单击插入的形状图形，可以直接添加文字，也可以在弹出的如图 1-2-64 所示的快捷菜单中选择“添加文字”，图形中出现闪烁的插入点光标，用户即可输入文字，并通过选定文字，对文字格式进行设置。也可以用上述方法对已经添加文字的形状图形进行“编辑文字”操作。

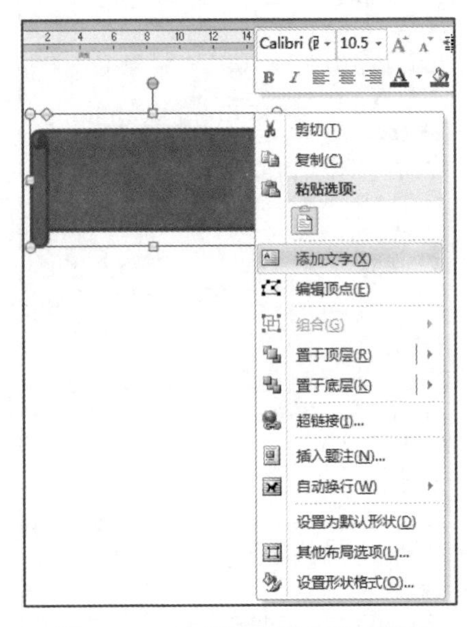

图 1-2-64　在形状图形中添加文字

(3) 设置形状图形的格式。

方法一：右键单击形状图形→弹出快捷菜单→选择“设置形状格式”→打开如图 1-2-65 所示的“设置形状格式”对话框。

方法二：选定形状图形→选择如图 1-2-66 所示“绘图工具”的“格式”选项卡→利用其中各功能组的按钮设置形状图形格式。其中“形状样式”组和“艺术字样式”组可以为形状图形提供填充颜色、线条颜色、字体颜色、线型等设置。为形状图形设置阴影样式，如图 1-2-67 所示；也可以单击“阴影选项”命令，打开如图 1-2-65 所示的“设置形状格式”对话框进行设置。

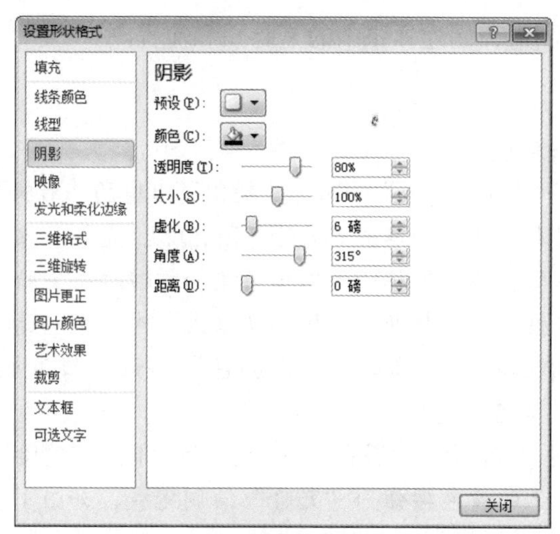

图 1-2-65　“设置形状格式”对话框

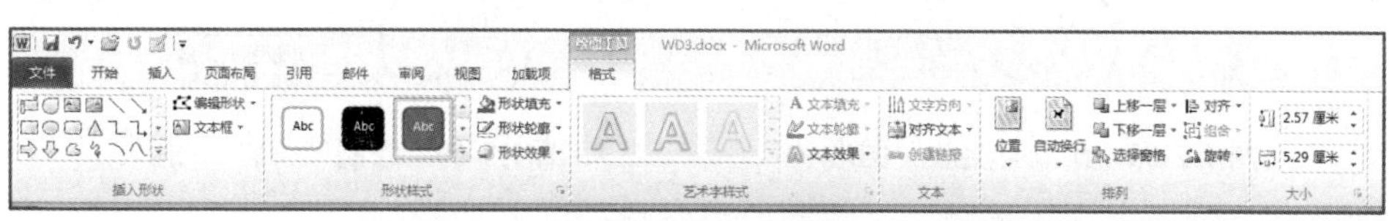

图 1-2-66　“绘图工具”的“格式”选项卡

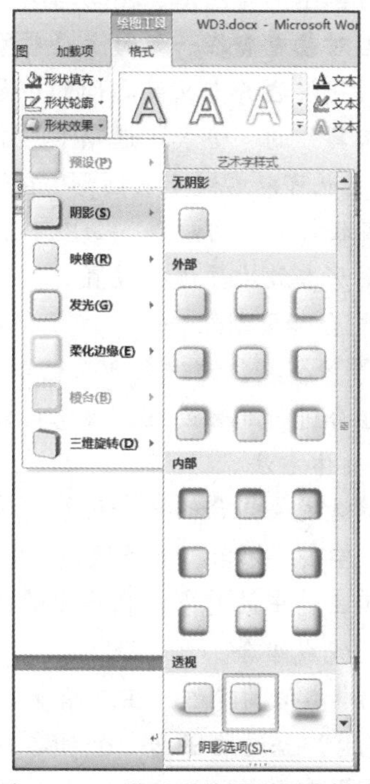

图 1-2-67　设置形状图形阴影样式

(4) 使用形状图形，构建样张中的人脸图和流程图。

方法与技巧

1. 绘制笑脸和哭脸

(1) 绘制笑脸：选择“插入”→单击“插图”组中的“形状”下拉按钮→在下拉列表中选择“基本形状”→单击“笑脸”图标☺，光标呈细十字形→将光标定位到需要插入图形处，拖动鼠标→绘制出笑脸→右键单击笑脸图形，在快捷菜单中选择“设置形状格式”→打开“设置形状格式”对话框→选择“填充”选项→选择“无填充”单选按钮→选择“线条颜色”→设置线条颜色为黑色，得到图 1-2-68 所示的“笑脸”图形。

(2) 绘制哭脸：用(1)中的方法绘制一个笑脸→单击“笑脸”图形→用鼠标向上拖动“笑脸”嘴上的黄色按钮→“哭脸”绘制完成，如图 1-2-69 所示。

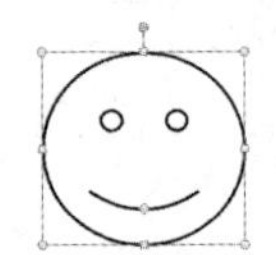

图 1-2-68　绘制“笑脸”图形

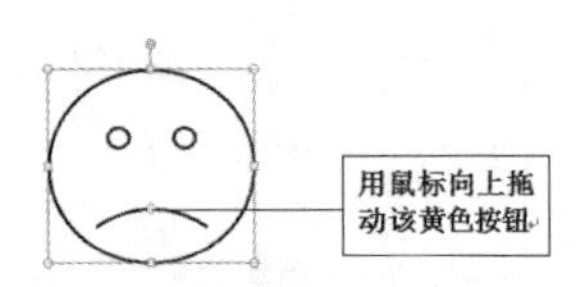

图 1-2-69　绘制“哭脸”图形

2. 图形的叠放次序

在 Word 中绘制图形时，图形与图形、图形与文字的位置关系系统默认是自动叠放在单独的层中的。当对象重叠在一起时上层对象会覆盖下层对象上的重叠部分。如果需要改变图形与图形、图形与文字之间的位置关系，可以采用以下方式：选定图形后，选择“绘图工具”的“格式”选项卡，在“排列”组中单击“上移一层”或“下移一层”按钮；也可以右键单击图形，在弹出的快捷菜单中选择“置于顶层”或“置于底层”级联菜单中的命令，如图 1-2-70 所示。此时可以在级联菜单中选择相应的命令对图形叠放次序进行设置。

3. 对象的组合、取消组合和重新组合

Word 中的图形、图像等多个单独的对象可以组合成一个整体，也可以将一个经过组合的整体对象取消组合进行局部处理。注意：需要进行组合的对象不能是“嵌入型”对象，下面介绍具体方法。

(1) 组合：按住 Shift 键选定要组合的多个对象→选择“绘图工具”的“格式”选项卡→选择“排列”组→单击“组合”下拉按钮，完成组合。或者按住 Shift 键选定要组合的多个对象→单击选中的对象，在弹出的快捷菜单上选择“组合”级联菜单中的“组合”命令，完成组合。

(2) 取消组合：用与(1)中类似的操作，在选择命令时选择“取消组合”命令。

(3) 重新组合：选取先前组合过的任意一个对象，用与(1)中类似的操作，在选择命令时选择“重新组合”命令。

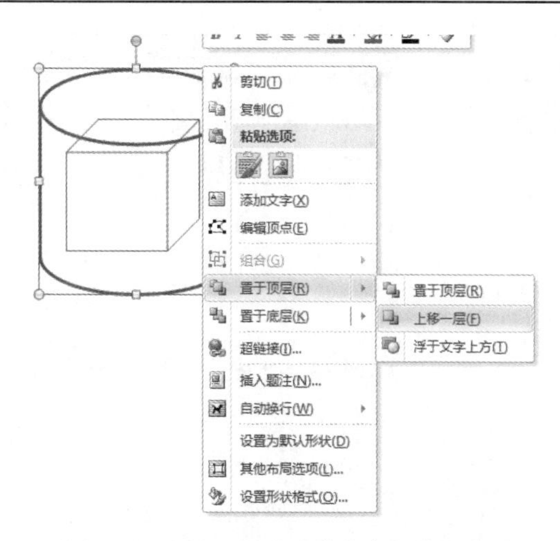

图 1-2-70　设置图形叠放次序的快捷菜单

组合对象后，仍然可以选取组合中任意一个对象，方法是直接单击要选取的对象。

【任务 3】绘图画布的使用。

要求：按照如图 1-2-59 所示样张要求，在绘图画布上绘制程序执行流程图。

操作步骤

(1) 将插入点定位到文件中需要插入绘图画布的位置。

(2) 选择“插入”选项卡→选择“插图”组→单击“形状”下拉按钮，弹出“形状”列表框→选择“新建绘图画布”命令→文档中插入一幅绘图画布。

(3) 利用任务 2 中插入形状图形的方法，选择“形状”列表框中的“流程图”和“线条”中合适的形状图形，插入绘图画布中，如图 1-2-71 所示。

(4) 选定绘图画布→选择“绘图工具”的“格式”选项卡→根据需要为绘图画布设置边框、填充等格式。

(5) 选定绘图画布→选择“绘图工具”的“格式”选项卡→选择“排列”组→单击“位置”下拉按钮→根据需要为绘图画布调整文字环绕方式。

【任务 4】公式编辑器的使用。

要求：按照如图 1-2-59 所示样张要求，在文件指定位置插入数学公式。

操作步骤

(1) 编辑公式：

选择“插入”选项卡→单击“符号”组的“公式”下拉按钮→在弹出的 在此处键入公式。 框中输入公式。

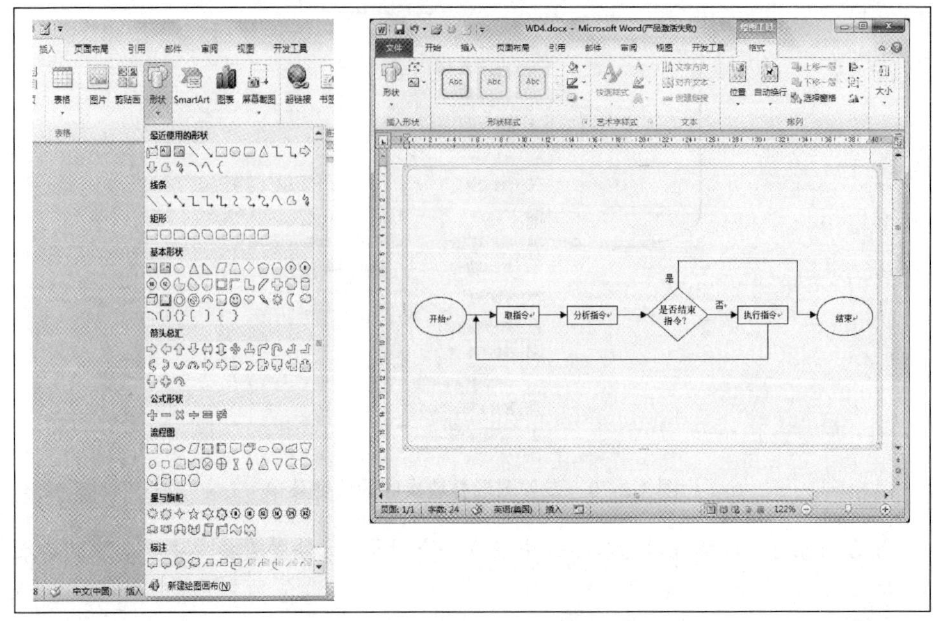

图 1-2-71　在绘图画布中绘制流程图

(2) “公式”下拉按钮列出了一些内置公式模板可以直接使用，如图 1-2-72 所示。

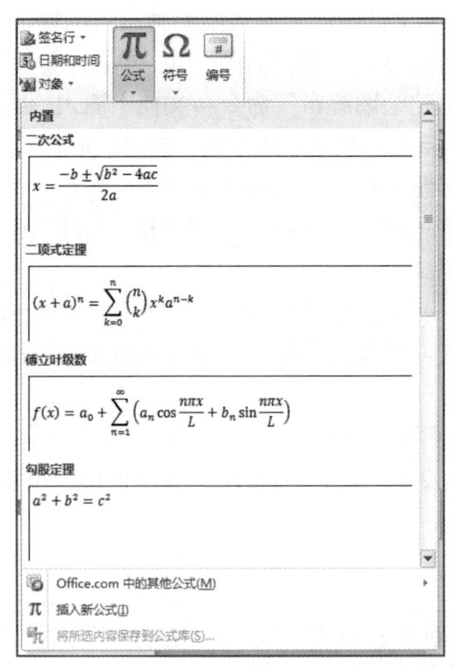

图 1-2-72　“公式”下拉列表中内置的公式模板

(3) 在功能区中选择“公式工具”的“设计”选项卡，如图 1-2-73 所示。利用其中“工具”“符号”“结构”组中提供的按钮编辑样张中的数学公式。

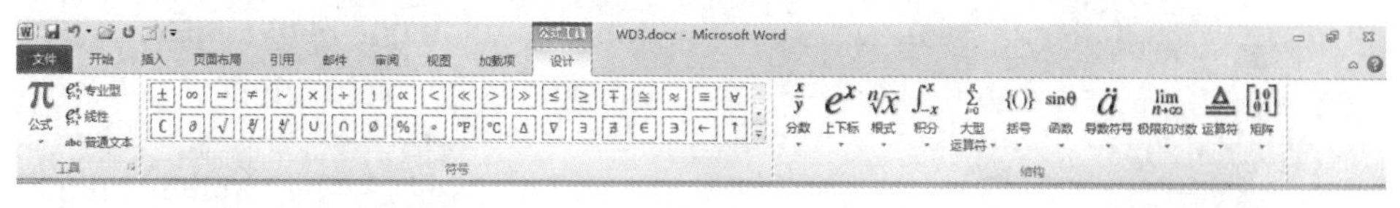

图 1-2-73　“公式工具”的“设计”选项卡

(4) 插入一个文本框，将编辑好的公式复制到文本框中并设置文本框的边框。

【自主实验】

【任务 1】随着科学技术的不断发展和积累，中国的芯片产业规模已经跨入世界前列，产品种类齐全。近年来国家通过不断提升自身技术能力，加强人才培养，中国芯片产业的发展和应用前景越来越令人欣喜和振奋。请同学们通过百度搜索与“中国芯片”相关的图片和素材，在 Word 里制作一个介绍中国芯片的作品，展示我们国家在芯片领域的可喜成就。其中至少下载两张中国芯片的照片，照片下面有文字说明，文字格式、文本框格式自定，将照片和文字说明放在同一个文本框里，示例如图 1-2-74 所示。

【任务 2】请同学们利用本次实验中学习到的图文混排方法，发挥自己的想象力和创造力，制作一个图文并茂的个性化作品，如艺术海报、活动简报、书刊封面、电子贺卡、产品广告、招聘启事等。图 1-2-75 给大家展示了一份书刊封面设计样张，仅供参考。

中国芯片走向世界

图 1-2-74　文本框的图文混排

图 1-2-75　书刊封面设计样张

第 3 章　电子表格实验

实验 1-3-1　Excel 工作簿的建立

【实验目的】

1. 掌握 Excel 的启动、退出方法，熟悉窗口界面及菜单的使用
2. 掌握 Excel 工作簿的建立、保存与打开操作
3. 掌握设置数据有效性的方法
4. 熟练掌握各类数据的录入
5. 熟练掌握数据的编辑与修改方法
6. 掌握圈释无效数据的方法

【主要知识点】

1. Excel 工作簿的建立、保存、打开
2. 设置数据有效性
3. 不同类型数据的录入
4. 圈释无效数据
5. 数据的编辑与修改

【实验任务及步骤】

在 D 盘根目录下建立“JCSY3-1”文件夹作为本次实验的工作目录。利用 Excel 2010 创建如图 1-3-1 所示的职工工资表，保存于“JCSY3-1”文件夹中，文件名为“EX1.xlsx”。

【任务 1】创建工作簿、创建数据表的结构以及设置数据有效性。

要求：

(1) 创建一个工作簿，保存于“JCSY3-1”文件夹中，文件名为“EX1.xlsx”。

(2) 在工作簿“EX1.xlsx”的 Sheet1 工作表中建立如图 1-3-1 所示的数据表结构。

(3) 对表中各列的数据区做如下有效性设置：

① 设置职工编号列的长度为 4 个字符。

② 设置性别列只能输入“男”或者“女”。

③ 设置基本工资列不能低于 3000。

EX1.xlsx

	A	B	C	D	E	F
1	某月份职工工资表					
2	职工编号	姓名	性别	部门	基本工资	住房补贴
3	0531	张德明	男	冰洗销售	3100	465
4	0528	李晓丽	女	冰洗销售	3300	495
5	0673	王小玲	女	手机销售	3200	480
6	0648	李亚楠	男	手机销售	3350	505
7	0715	王嘉伟	男	厨电销售	3700	555
8	0729	张华新	男	厨电销售	3600	540
9	0830	赵静初	女	卫浴销售	3500	525
10	0812	黄华东	男	卫浴销售	3300	495
11	0525	章昕	男	冰洗销售	3250	489
12	0732	周西奥	男	厨电销售	3850	578

Sheet1　Sheet2　Sheet3

图 1-3-1　职工工资表

操作步骤

(1) 选择“开始”→“所有程序”→“Microsoft Office”→“Microsoft Excel 2010”菜单，启动 Excel 2010，可见如图 1-3-2 所示 Excel 2010 界面。

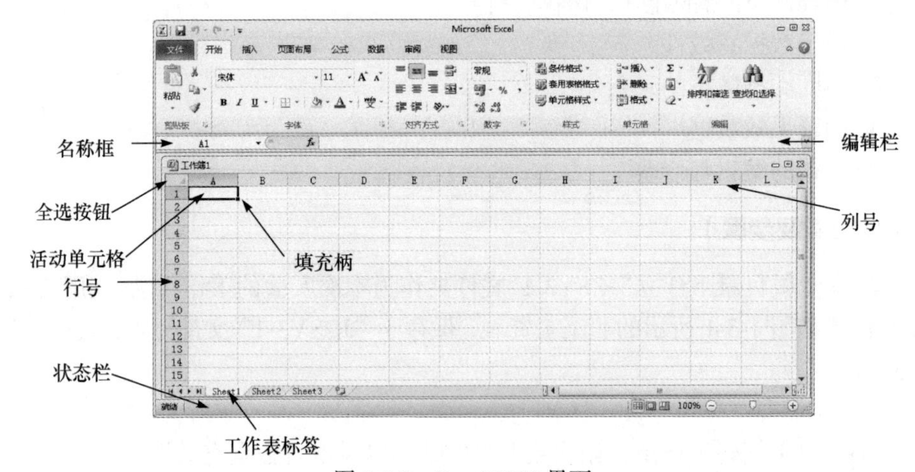

图 1-3-2　Excel 2010 界面

(2) 单击“保存”按钮，在弹出的如图 1-3-3 所示的“另存为”对话框中选择文档存储的位置及输入文件名，单击“保存”按钮保存文件。

(3) 在 Sheet1 中输入如图 1-3-4 所示的数据。

(4) 选定单元格 A3:A12，选择“数据”选项卡→“数据工具”组→“数据有效性”的下拉菜单里的“数据有效性”命令，如图 1-3-5 所示。

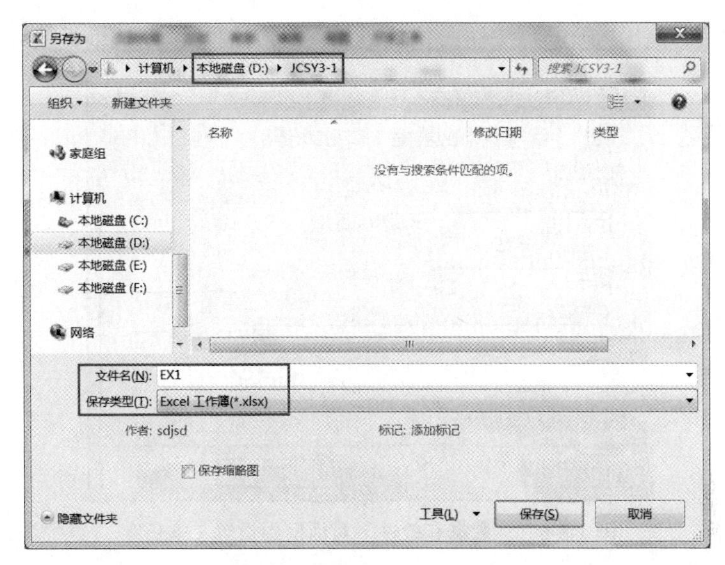

图 1-3-3　“另存为”对话框

	A	B	C	D	E	F
1	某月份职工工资表					
2	职工编号	姓名	性别	部门	基本工资	住房补贴

图 1-3-4　职工工资表结构

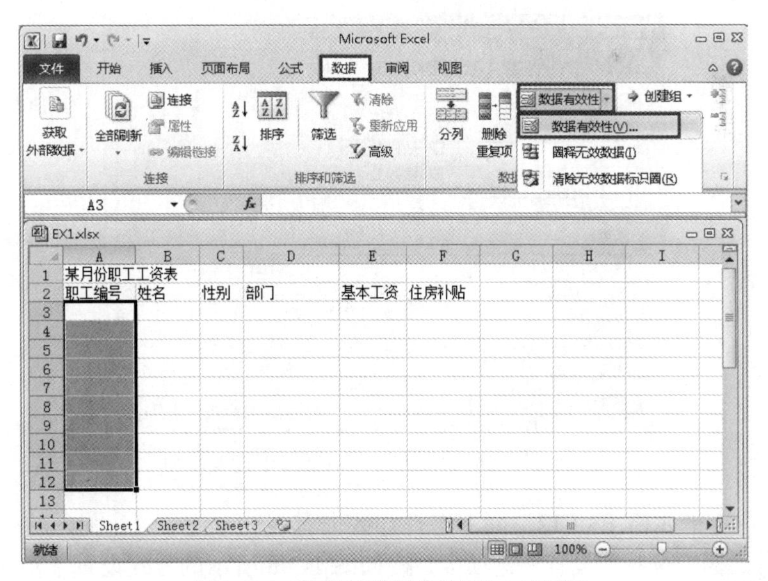

图 1-3-5　选择“数据有效性”工具栏

(5) 在弹出的“数据有效性”对话框中选择“设置”选项卡，按图 1-3-6 所示的方式设置“允许”框中选择“文本长度”“数据”框中选择“等于”“长度”框中输入“4”，单击“确定”按钮，这样就将“职工编号”列长度设为 4 个字符。

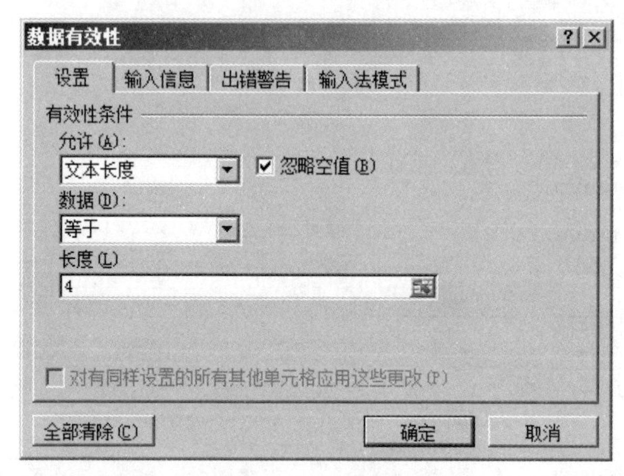

图 1-3-6 “数据有效性”对话框中设置文本长度

(6) 选定单元格 C3:C12，同上选择“数据有效性”命令，在弹出的“数据有效性”的对话框中选择“设置”选项卡，按如图 1-3-7 所示的方式设置“允许”框中选择“序列”“来源”框中输入“男，女”，单击“确定”按钮，性别列设置为只能输入“男”或者“女”。注意：“来源”框中输入的逗号为半角符号。

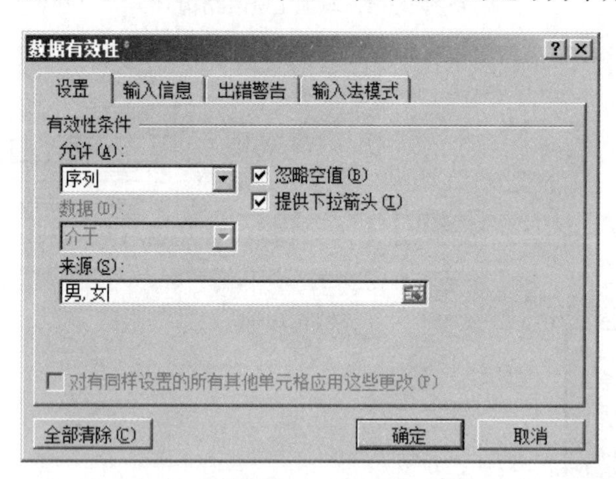

图 1-3-7 “数据有效性”对话框中设置序列

(7) 选定单元格 E3:E12，同上选择“数据有效性”命令，在弹出的“数据有效性”对话框中选择“设置”选项卡，按如图 1-3-8 所示的方式设置“允许”框中选择“整数”“数据”框中选择“大于或等于”“最小值”框中输入“3000”，单击“确定”按钮。设置基本工资列不能低于 3000。

(8) 单击“保存”按钮保存文件。

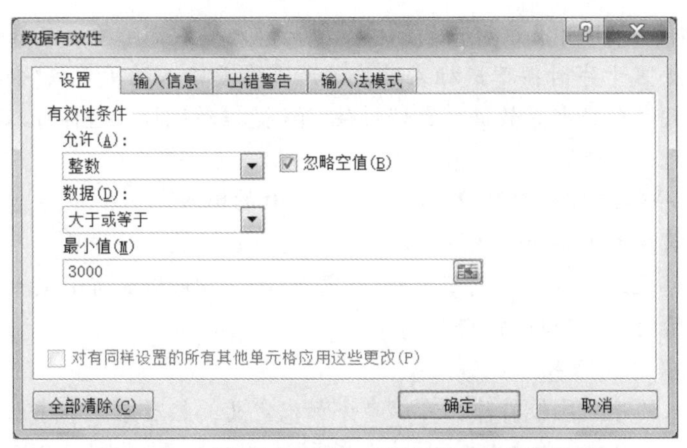

图 1-3-8　“数据有效性”对话框中设置整数取值

方法与技巧

数据有效性要在数据内容输入前设置，有效性才能体现作用。如果是先有数据，再检验数据是否正确，则需要使用“圈释无效数据”才能发现错误的数据。

【任务 2】在 Sheet1 工作表中录入如图 1-3-1 所示数据，保存。

操作步骤

(1) 选中 A3 单元格，输入职工编号时应先输入单引号，如“'0531”(其中单引号为英文标点符号)，同理输入 A4 到 A12 单元格。

(2) 输入其他部分数据。

(3) 单击“保存”按钮保存文件。

方法与技巧

1. 数据的录入

1) 输入文本数字

如果将输入的数字作为文本处理，一种方法是将单元格格式设置为“文本”，另一种方法是在数字前加一个英文字符单引号，即表示是文本而非数字。输入身份证号、学号、手机号等都应如此处理。

2) 输入分数

Excel 2010 不能直接输入分数，例如，要在单元格内显示“1/10”，必须将单元格格式设置为“分数”，或输入分数时先输入一个 0 和一个空格(位于 0 与分数之间)，即可将分数按原样显示(处理时按小数)。否则将“1/10”显示为 1 月 10 日。

3) 行(列)重复数据输入

如果需要在某行(或列)内重复输入文本数据，可以在第一个单元格内输入数据并将这个单元格选中，然后将鼠标移至所选单元格右下角的填充柄(小黑点)处，当光标变为小黑十字时按下鼠标左键拖过所有需要输入的单元格(如果被选中的单元格里有数字或日期等数据，最好按住 Ctrl 键拖动鼠标，这样可以防止以序列方式填充单元格)即可。

4) 等差序列输入(如数字 2，4，6，…，20 的输入)。

在起始前两单元格内依次输入序列的前两个数，然后选中已输入的两个单元格，将鼠标移至选区右下角的填充柄(小黑点)处，当光标变为小黑十字时按下鼠标左键沿表格的行或列拖动即可。

5) 自定义序列输入

如果输入的序列比较特殊，可以事先加以定义，然后像简单序列那样输入。自定义序列的方法是：单击“文件”→“选项”命令，打开如图 1-3-9 所示的“Excel 选项”对话框，选择左侧“高级”选项卡，在“常规”栏中单击“编辑自定义列表”按钮。在弹出的如图 1-3-10 所示的“自定义序列”对话框中选择“新序列”，然后输入自定义序列的全部内容，每输入一条就要按一下 Enter 键，完成后单击“添加”按钮。整个序列输入完毕后，单击对话框中的“确定”按钮。此后只要输入自定义序列的前一项，就可以按前面介绍的方法将其填入单元格。

如果 Excel 工作表中有你需要的序列，就可以将其选中，打开“自定义序列”选项卡，然后单击“导入”按钮，这个序列就会进入自定义序列供你使用了。

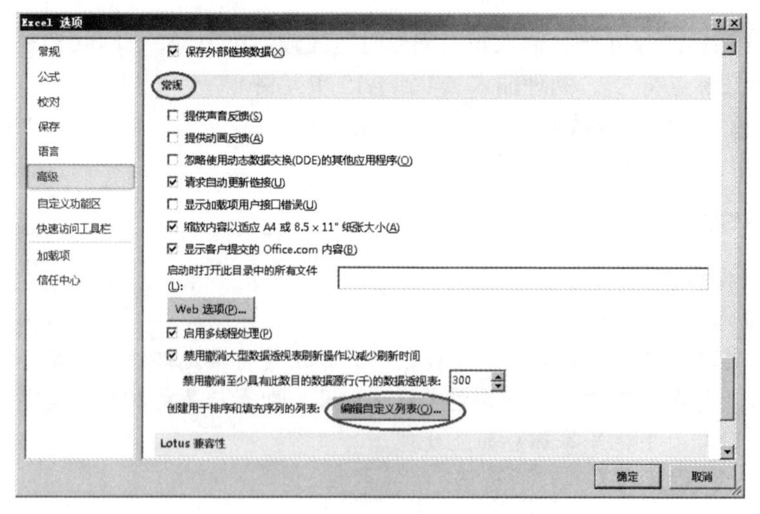

图 1-3-9　“Excel 选项”对话框

2. 数据的修改

选中该单元格，再单击编辑栏即将光标放于编辑栏中便可修改数据；或双击该单元格，将光标放于该单元格中就可以修改单元格中的数据。

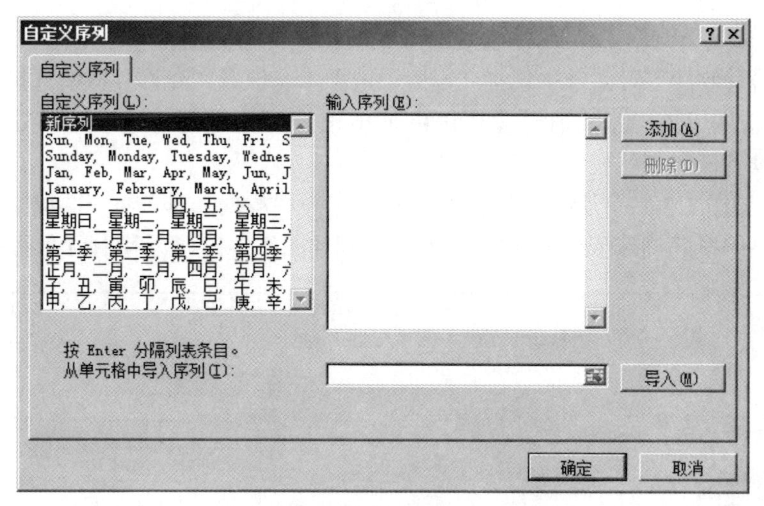

图 1-3-10　“自定义序列”对话框

【任务 3】使用部门列，验证圈释无效数据操作。

要求：

(1) 修改 Sheet1 表中“部门”列的值。

(2) 设置“部门”有效性规则。规则为“部门”列只能输入“冰洗销售”“手机销售”“厨电销售”和“卫浴销售”，验证圈释无效数据。

操作步骤

(1) 将 Sheet1 表中“部门”字段值修改为如图 1-3-11 所示。

EX1.xlsx

	A	B	C	D	E	F
1	某月份职工工资表					
2	职工编号	姓名	性别	部门	基本工资	住房补贴
3	0531	张德明	男	冰洗 销售	3100	465
4	0528	李晓丽	女	冰洗销售1	3300	495
5	0673	王小玲	女	手机销售	3200	480
6	0648	李亚楠	男	123手机销售	3350	505
7	0715	王嘉伟	男	厨电2销售	3700	555
8	0729	张华新	男	厨电销售	3600	540
9	0830	赵静初	女	卫浴销售4	3500	525
10	0812	黄华东	男	卫浴销售	3300	495
11	0525	章昕	男	冰 洗销售	3250	489
12	0732	周西奥	男	厨电销售	3850	578

Sheet1　Sheet2　Sheet3

图 1-3-11　修改后的职工工资表

(2) 选定单元格 D3:D12，如图 1-3-5 所示选择“数据有效性”命令，在弹出的“数据有效性”对话框中选择“设置”选项卡，设置“允许”框中选择“序列”“来源”框中输入“冰洗销售,手机销售,厨电销售,卫浴销售”，单击“确定”按钮。这时表没有任何变化。

(3) 如图 1-3-12 所示选择“数据”选项卡→“数据工具”组→“数据有效性”的下拉菜单里的“圈释无效数据”命令，得到如图 1-3-13 所示圈释无效数据样张。

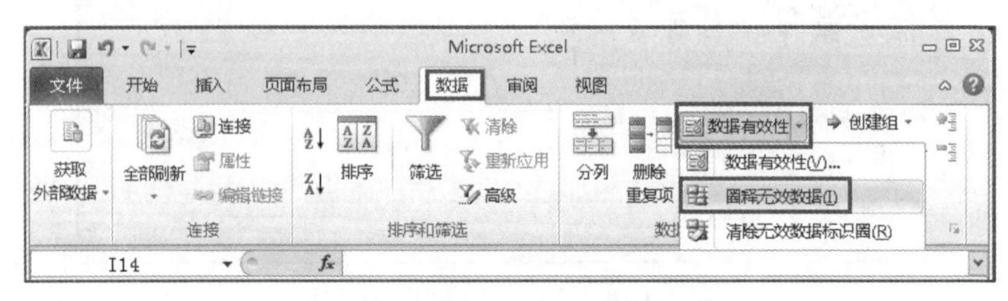

图 1-3-12　选择“圈释无效数据”

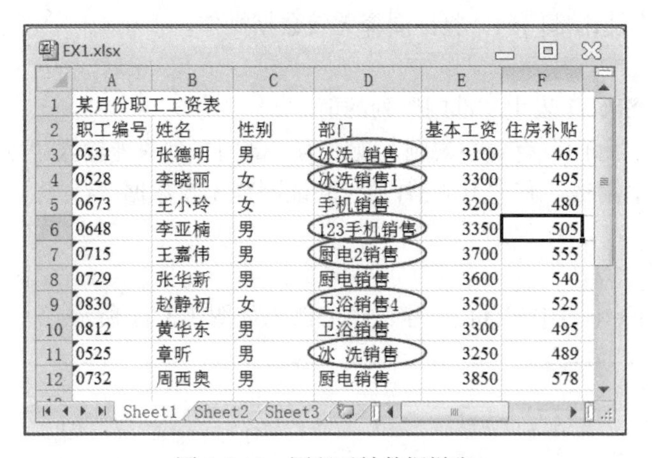
EX1.xlsx

	A	B	C	D	E	F
1	某月份职工工资表					
2	职工编号	姓名	性别	部门	基本工资	住房补贴
3	0531	张德明	男	冰洗 销售	3100	465
4	0528	李晓丽	女	冰洗销售1	3300	495
5	0673	王小玲	女	手机销售	3200	480
6	0648	李亚楠	男	123手机销售	3350	505
7	0715	王嘉伟	男	厨电2销售	3700	555
8	0729	张华新	男	厨电销售	3600	540
9	0830	赵静初	女	卫浴销售4	3500	525
10	0812	黄华东	男	卫浴销售	3300	495
11	0525	章昕	男	冰 洗销售	3250	489
12	0732	周西奥	男	厨电销售	3850	578

Sheet1　Sheet2　Sheet3

图 1-3-13　圈释无效数据样张

(4) 修改“部门”列中所有错误值，使表与图 1-3-1 内容相同。

(5) 单击“保存”按钮，保存文件。

方法与技巧

(1) 如果需要圈释无效数据，则对该区域数据先进行有效性规则设置，然后单击“圈释无效数据”按钮，所有无效数据将被圈出来。

(2) 数据有效性和圈释无效数据其实是两种不同的操作，数据有效性是在输入数据前设置，圈释无效数据是在数据输入后找无效数据。

(3) 选择“数据”选项卡→“数据工具”组→“数据有效性”的下拉菜单里的“清除无效数据标识圈”命令，如图 1-3-14 所示，可以清除无效数据上的红圈。

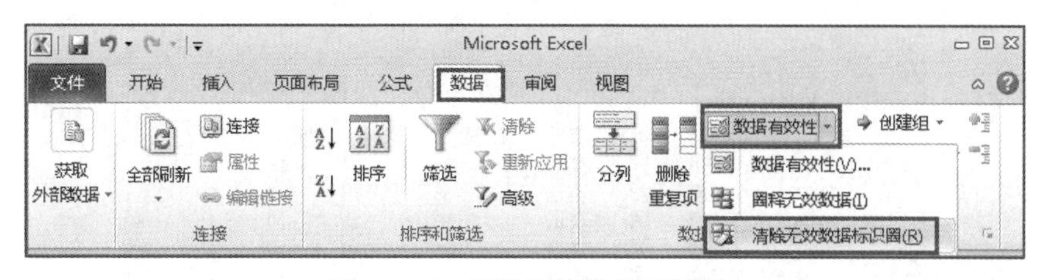

图 1-3-14　清除无效数据标识圈

(4) 选中数据后，选择“数据”选项卡→“数据工具”组→“数据有效性”的下拉菜单里的“数据有效性”命令；在弹出的“数据有效性”对话框的“设置”选项卡中，单击“全部清除”按钮，如图 1-3-15 所示，可以清除该部分数据的有效性设置。

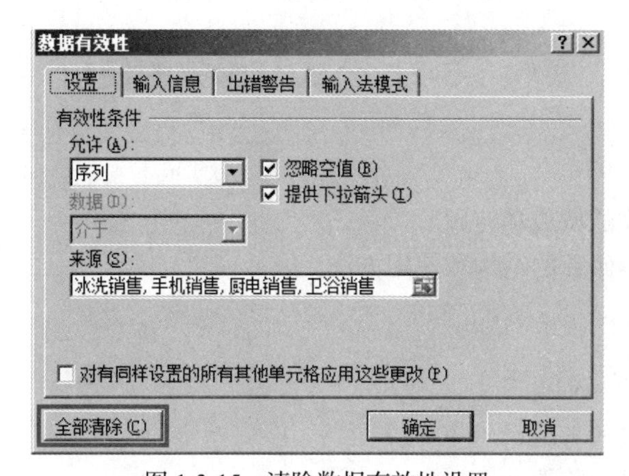

图 1-3-15　清除数据有效性设置

【自主实验】

【任务 1】启动 Excel 2010，新建并保存文档，文件名为“XSCJ1.xlsx”，存于文件夹“JCSY3-1”中。创建如图 1-3-16 所示的计算机基础成绩表结构，设置数据有效性的要求：

(1) 学号长度为 8 个字符。

(2) 性别只能为“男”或“女”。

(3) 单选题 0～40 分，多选题、判断题和填空题 0～20 分。

	A	B	C	D	E	F	G	H
1	计算机基础成绩表							
2	学号	姓名	性别	专业	单选题	多选题	判断	填空

图 1-3-16　计算机基础成绩表结构

【任务 2】输入如图 1-3-17 所示的计算机基础成绩表数据。

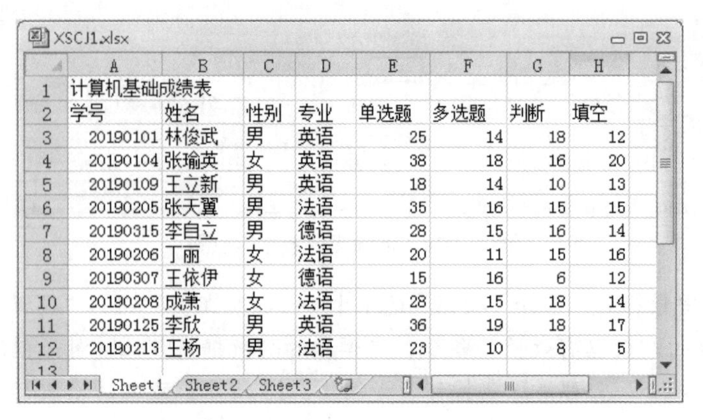

XSCJ1.xlsx

	A	B	C	D	E	F	G	H
1	计算机基础成绩表							
2	学号	姓名	性别	专业	单选题	多选题	判断	填空
3	20190101	林俊武	男	英语	25	14	18	12
4	20190104	张瑜英	女	英语	38	18	16	20
5	20190109	王立新	男	英语	18	14	10	13
6	20190205	张天翼	男	法语	35	16	15	15
7	20190315	李自立	男	德语	28	15	16	14
8	20190206	丁丽	女	法语	20	11	15	16
9	20190307	王依伊	女	德语	15	16	6	12
10	20190208	成萧	女	法语	28	15	18	14
11	20190125	李欣	男	英语	36	19	18	17
12	20190213	王杨	男	法语	23	10	8	5

Sheet1 Sheet2 Sheet3

图 1-3-17　计算机基础成绩表数据

实验 1-3-2　公式与函数的使用

【实验目的】

1. 掌握公式的构成和使用
2. 掌握基本函数的结构和使用方法

【主要知识点】

1. 认识公式
2. 公式的输入与编辑
3. 公式的复制与填充
4. 基本函数的功能和使用方法

【实验任务及步骤】

在 D 盘根目录下建立“JCSY3-2”文件夹作为本次实验的工作目录，打开“JCSY3-1”文件夹的“EX1.xlsx”另存于“JCSY3-2”文件夹中，存盘文件名为“EX2.xlsx”。

【任务 1】修改职工工资表结构。

要求：增加“三金”和“实发工资”两列，增加“最小值”和“平均值”两行，如图 1-3-18 所示。

操作步骤

(1) 选中单元格 G2，输入“三金”；选中单元格 H2，输入“实发工资”。

(2) 选中单元格 A13，输入“最小值”；选中单元格 A14，输入“平均值”。

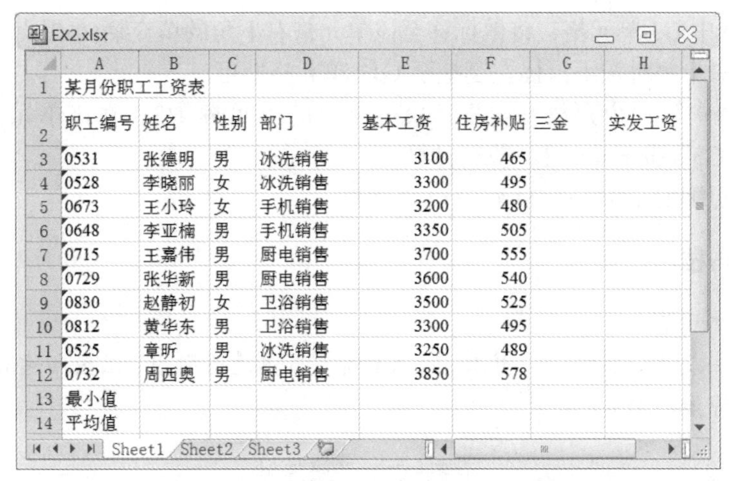

	A	B	C	D	E	F	G	H
1	某月份职工工资表							
2	职工编号	姓名	性别	部门	基本工资	住房补贴	三金	实发工资
3	0531	张德明	男	冰洗销售	3100	465		
4	0528	李晓丽	女	冰洗销售	3300	495		
5	0673	王小玲	女	手机销售	3200	480		
6	0648	李亚楠	男	手机销售	3350	505		
7	0715	王嘉伟	男	厨电销售	3700	555		
8	0729	张华新	男	厨电销售	3600	540		
9	0830	赵静初	女	卫浴销售	3500	525		
10	0812	黄华东	男	卫浴销售	3300	495		
11	0525	章昕	男	冰洗销售	3250	489		
12	0732	周西奥	男	厨电销售	3850	578		
13	最小值							
14	平均值							

图 1-3-18　计算实发工资前的职工工资表

【任务 2】公式的使用。

要求：

(1) 利用公式计算“三金”(三金=基本工资×18%)。

(2) 利用公式计算“实发工资”的值(实发工资=基本工资+住房补贴−三金)。

操作步骤

(1) 选中第一个存放“三金”结果的单元格 G3，在该单元格中输入“=”，选中“E3”单元格，在编辑栏内补充“*0.18”，如图 1-3-19 所示，按 Enter 键，执行计算。

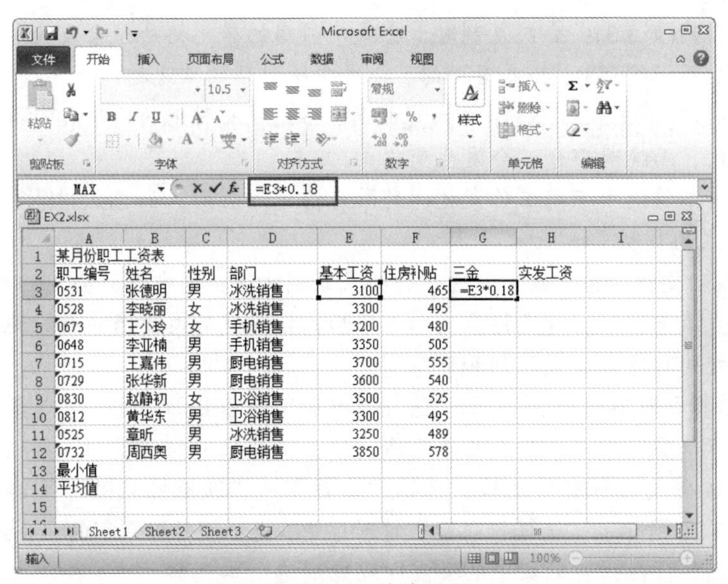

	A	B	C	D	E	F	G	H	I
1	某月份职工工资表								
2	职工编号	姓名	性别	部门	基本工资	住房补贴	三金	实发工资	
3	0531	张德明	男	冰洗销售	3100	465	=E3*0.18		
4	0528	李晓丽	女	冰洗销售	3300	495			
5	0673	王小玲	女	手机销售	3200	480			
6	0648	李亚楠	男	手机销售	3350	505			
7	0715	王嘉伟	男	厨电销售	3700	555			
8	0729	张华新	男	厨电销售	3600	540			
9	0830	赵静初	女	卫浴销售	3500	525			
10	0812	黄华东	男	卫浴销售	3300	495			
11	0525	章昕	男	冰洗销售	3250	489			
12	0732	周西奥	男	厨电销售	3850	578			
13	最小值								
14	平均值								
15									

图 1-3-19　公式录入

(2) 选中 G3 单元格，将鼠标移至该单元格右下角的填充柄(小黑点)处，当光标变为小黑十字时按下鼠标左键拖至 G12 单元格即可。

(3) 选中第一个存放“实发工资”结果的单元格 H3，在该单元格中输入“=E3+F3−G3”按 Enter 键，执行计算。

(4) 利用填充柄填充 H4 到 H12 单元格。

方法与技巧

1. 公式的录入

输入公式时必须以“=”开头，公式由常量、单元格引用、函数和运算符组成，常用运算符如表 1-3-1 所示。

表 1-3-1　运算符

运算符类型	表示形式
算术运算符	加(+)、减(−)、乘(*)、除(/)、乘方(^)
关系运算符	等于(=)、小于(<)、大于(>)、小于等于(<=)、大于等于(>=)、不等于(<>)

运算符使用时注意优先级，算数运算符优先级从高到低为^、*、/、+、−，关系运算符优先级相同，算术运算符优先级高于关系运算符。

2. 单元格引用

公式或函数中引用单元格地址以代表单元格的内容，以下为单元格地址引用的三种形式。

相对引用(如 E3)：公式复制时，公式中引用的单元格地址会发生相对变化。

绝对引用(如$E$3)：公式复制时，公式中所引用的单元格地址不会发生变化。

混合引用(如$E3 或 E$3)：公式复制时，公式中所引用的地址相对部分会发生相对的变化，而绝对部分不会发生变化。

在同一工作簿中不同工作表之间的单元格可以引用，如 Sheet3!A3。

3. 公式的复制

(1) 拖动复制。它是最常见的一种公式复制方法：选中存放公式的单元格后，将光标移至填充柄处，待光标呈实心十字后，按住鼠标左键沿列或行拖动，到达数据结尾处同时完成公式复制和计算。

(2) 选择性粘贴。Excel 中的“选择性粘贴”内容更加丰富，它是复制公式的有力工具：只要选中存放公式的单元格，单击工具栏中的“复制”按钮。再选中需要使用该公式的所有单元格，选择“编辑”→“选择性粘贴”菜单，在弹出的如图 1-3-20 所示的“选择性粘贴”对话框中，选择“粘贴”下的“公式”项后，单击“确定”按钮，剪贴板中的公式即粘贴到选中单元格。

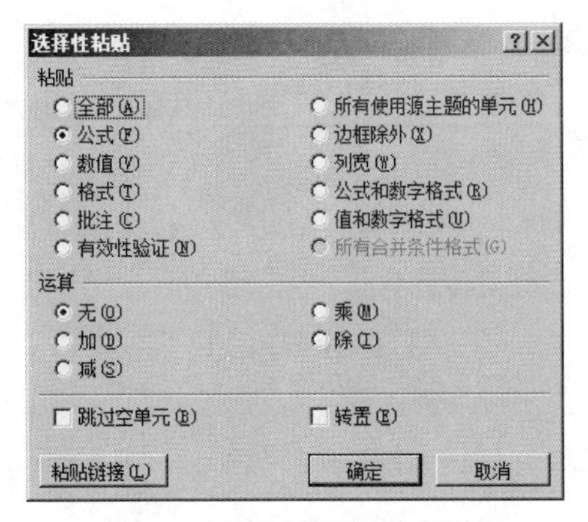

图 1-3-20　“选择性粘贴”对话框

【任务 3】利用函数计算“最小值”和“平均值”项的值。

操作步骤

(1) 选中存放第一个最小值结果的单元格“E13”。

(2) 单击编辑栏前的 *fx* 按钮，在弹出的如图 1-3-21 所示的“插入函数”对话框中，滚动“选择函数”列表，从中选择“MIN”函数。

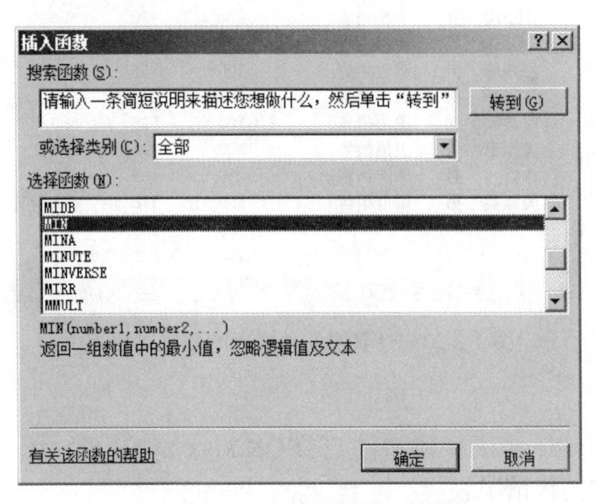

图 1-3-21　“插入函数”对话框

(3) 单击“确定”按钮，在弹出的如图 1-3-22 所示的“函数参数”对话框的参数框中输入参数“E3:E12”。

(4) 单击“确定”按钮，执行计算。

(5) 选中 E13 单元格，利用填充柄复制函数到 F13:H13 单元格即可。用类似的方法可计算“平均值”(使用 AVERAGE 函数)。

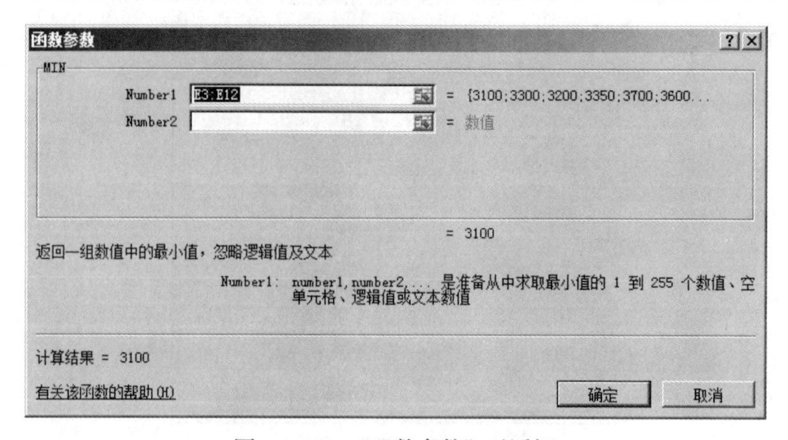

图 1-3-22 “函数参数”对话框

(6) 可得如图 1-3-23 所示表格，保存文档。

EX2.xlsx

	A	B	C	D	E	F	G	H
1	某月份职工工资表							
2	职工编号	姓名	性别	部门	基本工资	住房补贴	三金	实发工资
3	0531	张德明	男	冰洗销售	3100	465	558	3007
4	0528	李晓丽	女	冰洗销售	3300	495	594	3201
5	0673	王小玲	女	手机销售	3200	480	576	3104
6	0648	李亚楠	男	手机销售	3350	505	603	3252
7	0715	王嘉伟	男	厨电销售	3700	555	666	3589
8	0729	张华新	男	厨电销售	3600	540	648	3492
9	0830	赵静初	女	卫浴销售	3500	525	630	3395
10	0812	黄华东	男	卫浴销售	3300	495	594	3201
11	0525	章昕	男	冰洗销售	3250	489	585	3154
12	0732	周西奥	男	厨电销售	3850	578	693	3735
13	最小值				3100	465	558	3007
14	平均值				3415	512.7	614.7	3313

Sheet1 Sheet2 Sheet3

图 1-3-23 计算实发工资后的职工工资表

【任务 4】新建一个工作簿文件“XSQK.xlsx”，在 Sheet1 工作表中创建如图 1-3-24 所示的销售情况表。

要求：

(1) 利用 SUM 函数计算“销售额”列的值：“销售额”为各区销售额之和。

(2) 利用 IF 函数填充“业绩优秀否”列：销售额大于 100000 的为优秀。

(3) 利用 RANK 函数，统计“销售情况表”中各销售人员的销售名次。

(4) 利用 SUM 函数计算“合计”行。

(5) 在“本月销售情况表”的下方增加一个“销售优秀率：”项(图 1-3-24)，利用

COUNTIF 和 COUNT 函数统计销售优秀率，其中销售额大于 100000 的为“优秀”。

XSQK.xlsx

	A	B	C	D	E	F	G
1	本月销售情况表						
2	职工编号	南岸区	江北区	城南区	销售额	业绩优秀否	销售名次
3	0531	22000	18700	54120			
4	0528	16800	15600	31450			
5	0673	15305	34600	12500			
6	0648	18790	18000	21040			
7	0715	15360	10200	17800			
8	0729	45789	28700	27810			
9	0830	29360	15600	65410			
10	0812	15670	55100	14520			
11	0525	20240	21800	45780			
12	0732	66520	31000	14870			
13	合计						
14							
15				销售优秀率：			
16							
17							

Sheet1 Sheet2 Sheet3

图 1-3-24　销售情况表

操作步骤

(1) 在 E3 单元格中插入 SUM 函数，输入参数“B3:D3”，如图 1-3-25 所示，单击“确定”按钮，使用填充柄填充 E4 到 E12 单元格。

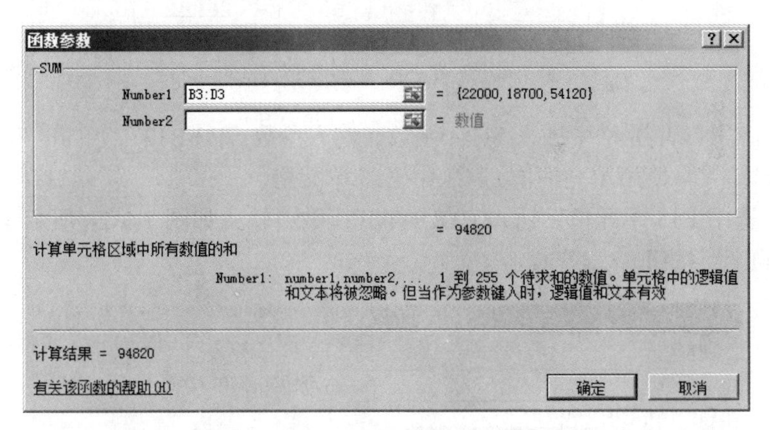

图 1-3-25　SUM 函数参数对话框

(2) 选中 F3 单元格，插入函数 IF，如图 1-3-26 所示，在第一个参数框里输入“E3>100000”，第二个参数框里输入“优秀”，第三个参数框里输入空格，单击“确定”按钮计算出结果，然后用填充柄填充 F4 到 F12 单元格。

(3) 选中 G3 单元格，插入函数 RANK，如图 1-3-27 所示，在第一个参数框里输入“E3”，第二个参数框里输入“$E$3:$E$12”，第三个参数框里输入“0”，单击“确定”按钮计算出结果，然后用填充柄填充 E4 到 E12 单元格。

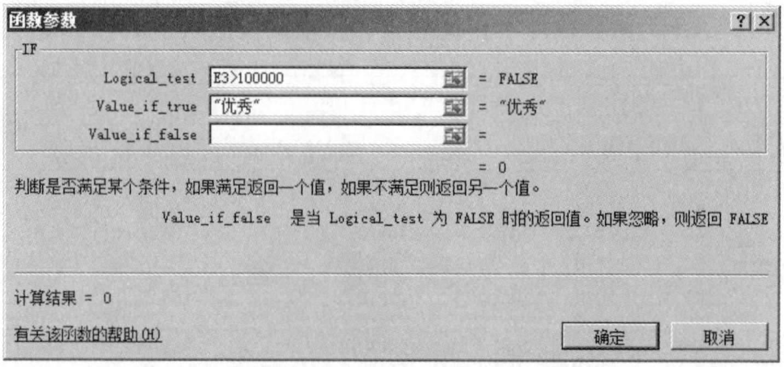

函数参数
IF
Logical_test
E3>100000
= FALSE
Value_if_true
"优秀"
= "优秀"
Value_if_false
=
= 0
判断是否满足某个条件，如果满足返回一个值，如果不满足则返回另一个值。
Value_if_false　是当 Logical_test 为 FALSE 时的返回值。如果忽略，则返回 FALSE
计算结果 = 0
有关该函数的帮助(H)
确定
取消

图 1-3-26　IF 函数参数对话框

函数参数
RANK
Number
E3
= 94820
Ref
$E$3:$E$12
= {94820;63850;62405;57830;43360;10
Order
0
= FALSE
= 4
此函数与 Excel 2007 和早期版本兼容。
返回某数字在一列数字中相对于其他数值的大小排名
Order　是在列表中排名的数字。如果为 0 或忽略，降序；非零值，升序
计算结果 = 4
有关该函数的帮助(H)
确定
取消

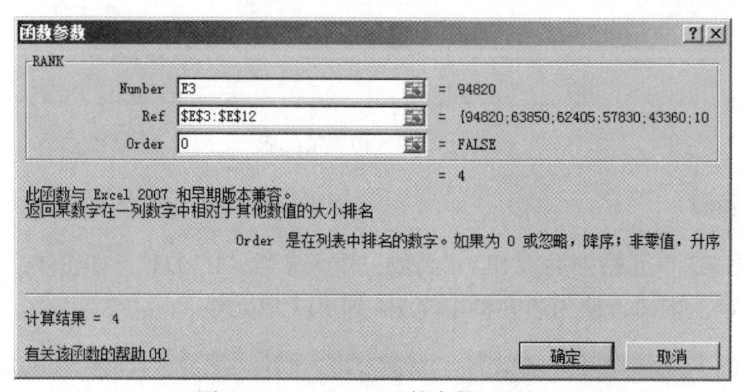

图 1-3-27　RANK 函数参数对话框

(4) 在 B13 单元格中插入 SUM 函数，输入参数“B3:B12”，单击“确定”按钮计算出结果，使用填充柄填充 C13：E13 单元格。

(5) 选中 E15 单元格，插入 COUNTIF 函数，输入如图 1-3-28 所示参数后，单击“确定”按钮。

函数参数
COUNTIF
Range
E3:E12
= {94820;63850;62405;57830;43360
Criteria
>100000
=
=
计算某个区域中满足给定条件的单元格数目
Criteria　以数字、表达式或文本形式定义的条件
计算结果 =
有关该函数的帮助(H)
确定
取消

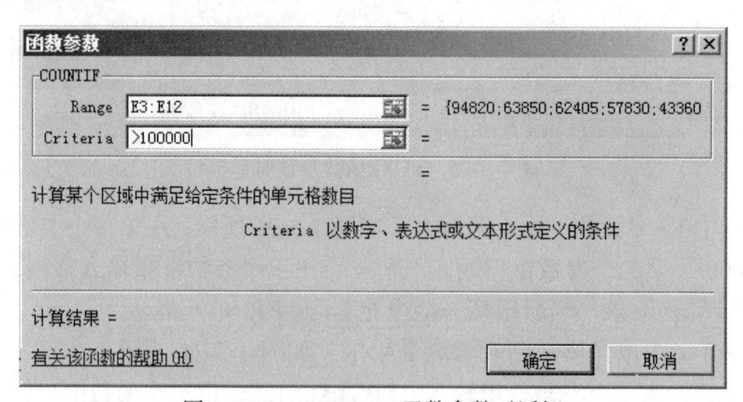

图 1-3-28　COUNTIF 函数参数对话框

(6) 如图 1-3-29 所示，在编辑栏中，COUNTIF 函数后输入除号“/”，再插入

COUNT 函数，输入参数“E3:E12”，单击“确定”按钮，即完成了销售优秀率的计算。

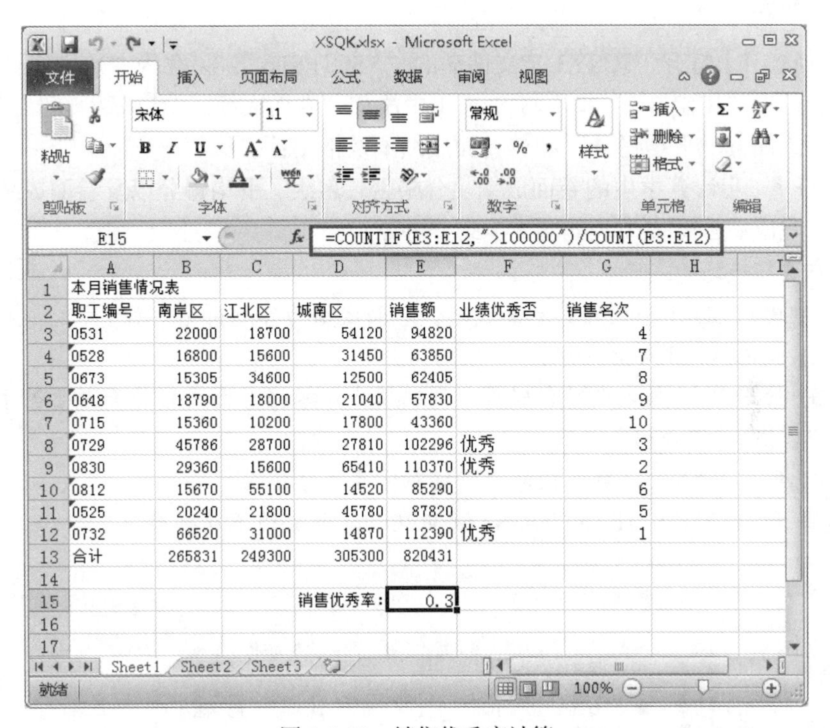

	A	B	C	D	E	F	G
1	本月销售情况表						
2	职工编号	南岸区	江北区	城南区	销售额	业绩优秀否	销售名次
3	0531	22000	18700	54120	94820		4
4	0528	16800	15600	31450	63850		7
5	0673	15305	34600	12500	62405		8
6	0648	18790	18000	21040	57830		9
7	0715	15360	10200	17800	43360		10
8	0729	45786	28700	27810	102296	优秀	3
9	0830	29360	15600	65410	110370	优秀	2
10	0812	15670	55100	14520	85290		6
11	0525	20240	21800	45780	87820		5
12	0732	66520	31000	14870	112390	优秀	1
13	合计	265831	249300	305300	820431		
14							
15				销售优秀率:	0.3		

图 1-3-29　销售优秀率计算

方法与技巧

1. 函数

Excel 2010 提供了许多内置函数，用户可以根据需要选择使用。函数一般格式为函数名(参数表)，函数的使用方式通常有两种：

(1) 单击编辑栏前的 fx 按钮，在弹出的“插入函数”对话框，选择所需函数。

(2) 单击“开始”→“编辑”→“自动求和”等下拉按钮。下拉列表中包括求和、平均值、计数、最大值、最小值和其他函数，从中选择所需函数插入。

2. 函数参数

函数参数可以输入，也可以通过选定单元格的方式插入。插入函数参数，应先将插入点置于函数参数区，再通过以下方式获取参数。

(1) 一个单元格的选定：鼠标单击该单元格即可。

(2) 一行或一列的选定：鼠标单击行号或列号则可选定一行或一列。

(3) 矩形区域的选定：拖动鼠标可选择一个矩形区域；单击起始单元格后，按住 Shift 键单击最后一个单元格也可选定矩形区域。

(4) 多个矩形区域的选定：选定第一个区域后，按住 Ctrl 键选定其他区域。

【自主实验】

【任务 1】打开“JCSY3-1”文件夹的“XSCJ1.xlsx”，另存为“XSCJ2.xlsx”，存于文件夹“JCSY3-2”中。将 Sheet1 中添加“卷面成绩”“合格否”和“名次”三列，添加行“平均得分”和“卷面成绩不及格率:”。

【任务 2】计算学生的卷面成绩、合格否、名次、平均得分以及卷面成绩不及格率，完成后学生成绩表如图 1-3-30 所示。

方法与技巧

(1) 使用 SUM 函数计算卷面成绩，卷面成绩为各题得分之和。

(2) 使用 AVERAGE 函数计算平均得分。

(3) 使用 IF 函数完成“合格否”列的填充：根据卷面成绩是否大于等于 60，填充“合格”“不合格”。

(4) 使用 RANK 函数，按卷面成绩对学生成绩排名。

(5) 利用 COUNTIF 和 COUNT 函数统计卷面成绩不及格率。

XSCJ2.xlsx

	A	B	C	D	E	F	G	H	I	J	K	L
1	计算机基础成绩表											
2	学号	姓名	性别	专业	单选题	多选题	判断	填空	卷面成绩	合格否	名次	
3	20190101	林俊武	男	英语	25	14	18	12	69	合格	6	
4	20190104	张瑜英	女	英语	38	18	16	20	92	合格	1	
5	20190109	王立新	男	英语	18	14	10	13	55	不合格	8	
6	20190205	张天翼	男	法语	35	16	15	15	81	合格	3	
7	20190315	李自立	男	德语	28	15	16	14	73	合格	5	
8	20190206	丁丽	女	法语	20	11	15	16	62	合格	7	
9	20190307	王依伊	女	德语	15	16	6	12	49	不合格	9	
10	20190208	成萧	女	法语	28	15	18	14	75	合格	4	
11	20190125	李欣	男	英语	36	19	18	17	90	合格	2	
12	20190213	王杨	男	法语	23	10	8	5	46	不合格	10	
13	平均得分				26.6	14.8	14	13.8	69.2			
14												
15						卷面成绩不及格率:			0.3			

Sheet1 / Sheet2 / Sheet3

图 1-3-30　统计成绩后的学生成绩表

实验 1-3-3　多工作表操作

【实验目的】

掌握多工作表的基本结构和使用

【主要知识点】

1. 建立具有多工作表的工作簿

2. 掌握工作表的插入、删除、复制和移动的基本操作
3. 掌握多工作表之间单元格的引用
4. 掌握多工作表操作时公式的使用
5. 掌握工作表的保护

【实验任务及步骤】

在 D 盘根目录下建立“JCSY3-3”文件夹作为本次实验的工作目录。打开“JCSY3-2”文件夹的“EX2.xlsx”文件另存于“JCSY3-3”文件夹中，存盘文件名为“EX3.xlsx”。

【任务 1】建立具有多张相关工作表的工作簿。

要求：打开文件“EX3.xlsx”，将 Sheet1 工作表的标签重命名为“职工工资”表，将 Sheet2 工作表的标签重命名为“职工考勤”表，如图 1-3-31 所示。其中“职工考勤”表中职工编号列的数据不能直接输入，必须通过引用“职工工资”表的职工编号列的数据得到，如图 1-3-32 所示。

EX3.xlsx

	A	B	C	D	E	F	G	H	I	J	K
1	某月份职工工资表										
2	职工编号	姓名	性别	部门	基本工资	住房补贴	三金	销售提成	考勤扣款	加班费	实发工资
3	0531	张德明	男	冰洗销售	3100	465	558				
4	0528	李晓丽	女	冰洗销售	3300	495	594				
5	0673	王小玲	女	手机销售	3200	480	576				
6	0648	李亚楠	男	手机销售	3350	505	603				
7	0715	王嘉伟	男	厨电销售	3700	555	666				
8	0729	张华新	男	厨电销售	3600	540	648				
9	0830	赵静初	女	卫浴销售	3500	525	630				
10	0812	黄华东	男	卫浴销售	3300	495	594				
11	0525	章昕	男	冰洗销售	3250	489	585				
12	0732	周西奥	男	厨电销售	3850	578	693				
13											

职工工资　职工考勤　Sheet3

图 1-3-31　多工作表重命名

操作步骤

(1) 打开“EX3.xlsx”，鼠标右键单击“Sheet1”工作表的标签，在弹出的快捷菜单中选择“重命名”，如图 1-3-33 所示，然后在标签处输入“职工工资”。用同样的方法将“Sheet2”重命名为“职工考勤”。

(2) 选中“职工工资”表，为表添加“销售提成”“考勤扣款”“加班费”三列，删除“实发工资”原来的数据，删除“最小值”和“平均值”行，修改后的表如图 1-3-31 所示。

(3) 选中“职工考勤”表中的 A3 单元格输入“=”，再选中“职工工资”表中的 A3 单元格后按 Enter 键，如图 1-3-34 所示。选中“职工考勤”表中的 A3 单元格，利用填充柄填充“职工考勤”表中 A4 到 A12 单元格。

(4) 输入“职工考勤”表的其他数据，如图 1-3-32 所示。

EX3.xlsx

	A	B	C	D	E
1	职工考勤表				
2	职工编号	迟到	早退	旷工	加班
3	0531	1			1
4	0528		2		
5	0673	1		1	
6	0648	2			1
7	0715				
8	0729			1	
9	0830				2
10	0812	1	1		
11	0525		2	2	
12	0732	2		1	1

职工工资　职工考勤

图 1-3-32　“职工考勤”表

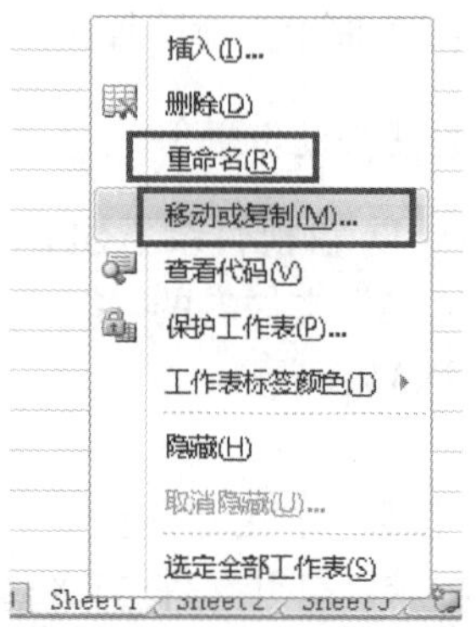

图 1-3-33　工作表快捷菜单

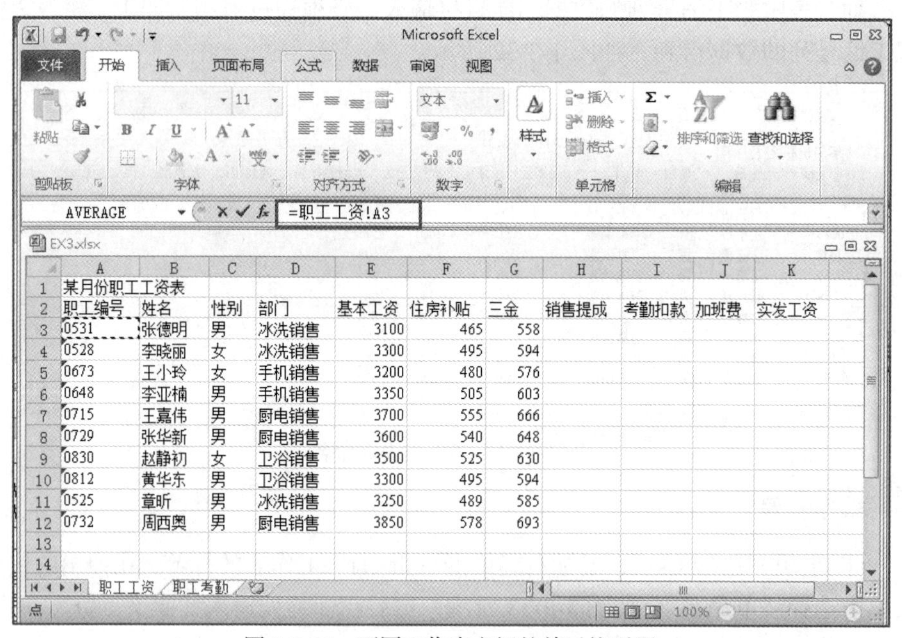

	A	B	C	D	E	F	G	H	I	J	K
1	某月份职工工资表										
2	职工编号	姓名	性别	部门	基本工资	住房补贴	三金	销售提成	考勤扣款	加班费	实发工资
3	0531	张德明	男	冰洗销售	3100	465	558				
4	0528	李晓丽	女	冰洗销售	3300	495	594				
5	0673	王小玲	女	手机销售	3200	480	576				
6	0648	李亚楠	男	手机销售	3350	505	603				
7	0715	王嘉伟	男	厨电销售	3700	555	666				
8	0729	张华新	男	厨电销售	3600	540	648				
9	0830	赵静初	女	卫浴销售	3500	525	630				
10	0812	黄华东	男	卫浴销售	3300	495	594				
11	0525	章昕	男	冰洗销售	3250	489	585				
12	0732	周西奥	男	厨电销售	3850	578	693				

图 1-3-34　不同工作表之间的单元格引用

【任务 2】将“XSQK.xlsx”中的“Sheet1”表插入“EX3.xlsx”工作簿里，放于“职工考勤”表后。

操作步骤

(1) 同时打开工作簿“EX3.xlsx”和“XSQK.xlsx”。

(2) 选中“XSQK.xlsx”中的工作表“Sheet1”，在标签处单击鼠标右键，弹出如图 1-3-33 所示的快捷菜单，选择快捷菜单里的“移动或复制”命令，弹出“移动或复制工作表”对话框。

(3) 如图 1-3-35 所示“移动或复制工作表”对话框中，选择将选定工作表移至工作簿“EX3.xlsx”，选定“(移至最后)”，单击“确定”按钮，则将“XSQK.xlsx”中的工作表“Sheet1”移到“EX3.xlsx”中。将 EX3.xlsx 中的工作表 Sheet3 删除。

(4) 将“EX3.xlsx”中的“Sheet1”工作表重命名为“销售情况”。

方法与技巧

(1) 移动或复制工作表可以在同一个工作簿里，也可在不同工作簿里。

(2) 若要复制工作表，则需选中图中所示建立副本，否则为移动工作表。

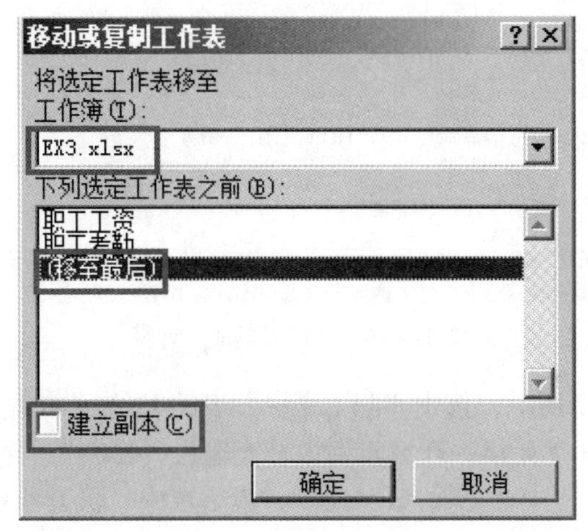

图 1-3-35　“移动或复制工作表”对话框

【任务 3】根据“职工考勤”表和“销售情况”表的数据填充“职工工资”表中“销售提成”“考勤扣款”“加班费”和“实发工资”等列的内容。

计算方式如下：

(1) 销售提成=销售额×5%。

(2) “考勤扣款”信息在“职工考勤”表中，迟到、早退一次各扣 50，旷工一次扣 200。

(3) “加班费”信息在“职工考勤”表中，加班一次增发 100。

(4) 重新计算“实发工资”。

操作步骤

(1) 如图 1-3-36 所示，选中“职工工资”表的 H3 单元格输入“=”，选择“销售情况”中的 E3 单元格，在编辑栏中补充输入“*5%”，按 Enter 键确定；然后用填充柄填充“职工工资”表的 H4 到 H12 单元格。

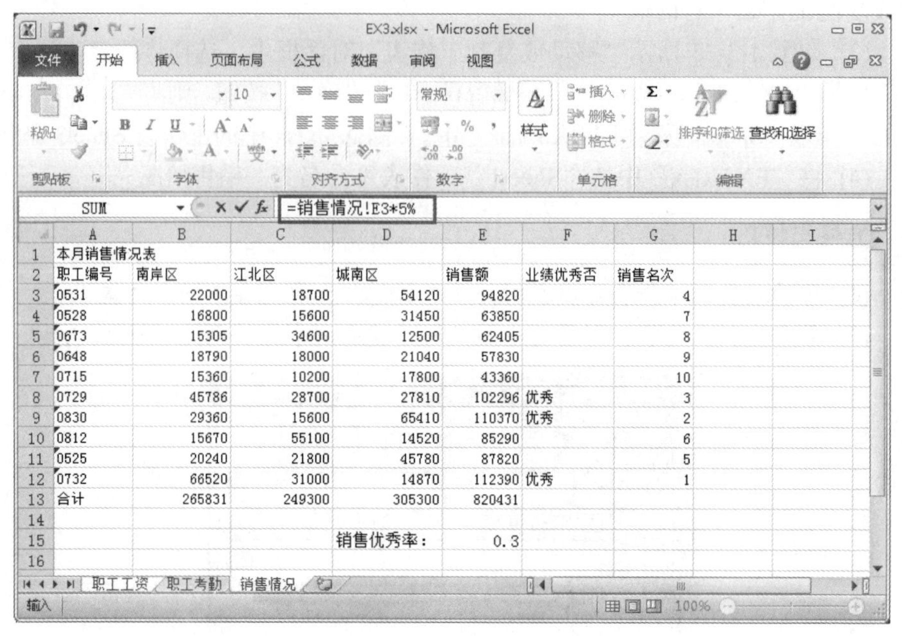

	A	B	C	D	E	F	G	H	I
1	本月销售情况表								
2	职工编号	南岸区	江北区	城南区	销售额	业绩优秀否	销售名次		
3	0531	22000	18700	54120	94820		4		
4	0528	16800	15600	31450	63850		7		
5	0673	15305	34600	12500	62405		8		
6	0648	18790	18000	21040	57830		9		
7	0715	15360	10200	17800	43360		10		
8	0729	45786	28700	27810	102296	优秀	3		
9	0830	29360	15600	65410	110370	优秀	2		
10	0812	15670	55100	14520	85290		6		
11	0525	20240	21800	45780	87820		5		
12	0732	66520	31000	14870	112390	优秀	1		
13	合计	265831	249300	305300	820431				
14									
15				销售优秀率：	0.3				
16									

图 1-3-36 “销售提成”计算

(2) 如图 1-3-37 所示，选中“职工工资”表的 I3 单元格输入“=”，选中“职工考勤”表中的 B3 单元格，在编辑栏中补充输入“*50+”，再选中“职工考勤”表中的 C3，在编辑栏中补充输入“*50+”，最后选中“职工考勤”表中的 D3，在编辑栏中补充输入“*200”，完成公式后，按 Enter 键确认；然后用填充柄填充“职工工资”表的 I4 到 I12 单元格。

(3) 用同样的方法计算“职工工资”表的“加班费”。

(4) 在“职工工资”表的 K3 单元格输入公式“=E3+F3−G3+H3−I3+J3”，然后用填充柄填充 K4 到 K12 单元格，填充“职工工资”表所有数据，得到如图 1-3-38 所示的“职工工资”表。

(5) 单击“保存”按钮，保存文件“EX3.xlsx”。

方法与技巧

如果要在当前工作表引用其他工作表的单元格，用“表名!单元格地址”来表示，例如，“职工考勤!B3”表示职工考勤表的 B3 单元格。此处要注意，“!”前引用的表名不是表所在工作簿的文件名，是工作表的标签。

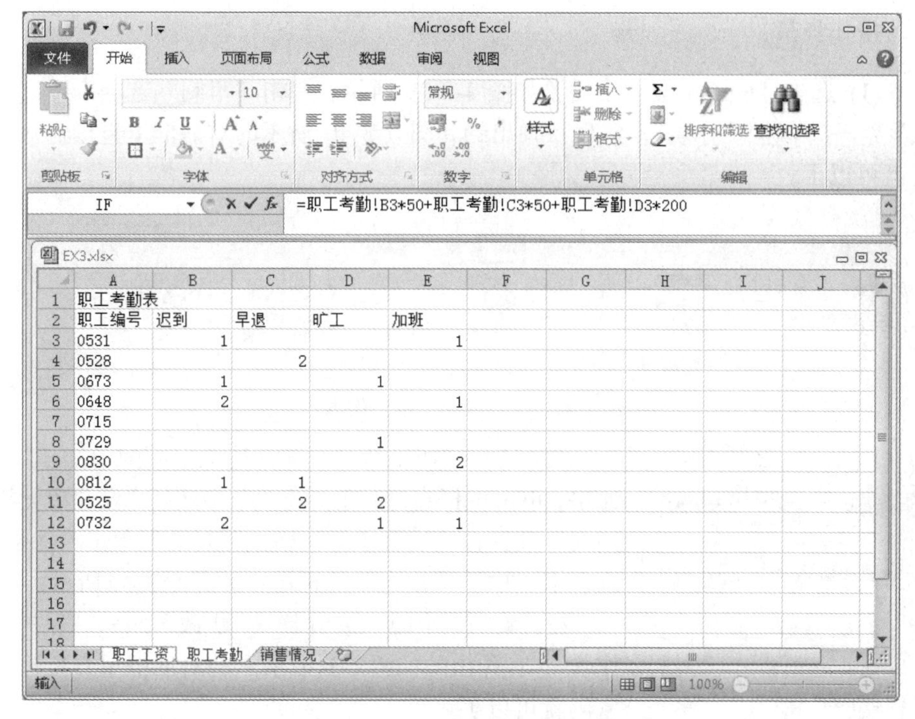

	A	B	C	D	E
1	职工考勤表				
2	职工编号	迟到	早退	旷工	加班
3	0531	1			1
4	0528		2		
5	0673	1		1	
6	0648	2			1
7	0715				
8	0729			1	
9	0830				2
10	0812	1	1		
11	0525		2	2	
12	0732	2		1	1

图 1-3-37　“考勤扣款”计算

EX3.xlsx

	A	B	C	D	E	F	G	H	I	J	K
1	某月份职工工资表										
2	职工编号	姓名	性别	部门	基本工资	住房补贴	三金	销售提成	考勤扣款	加班费	实发工资
3	0531	张德明	男	冰洗销售	3100	465	558	4741	50	100	7798
4	0528	李晓丽	女	冰洗销售	3300	495	594	3192.5	100	0	6293.5
5	0673	王小玲	女	手机销售	3200	480	576	3120.25	250	0	5974.25
6	0648	李亚楠	男	手机销售	3350	505	603	2891.5	100	100	6143.5
7	0715	王嘉伟	男	厨电销售	3700	555	666	2168	0	0	5757
8	0729	张华新	男	厨电销售	3600	540	648	5114.8	200	0	8406.8
9	0830	赵静初	女	卫浴销售	3500	525	630	5518.5	0	200	9113.5
10	0812	黄华东	男	卫浴销售	3300	495	594	4264.5	100	0	7365.5
11	0525	章昕	男	冰洗销售	3250	489	585	4391	500	0	7045
12	0732	周西奥	男	厨电销售	3850	578	693	5619.5	300	100	9154.5

职工工资 职工考勤 销售情况

图 1-3-38　多工作表操作样张

【任务 4】工作表保护。

要求：

(1) 锁定“职工工资”表整体不允许改动。

(2) 设置“职工考勤”表中只有 B3:E12 单元格中的内容能够修改。

操作步骤

(1) 选中“职工工资”表后，如图 1-3-39 所示，单击“审阅”选项卡→“更改”组→“保护工作表”，然后在弹出的如图 1-3-40 所示的对话框里直接输入密码就可以了。

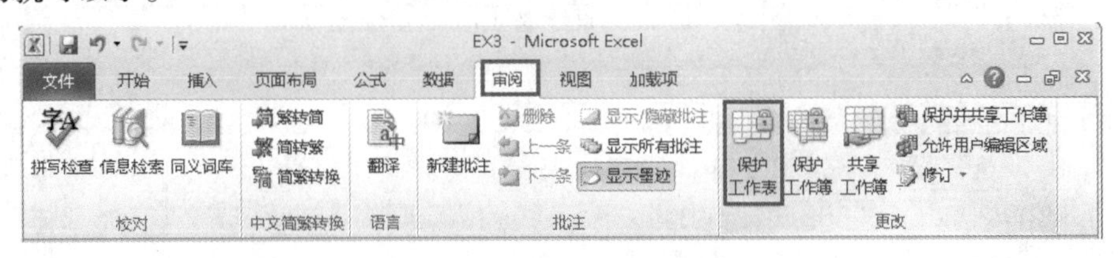

图 1-3-39　选择“保护工作表”

(2) 选择“职工考勤”表，选中里面的 B3:E12 单元格，单击鼠标右键，在快捷菜单中选择“设置单元格格式”项，在“设置单元格格式”对话框单击“保护”选项卡，取消“锁定”的选中，如图 1-3-41 所示。

(3) 单击“审阅”选项卡→“更改”组→“保护工作表”，在弹出的如图 1-3-40 所示的对话框里直接输入密码就可以了。

(4) 这样设置之后，只有 B3:E12 单元格中的内容能够修改，其他区域的内容进行修改的时候，会有一个错误提示。保存“EX3.xlsx”文件。

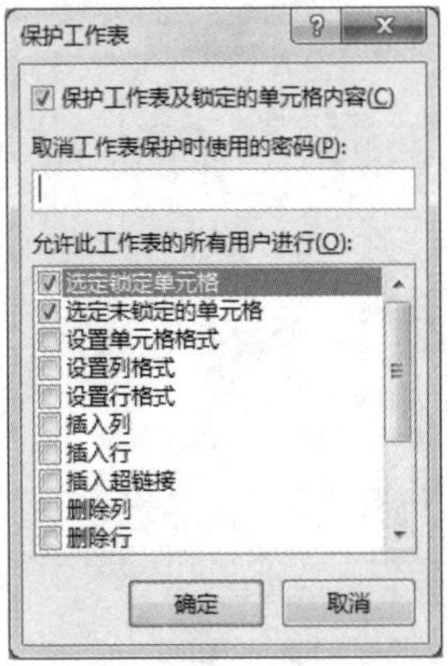

图 1-3-40　“保护工作表”对话框

方法与技巧

工作表保护分为整体数据保护和部分数据保护，可以对工作表不允许修改的数据进行保护，使之不被修改。

【自主实验】

【任务 1】打开文件夹“JCSY3-2”的“XSCJ2.xlsx”，另存为“XSCJ3.xlsx”，存于文件夹“JCSY3-3”中。将“Sheet1”重命名为“学生成绩”，如图 1-3-42 所示。

【任务 2】将“XSCJ3.xlsx”中的“Sheet2”重命名为“学生考勤”，录入数据如图 1-3-43 所示。其中学号列的数据不能直接输入，必须通过引用“学生成绩”表的学号列数据得到。

【任务 3】完成“学生成绩”表和“学生考勤”表中数据的计算，计算方式如下：

(1) “平时成绩”：满分 100，迟到或者早退一次扣 5 分，旷课一次扣 10 分，未提交作业一次扣 10 分。

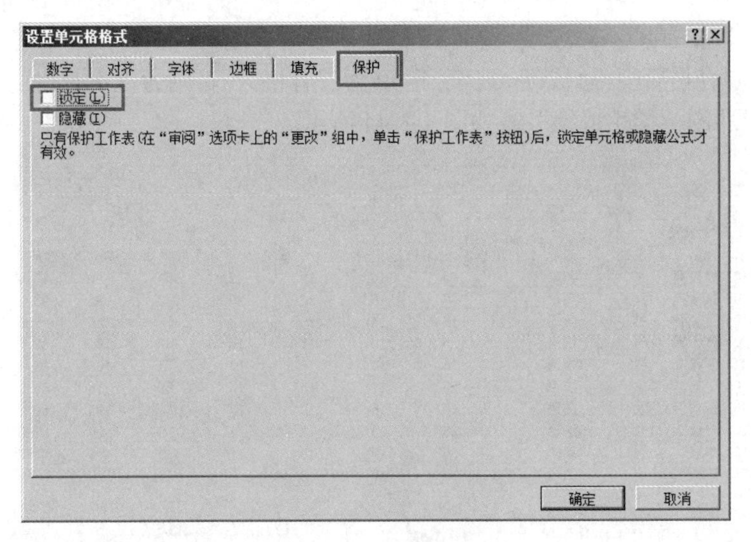

图 1-3-41　单元格保护

XSCJ3.xlsx

	A	B	C	D	E	F	G	H	I	J	K	L
1	计算机基础成绩表											
2	学号	姓名	性别	专业	单选题	多选题	判断	填空	卷面成绩	平时成绩	总成绩	合格否
3	20190101	林俊武	男	英语	25	14	18	12	69			
4	20190104	张瑜英	女	英语	38	18	16	20	92			
5	20190109	王立新	男	英语	18	14	10	13	55			
6	20190205	张天翼	男	法语	35	16	15	15	81			
7	20190315	李自立	男	德语	28	15	16	14	73			
8	20190206	丁丽	女	法语	20	11	15	16	62			
9	20190307	王依伊	女	德语	15	16	10	12	53			
10	20190208	成萧	女	法语	28	15	18	14	75			
11	20190125	李欣	男	英语	36	19	18	17	90			
12	20190213	王杨	男	法语	23	10	8	5	46			

学生成绩 / Sheet2 / Sheet3

图 1-3-42　多表操作前的“学生成绩”表

XSCJ3.xlsx

	A	B	C	D	E	F
1	学生考勤表					
2	学号	迟到	早退	旷课	未提交作业	
3	20190101				2	
4	20190104	1				
5	20190109		1	2	2	
6	20190205					
7	20190315					
8	20190206		3	1	3	
9	20190307	1				
10	20190208					
11	20190125		1			
12	20190213			1	2	
13						
14						
15						

学生成绩 / 学生考勤 / Sheet3

图 1-3-43　“学生考勤”表

(2) “总成绩”：总成绩=卷面成绩×0.6+平时成绩×0.4。

(3) “合格否”：总成绩大于等于 60 为“合格”，否则为“不合格”。

完成后的“学生成绩”表如图 1-3-44 所示。

XSCJ3.xlsx

	A	B	C	D	E	F	G	H	I	J	K	L
1	计算机基础成绩表											
2	学号	姓名	性别	专业	单选题	多选题	判断	填空	卷面成绩	平时成绩	总成绩	合格否
3	20190101	林俊武	男	英语	25	14	18	12	69	80	73.4	合格
4	20190104	张瑜英	女	英语	38	18	16	20	92	95	93.2	合格
5	20190109	王立新	男	英语	18	14	10	13	55	55	55	不合格
6	20190205	张天翼	男	法语	35	16	15	15	81	100	88.6	合格
7	20190315	李自立	男	德语	28	15	16	14	73	100	83.8	合格
8	20190206	丁丽	女	法语	20	11	15	16	62	45	55.2	不合格
9	20190307	王依伊	女	德语	15	16	10	12	53	95	69.8	合格
10	20190208	成萧	女	法语	28	15	18	14	75	100	85	合格
11	20190125	李欣	男	英语	36	19	18	17	90	95	92	合格
12	20190213	王杨	男	法语	23	10	8	5	46	70	55.6	不合格
13	平均得分				26.6	14.8	14.4	13.8	69.6			

学生成绩　学生考勤　Sheet3

图 1-3-44　多表操作后的“学生成绩”表

【任务 4】设置工作表保护。

要求：

(1) 锁定“学生成绩”表整体不允许改动。

(2) 设置“学生考勤”表里只能编辑 B3:E12 单元格。

实验 1-3-4　表格格式化及数据图表化

【实验目的】

1. 掌握各类数据的格式化
2. 掌握表格的格式化
3. 掌握内嵌式图表和独立图表的创建方法
4. 掌握图表的编辑和格式化操作

【主要知识点】

1. 数据的格式化
2. 单元格的边框、底纹的添加
3. 条件格式的设置
4. 图表的创建
5. 图表的修改

【实验任务及步骤】

在 D 盘根目录下建立“JCSY3-4”文件夹作为本次实验的工作目录。打开“JCSY3-2”文件夹中“EX2.xlsx”文件另存于“JCSY3-4”文件夹中，存盘文件名为“EX4.xlsx”。将“EX4.xlsx”的“Sheet1”工作表重命名为“职工工资”，复制“职工工资”表到“Sheet2”前，改名为“格式化后的工资表”。

【任务 1】数据的格式化。

要求：选择“格式化后的工资表”，设置字符、数字格式：合并 A1:H1 单元格，将第一行标题设置为华文隶书、红色、18 磅，居中对齐；合并 A13:D13 单元格、A14:D14 单元格，居中对齐；其余文本为仿宋体、加粗、12 磅。将数值数据设置为 Times New Roman、加粗、10.5 磅、保留 2 位小数，如图 1-3-45 所示。

某月份职工工资表							
职工编号	姓名	性别	部门	基本工资	住房补贴	三金	实发工资
0531	张德明	男	冰洗销售	3100.00	465.00	558.00	3007.00
0528	李晓丽	女	冰洗销售	3300.00	495.00	594.00	3201.00
0673	王小玲	女	手机销售	3200.00	480.00	576.00	3104.00
0648	李亚楠	男	手机销售	3350.00	505.00	603.00	3252.00
0715	王嘉伟	男	厨电销售	3700.00	555.00	666.00	3589.00
0729	张华新	男	厨电销售	3600.00	540.00	648.00	3492.00
0830	赵静初	女	卫浴销售	3500.00	525.00	630.00	3395.00
0812	黄华东	男	卫浴销售	3300.00	495.00	594.00	3201.00
0525	章昕	男	冰洗销售	3250.00	489.00	585.00	3154.00
0732	周西奥	男	厨电销售	3850.00	578.00	693.00	3735.00
最小值				3100.00	465.00	558.00	3007.00
平均值				3415.00	512.70	614.70	3313.00

图 1-3-45　“格式化后的工资表”样张

操作步骤

(1) 在“格式化后的工资表”中，选中 A1:H1 单元格，单击鼠标右键，在快捷菜单中选择“设置单元格格式”选项，在弹出的“设置单元格格式”对话框中，选择如图 1-3-46 所示的“对齐”选项卡，设置水平居中对齐、垂直居中对齐以及合并单元格；选择如图 1-3-47 所示的“字体”选项卡，设置为华文隶书、红色、18 磅。

(2) 用同样的方法分别选中 A13:D13 单元格、A14:D14 单元格合并居中。

(3) 选中除标题外的其他文本单元格，设置其字体为仿宋体，加粗，12 磅。

(4) 选中数值数据单元格，在“设置单元格格式”对话框“字体”选项卡中，设置为 Times New Roman、加粗、10.5 磅；在如图 1-3-48 所示的“设置单元格格式”对话框“数字”选项卡中，设置为保留 2 位小数。

方法与技巧

(1) 设置单元格的行高和列宽。

对于工作表中单元格的行高和列宽，用户可根据需要进行调整。选定需要调整的单元格，拖动行号的下边框或列号的右边框可调整行高或列宽；也可选定需要调整的单元格所在行或列，单击鼠标右键，在菜单中选择“行高”或“列宽”可调整行高或列宽。

(2) 单元格的常用格式大都可以通过工具栏的按钮进行快速设置：

① 利用“开始”→“字体”组中按钮可快速设置字体、字号、颜色、加粗、倾斜、添加下划线等。

② 利用“开始”→“对齐方式”组中的合并后居中按钮，可以快速实现单元格的合并及居中；利用各种对齐按钮可设置不同的对齐方式。

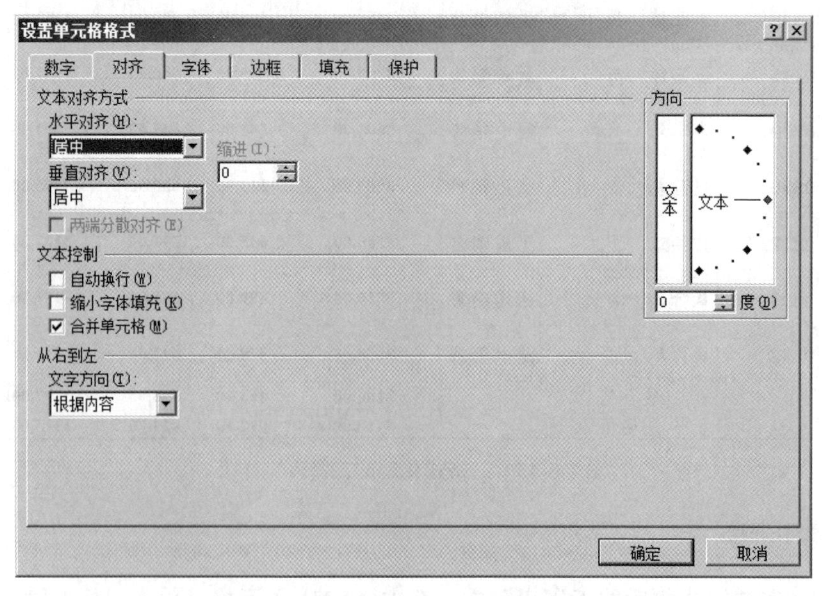

图 1-3-46　“设置单元格格式”对话框“对齐”选项卡

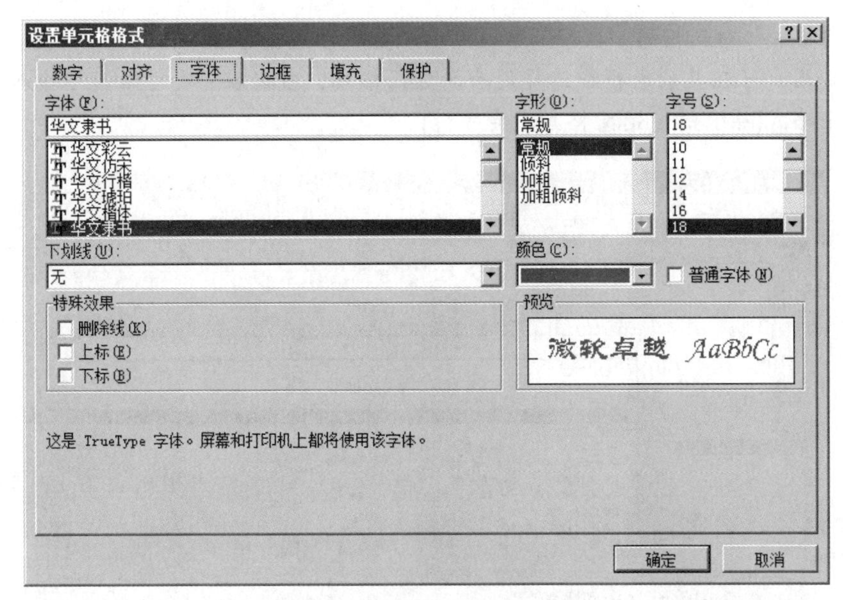

图 1-3-47　“设置单元格格式”对话框“字体”选项卡

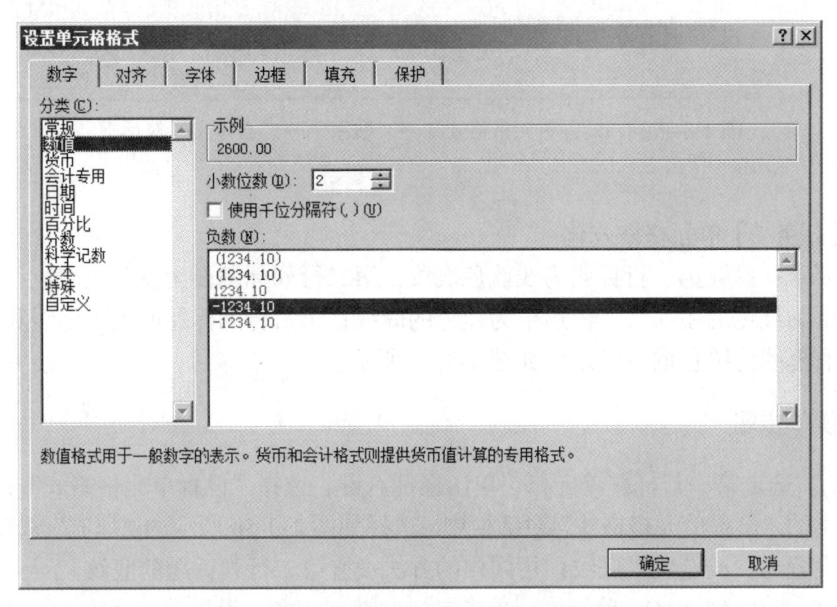

图 1-3-48　“设置单元格格式”对话框“数字”选项卡

③ 利用“开始”→“数字”组中的增加小数位数按钮和减少小数位数按钮可以方便地实现数值的小数位数设置；货币样式按钮、百分比样式按钮%、千位分隔样式按钮,，可以快速添加数值的货币符号、百分比符号以及千位分隔符。当有些特殊的数字格式需要用户自己定义时，可以在快捷菜单中选择“设置

单元格格式”对话框的“数字”选项卡中分类项的“自定义”来实现，如图 1-3-49 所示。用户可在其列表框中选择现有的数据格式，或者在“类型”框中输入定义的一个格式(原有的自定义格式不会丢失)。

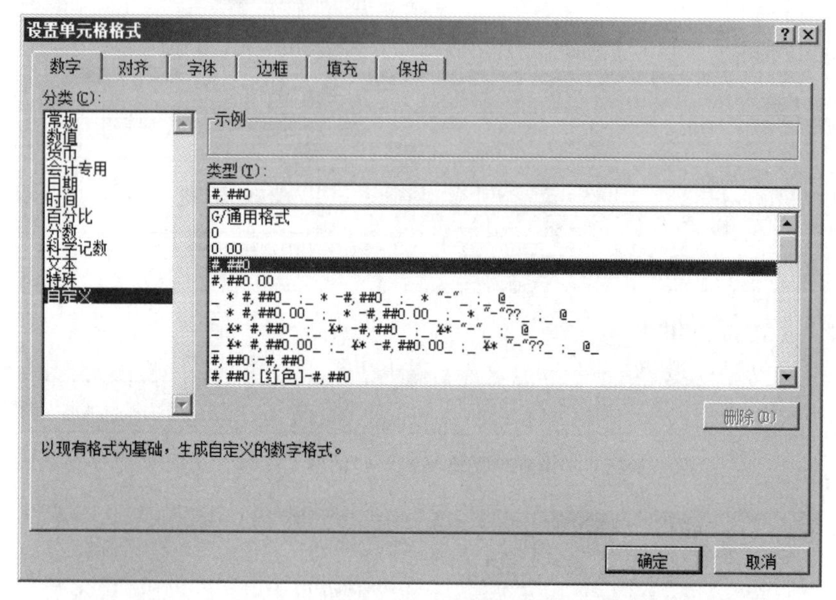

图 1-3-49　“设置单元格格式”→“数字”→“自定义”对话框

【任务 2】单元格格式化。

要求：设置第一行标题为浅蓝色底纹，第二行列标题设为浅黄色底纹；设置外边框为红色的粗实线，内边框为蓝色的虚线；第二行列标题的上下框线和第四列的右框线为绿色的双细线，如图 1-3-45 所示。

操作步骤

(1) 选定第一行标题单元格，单击鼠标右键，选择“设置单元格格式”命令，在弹出的“设置单元格格式”对话框中，选择如图 1-3-50 所示的“填充”选项卡，将其设置为“浅蓝色”底纹；用同样的方法设置第二行列标题的底纹。

(2) 选中 A1：H14 单元格，单击鼠标右键，选择“设置单元格格式”命令，在弹出的“设置单元格格式”对话框中，选择如图 1-3-51 所示的“边框”选项卡，选择线条样式为“粗线”，颜色为“红色”后，单击“外边框”；选择线条样式为“虚线”，颜色为“蓝色”后，单击“内部”。

(3) 选中第二行列标题，单击鼠标右键，选择“设置单元格格式”命令，在弹出的“设置单元格格式”对话框中，选择如图 1-3-52 所示的“边框”选项卡，选

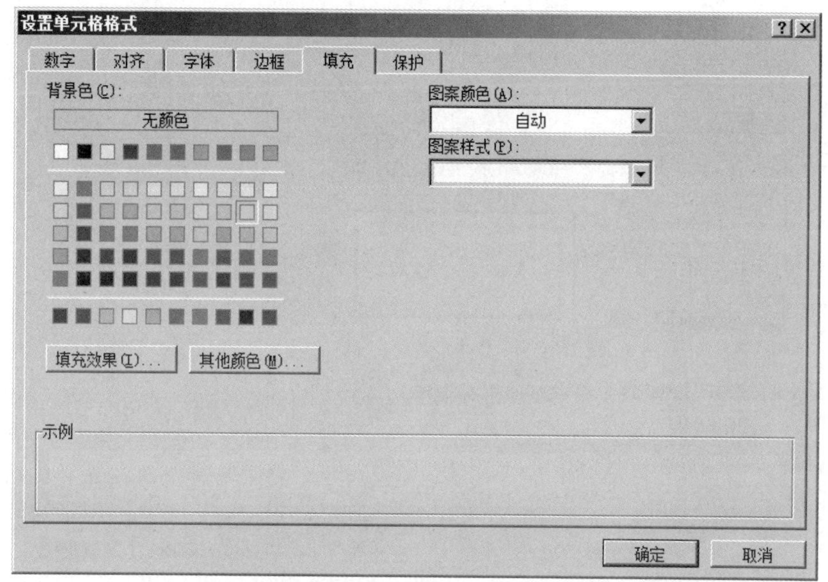

图 1-3-50　“设置单元格格式”对话框“填充”选项卡

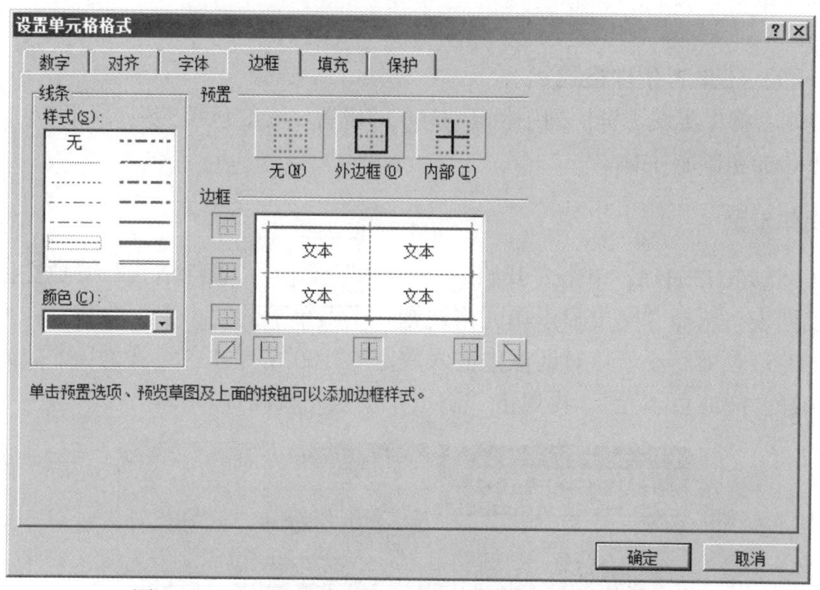

图 1-3-51　“设置单元格格式”对话框“边框”选项卡

择线条样式为“双线”，颜色为“绿色”后，单击“上边框”和“下框线”，再单击“确定”按钮完成设置；用同样的方法设置第四列的右框线。

方法与技巧

设置单元格边框线时，应先选择线条样式和颜色，再选边框。

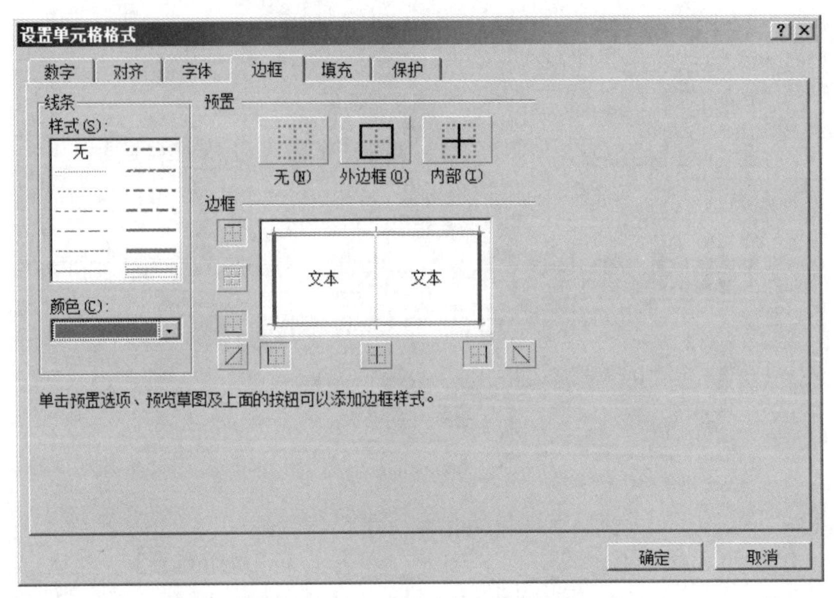

图 1-3-52　单元格上、下框线设置

【任务 3】设置条件格式。

要求：将“实发工资”列中低于 3100 的设置“浅红色填充”；高于 3600 的设置蓝色、加粗倾斜字体。

操作步骤

(1) 选定 H3:H12，单击“开始”→“样式”组→“条件格式”下拉按钮，显示下拉列表。选择“突出显示单元格规则”子菜单下的“小于”命令，在弹出的如图 1-3-53 所示“小于”对话框中输入数值“3100”，单击“设置为”下拉列表按钮，选择“浅红色填充”，再单击“确定”按钮完成设置。

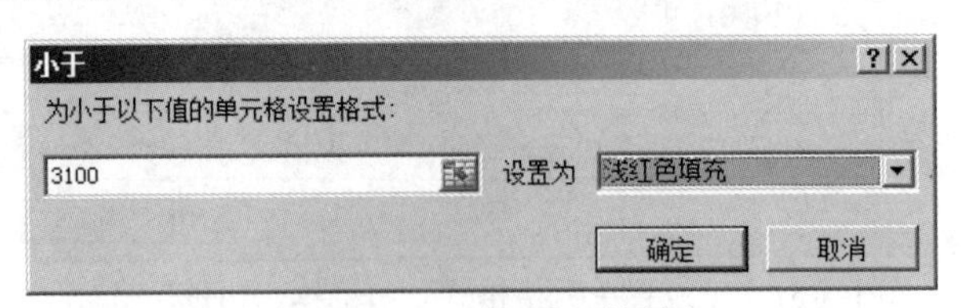

图 1-3-53　“小于”对话框

(2) 选定 H3:H12，单击“开始”→“样式”组→“条件格式”下拉按钮，显示下拉列表。选择“突出显示单元格规则”子菜单下的“大于”命令，在弹出的“大于”对话框中输入数值“3600”，单击“设置为”下拉列表按钮，选择“自定义格式”。

(3) 在弹出的“设置单元格格式”对话框中，选择“字体”选项卡，设置字形为“加粗倾斜”，颜色为“蓝色”后单击“确定”按钮。

(4) 在返回的“大于”对话框中单击“确定”按钮，则完成条件格式的设置。

方法与技巧

(1) 可通过“条件格式”菜单中的“新建规则”命令，设置多个条件不同的格式。

(2) 对于已设定的条件格式，可通过“清除规则”命令，清除所选单元格或工作表的条件格式。

(3) 对于已设定的条件格式，可通过“管理规则”命令，修改条件和格式。

【任务 4】图表的创建。

要求：

(1) 复制“职工工资”表到 Sheet2 之前，改名为“内嵌式图表”。在“内嵌式图表”中利用所有职工的基本工资和实发工资创建如图 1-3-54 所示的内嵌式三维簇状柱形图。

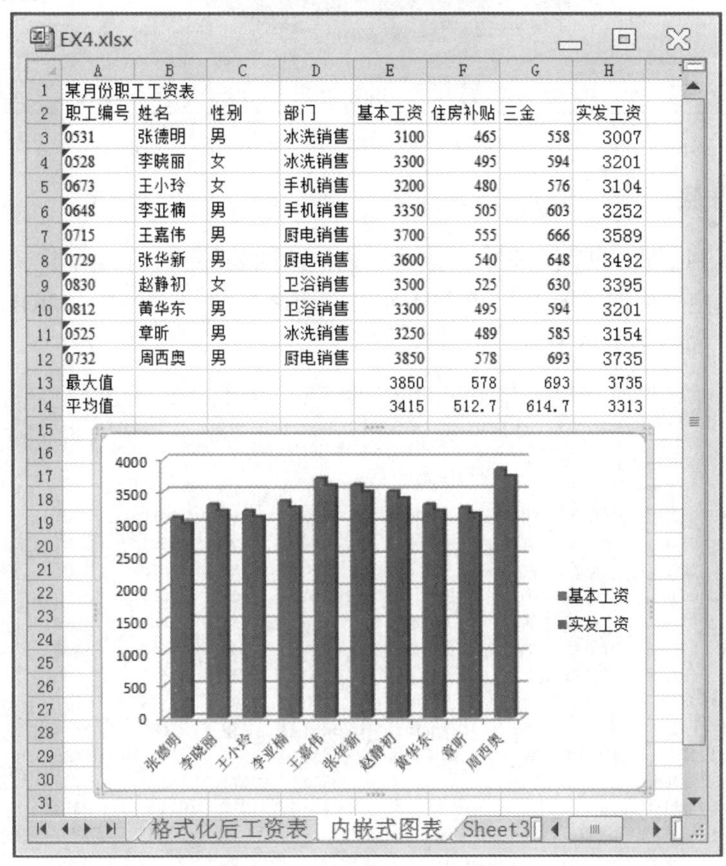

某月份职工工资表							
职工编号	姓名	性别	部门	基本工资	住房补贴	三金	实发工资
0531	张德明	男	冰洗销售	3100	465	558	3007
0528	李晓丽	女	冰洗销售	3300	495	594	3201
0673	王小玲	女	手机销售	3200	480	576	3104
0648	李亚楠	男	手机销售	3350	505	603	3252
0715	王嘉伟	男	厨电销售	3700	555	666	3589
0729	张华新	男	厨电销售	3600	540	648	3492
0830	赵静初	女	卫浴销售	3500	525	630	3395
0812	黄华东	男	卫浴销售	3300	495	594	3201
0525	章昕	男	冰洗销售	3250	489	585	3154
0732	周西奥	男	厨电销售	3850	578	693	3735
最大值				3850	578	693	3735
平均值				3415	512.7	614.7	3313

图 1-3-54　“内嵌式图表”样张

(2) 利用“职工工资”表中的“厨电销售”部门的职工“实发工资”数据，创建一个独立的饼图放于工作表“Chart1”中，如图 1-3-55 所示。

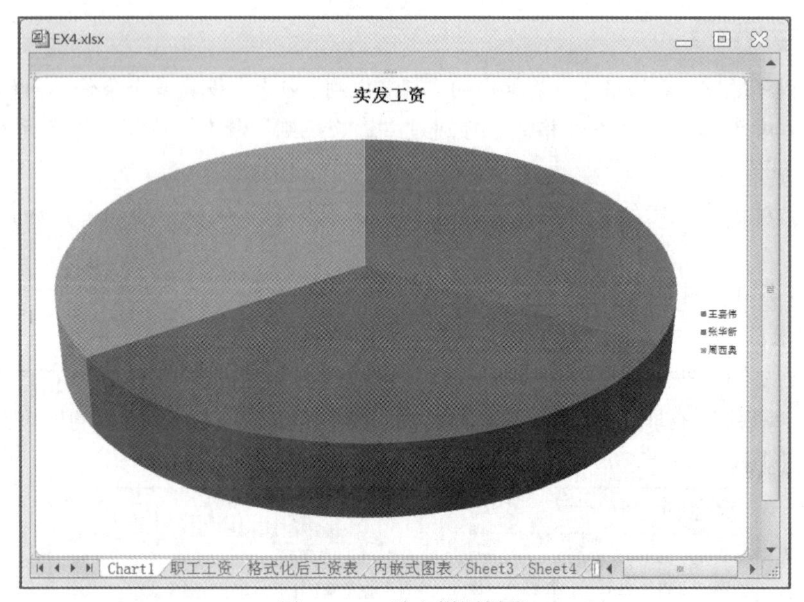

图 1-3-55　独立饼图样张

操作步骤

(1) 复制“职工工资”表，改名为“内嵌式图表”。

(2) 选定“内嵌式图表”，在该工作表中选择图表所需数据“B2:B12, E2:E12, H2:H12”，如图 1-3-56 所示。

EX4.xlsx

	A	B	C	D	E	F	G	H
1	某月份职工工资表							
2	职工编号	姓名	性别	部门	基本工资	住房补贴	三金	实发工资
3	0531	张德明	男	冰洗销售	3100	465	558	3007
4	0528	李晓丽	女	冰洗销售	3300	495	594	3201
5	0673	王小玲	女	手机销售	3200	480	576	3104
6	0648	李亚楠	男	手机销售	3350	505	603	3252
7	0715	王嘉伟	男	厨电销售	3700	555	666	3589
8	0729	张华新	男	厨电销售	3600	540	648	3492
9	0830	赵静初	女	卫浴销售	3500	525	630	3395
10	0812	黄华东	男	卫浴销售	3300	495	594	3201
11	0525	章昕	男	冰洗销售	3250	489	585	3154
12	0732	周西奥	男	厨电销售	3850	578	693	3735
13	最大值				3850	578	693	3735
14	平均值				3415	512.7	614.7	3313

职工工资 / 格式化后工资表 / 内嵌式图表 / Sheet3 / Sheet

图 1-3-56　图表数据的选择

(3) 如图 1-3-57 所示，选择“插入”→“图表”组→“柱形图”下拉列表中的“三维簇状柱形图”，则生成如图 1-3-58 所示的“职工工资图表”。

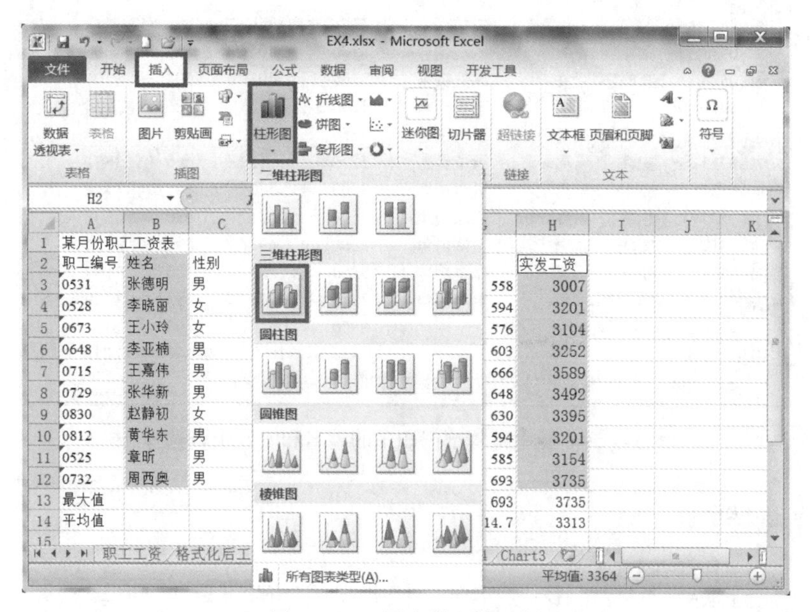

图 1-3-57　图表类型的选择

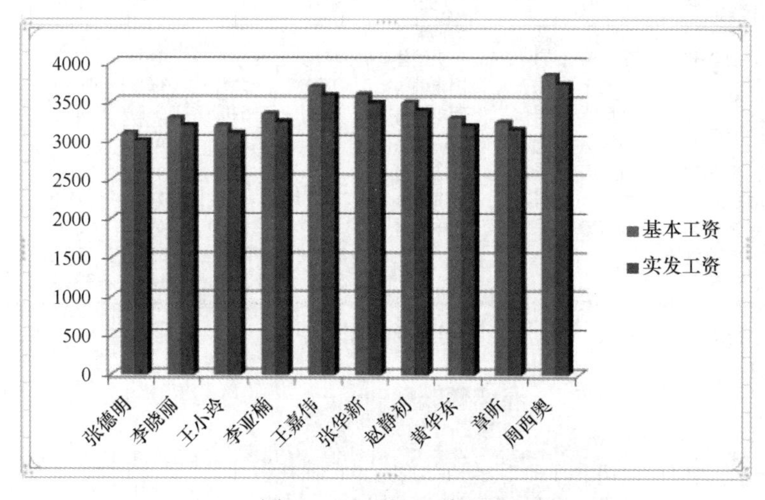

图 1-3-58　职工工资图表

(4) 在“职工工资”表中，选择厨电销售部门职工的姓名和实发工资数据，即“B2, B7, B8, B12, H2, H7, H8, H12”，如图 1-3-59 所示。

(5) 选择“插入”→“图表”组→“饼图”→“三维饼图”，生成如图 1-3-60 所示的厨电销售职工实发工资饼图。

EX4.xlsx

	A	B	C	D	E	F	G	H
1	某月份职工工资表							
2	职工编号	姓名	性别	部门	基本工资	住房补贴	三金	实发工资
3	0531	张德明	男	冰洗销售	3100	465	558	3007
4	0528	李晓丽	女	冰洗销售	3300	495	594	3201
5	0673	王小玲	女	手机销售	3200	480	576	3104
6	0648	李亚楠	男	手机销售	3350	505	603	3252
7	0715	王嘉伟	男	厨电销售	3700	555	666	3589
8	0729	张华新	男	厨电销售	3600	540	648	3492
9	0830	赵静初	女	卫浴销售	3500	525	630	3395
10	0812	黄华东	男	卫浴销售	3300	495	594	3201
11	0525	章昕	男	冰洗销售	3250	489	585	3154
12	0732	周西奥	男	厨电销售	3850	578	693	3735
13	最大值				3850	578	693	3735
14	平均值				3415	512.7	614.7	3313

职工工资 / 格式化后工资表 / 内嵌式图表 / Sheet3 / Sheet

图 1-3-59　厨电销售部门职工的姓名和实发工资选择

EX4.xlsx

	A	B	C	D	E	F	G	H
1	某月份职工工资表							
2	职工编号	姓名	性别	部门	基本工资	住房补贴	三金	实发工资
3	0531	张德明	男	冰洗销售	3100	465	558	3007
4	0528	李晓丽	女	冰洗销售	3300	495	594	3201
5	0673	王小玲	女	手机销售	3200	480	576	3104
6	0648	李亚楠	男	手机销售	3350	505	603	3252
7	0715	王嘉伟	男	厨电销售	3700	555	666	3589
8	0729	张华新	男	厨电销售	3600	540	648	3492
9	0830	赵静初	女	卫浴销售	3500	525	630	3395
10	0812	黄华东	男	卫浴销售	3300	495	594	3201
11	0525	章昕	男	冰洗销售	3250	489	585	3154
12	0732	周西奥	男	厨电销售	3850	578	693	3735
13	最大值				3850	578	693	3735
14	平均值				3415	512.7	614.7	3313

图 1-3-60　厨电销售部门职工实发工资饼图

(6) 选中图表，如图 1-3-61 所示，选择“图表工具”→“设计”选项卡→“位置”组→“移动图表”；在弹出的“移动图表”对话框中选择新工作表“Chart1”，如图 1-3-62 所示，得到如图 1-3-55 所示的独立图表。

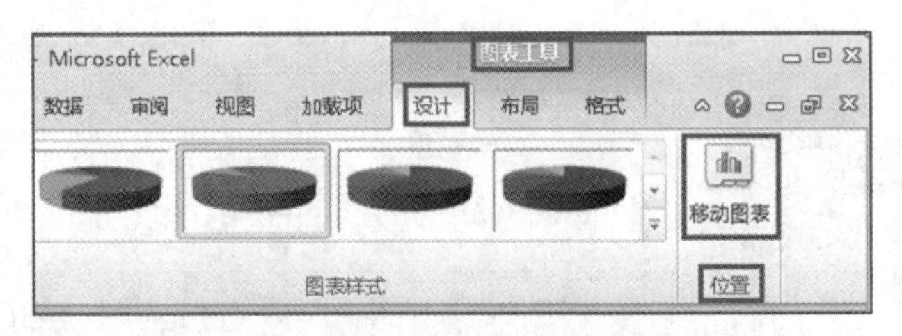

图 1-3-61　“图表工具”的“设计”选项卡

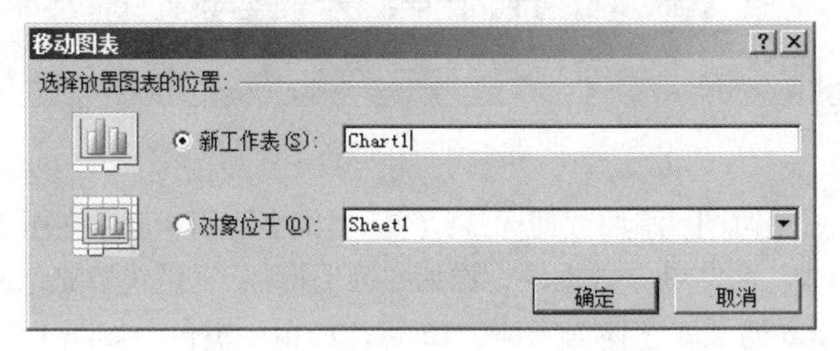

图 1-3-62　“移动图表”对话框

方法与技巧

在 Excel 2010 中，可以方便地建立不同类型的图表。

(1) Excel 2010 提供了“标准类型”图表，用户可根据需要选择不同的图表类型和子图表类型。各种图表都有自己的最佳适用范围，例如，柱形图可以显示一段时间内的数据变化或比较结果，用来反映数据随时间的变化很合适；条形图可以对数据进行比较，用来反映数据间的相对大小比较好。

(2) 生成图表所需的数据称为数据源，可以根据需要选择工作表中的数据区域(选择不相邻的单元格时，需要按住 Ctrl 键再选择；一个图表可以引用多个工作表中的多处数据)。

(3) 有两种图表位置可供选择：“作为新的工作表插入”，可创建独立图表，图表单独存放于一个新的工作表，同时生成自身的工作表标签(Chart1、Chart2 等)；“作为其中的对象插入”，可创建内嵌式图表，图表与数据存于同一工作表。

【任务 5】图表格式化。

要求：

(1) 修改内嵌式图表：添加图表标题为“职工工资”，设置标题字体为宋体，加粗，蓝色，16 磅；图例放于图表的左边，字体为宋体，加粗，10 磅；将数值轴的主要刻度间距改为 300，最小值 2500，字体加粗；X 轴字体为宋体，加粗，10 磅；基本工资条加数据标签，数据标签设为宋体、9 磅、加粗；设置图表的边框线为黄色粗线，加阴影，图表区填充“纸莎草纸”纹理，如图 1-3-63 所示。

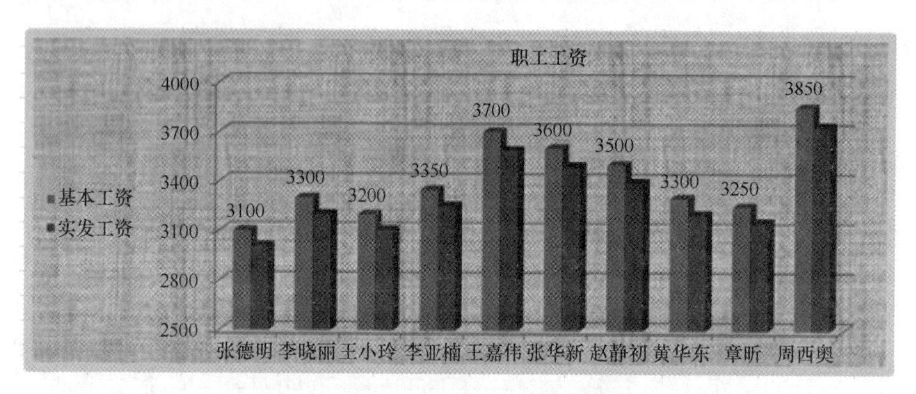

图 1-3-63　格式化的“职工工资”图表

(2) 修改独立饼图：添加数据标签，包括类别名和百分比，在图表底部显示图例；分离饼图中“张华新”数据块，添加“云形标注”，设置填充色为黄色，形状轮廓为绿色、1.5 磅线，字体为宋体，16 磅，加粗，黑色，如图 1-3-64 所示。

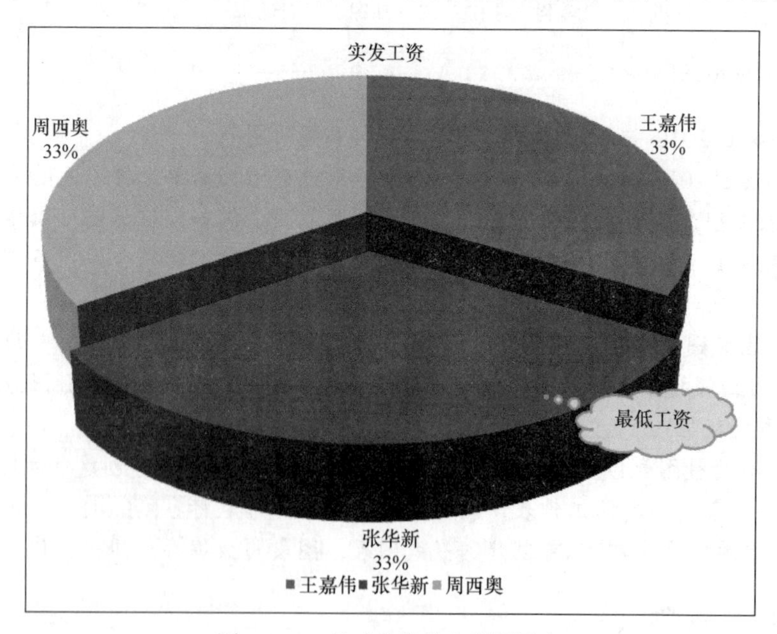

图 1-3-64　格式化的独立饼图图表

操作步骤

(1) 选中图表，如图 1-3-65 所示，单击“图表工具”→“布局”选项卡→“标签”组→“图表标题”下拉按钮，选择下拉菜单中的“图表上方”，给图表添加标题为“职工工资”。

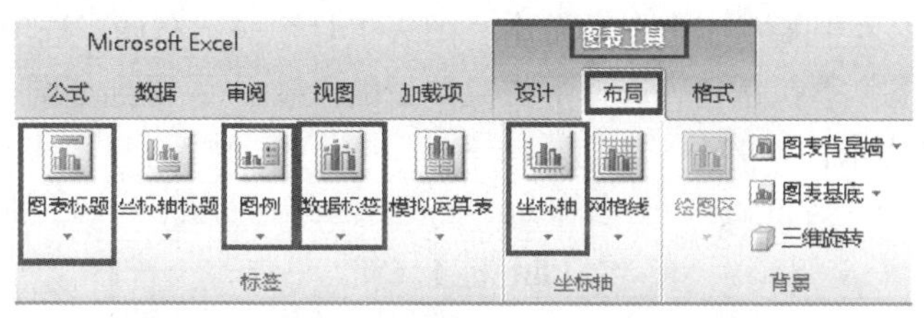

图 1-3-65　“图表工具”的“布局”选项卡

(2) 单击“布局”选项卡→“标签”组→“图例”下拉按钮，选择下拉菜单中的“在左侧显示图例”，将图例移到左侧显示；选中图表标题，利用“开始”选项卡中的“字体”设置标题字体为宋体，加粗，蓝色，16 磅，用同样的方法设置图例字体为宋体，加粗，10 磅。

(3) 单击“布局”选项卡→“坐标轴”组→“坐标轴”下拉按钮，选择“主要纵坐标轴”下的“其他主要纵坐标轴选项”；在弹出的“设置坐标轴格式”对话框中，选择“坐标轴选项”，如图 1-3-66 所示，设置主要刻度单位为 300，最小值为 2500。单击“关闭”按钮；选中纵坐标“数值”，利用“开始”选项卡中的“字体”设置数值轴字体为宋体、加粗、10 磅。得到如图 1-3-67 所示图表。

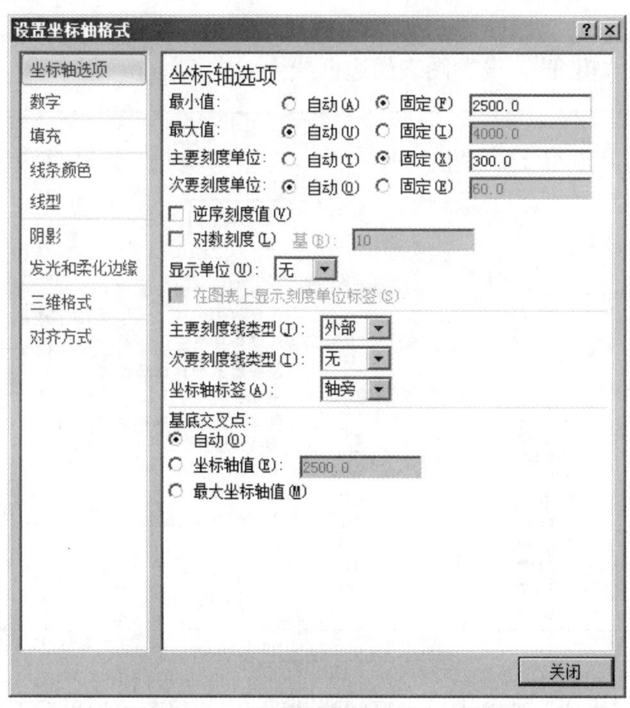

图 1-3-66　“设置坐标轴格式”对话框

(4) 选中 X 轴上的姓名，设置字体为宋体，加粗，10 磅。调整图表的宽度，使 X 轴的文字方向为水平方向。

(5) 选中图表中基本工资条，单击“图表工具”→“布局”选项卡→“标签”组→“数据标签”下拉按钮，选择下拉菜单里的“显示”，得到如图 1-3-67 所示图表，设置字体为宋体、9 磅、加粗。

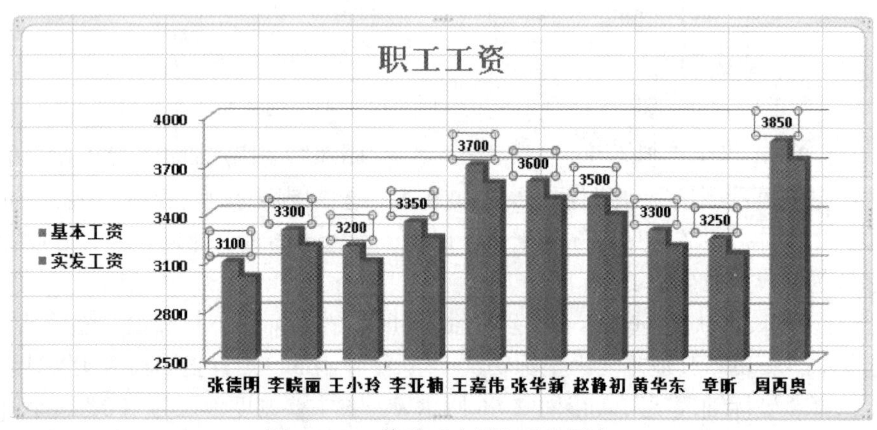

图 1-3-67　修改“布局”后的图表

(6) 选中图表，单击“图表工具”→“格式”选项卡→“形状样式”组→“形状轮廓”下拉按钮，如图 1-3-68 所示，选择颜色为“黄色”，即设置图表的边框线为黄色；选择“粗细”，设置图表的边框线为 4.5 磅。

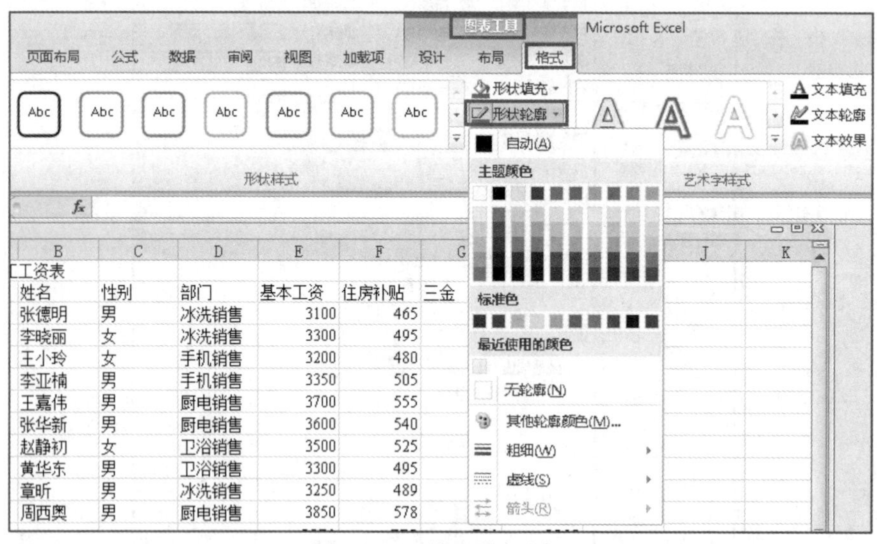

图 1-3-68　设置图表边框

(7) 单击“格式”选项卡→“形状样式”组→ “形状效果”下拉按钮，在下拉列表中选择“阴影”子菜单下“外部”中的“居中偏移”阴影，如图 1-3-69 所示。

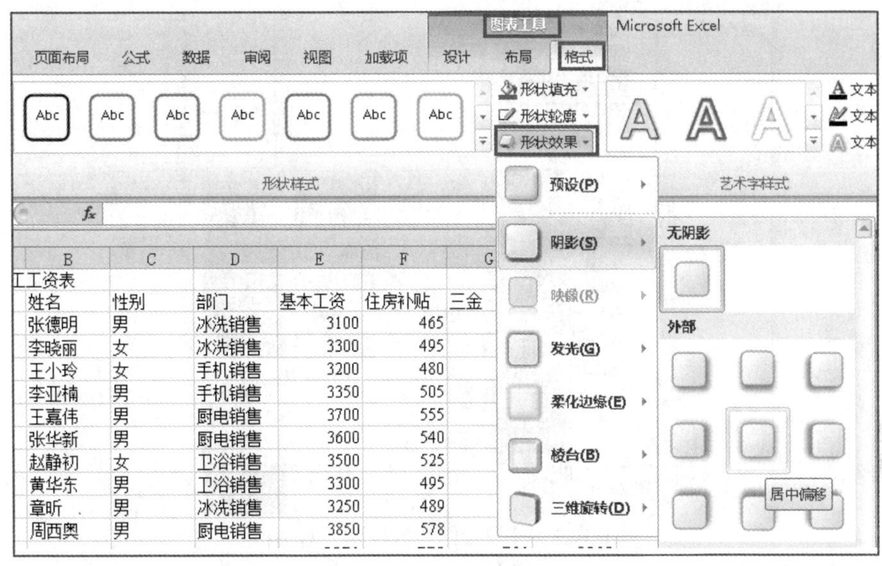

图 1-3-69　设置图表阴影

(8) 在图表的“图表区”右键单击，在快捷菜单中选择“设置图表区域格式”，如图 1-3-70 所示；弹出“设置图表区格式”对话框，如图 1-3-71 所示，设置“填充”→“图片或纹理填充”→“纹理”，选择“纸莎草纸”样式，单击“关闭”按钮，即得到如图 1-3-63 所示样张图表。

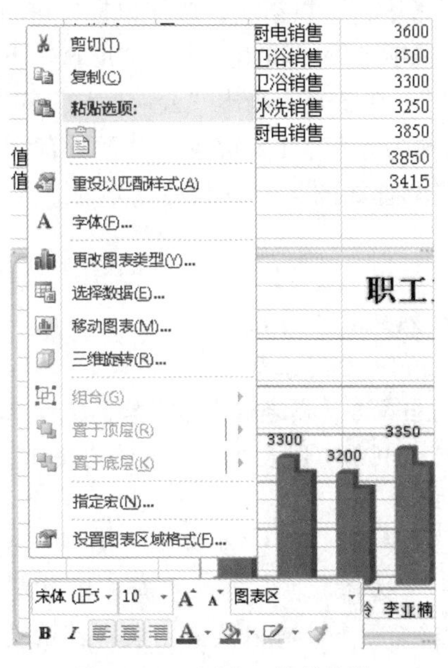

图 1-3-70　图表区快捷菜单

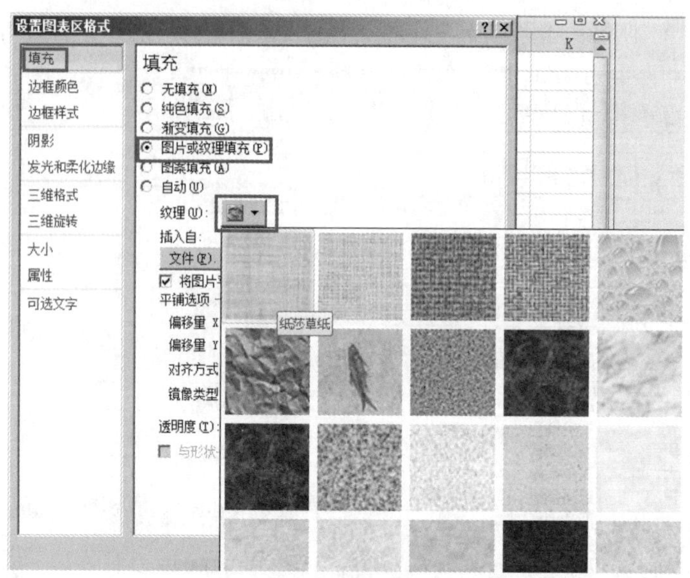

图 1-3-71　“设置图表区格式”对话框

(9) 选择工作表“Chart1”，单击“图表工具”→“布局”选项卡→“标签”组→“数据标签”下拉按钮，选择“其他数据标签选项”，弹出如图 1-3-72 所示的“设置数据标签格式”对话框。在“设置数据标签格式”对话框中勾选“标签选项”中的“类别名称”和“百分比”；选择“标签位置”为“数据标签外”。单击“图表工具”→“布局”选项卡→“标签”组→“图例”设置图例。

(10) 选中图表中“张华新”数据块，按住鼠标左键将其拖开。

(11) 单击“插入”选项卡→“插图”组→“形状”下拉按钮，选择下拉菜单“标注”项的“云形标注”，在图表中画出“云形标注”输入“最低工资”；设置其填充色为黄色，形状轮廓为绿色、1.5 磅线。设置所有文本字体为宋体，16 磅，加粗，黑色；调整标注位置如图 1-3-64 样张所示。

方法与技巧

(1) 要修改图表，必须先激活图表。

(2) Excel 图表中的任何一个对象都是可以修改的，只要用鼠标右键单击这个对象，选择快捷菜单中的适当命令，或者双击该对象，就可以打开对话框执行操作了。

(3) 选中图表，也可以利用“图表工具”中的“设计”“布局”“格式”选项卡中的工具对图表进行修改。

① 利用“设计”→“类型”组→“更改图表类型”可修改图表的类型；利用“设计”→“数据”组→“选择数据”可以重新选择图表所需数据源；利用“设计”→“位置”组→“移动图表”可以改变图表存放位置，将其设为独立图表或内嵌式图表。

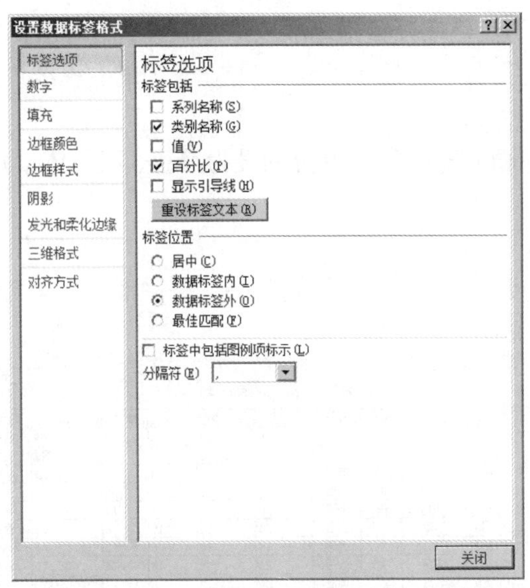

图 1-3-72 “设置数据标签格式”对话框

② 利用“布局”→“标签”组中的不同下拉按钮，可以分别添加图表标题、图例、坐标轴标题等。

③ 利用“格式”→“形状样式”组中的“形状填充”下拉按钮可以填充图表内部的颜色，“形状轮廓”下拉按钮可以设置图表边框的线型和线条颜色，“形状效果”下拉按钮可以设置阴影及其他效果。

【自主实验】

【任务 1】打开“JCSY3-2”文件夹中的“XSCJ2.xlsx”并另存到“JCSY3-4”文件夹中，命名为“XSCJ4.xlsx”。

【任务 2】将“XSCJ4.xlsx”的“Sheet1”工作表中“名次”列删除，工作表重命名为“学生成绩”，复制“学生成绩”到“Sheet2”前，重命名为“格式化后学生成绩”。

【任务 3】选择“格式化后学生成绩”表，设置文本、数字格式：合并 A1:J1 单元格，将第一行标题设为“华文新魏、粗体、蓝色、18 磅”，居中对齐；合并 A13:D13 单元格，居中对齐；合并 F15：H15，左对齐；其余文本为“宋体、10 磅、居中对齐”。将数值数据设置为“Arial、10 磅、居中对齐”，平均得分保留 2 位小数，不及格率用百分比表示。

操作提示：可使用工具栏的按钮快速实现单元格格式设置。

【任务 4】单元格格式化：设置第一行标题为黄色底纹，第二行列标题为浅蓝色底纹，卷面成绩不及格率设置为标准色橙色底纹；设置 A1：J13 的外边框为黑色的粗实线，“平均得分”行的上框线、“专业”列的右框线设为红色的双实线，其余为黑色细实线。

【任务 5】将卷面成绩中低于 60 分的设为红色、粗斜体，大于等于 90 分的设置粉色底纹。

操作提示：利用“开始”→“样式”→“条件格式”来完成。成绩表格式设置后如图 1-3-73 所示。

	A	B	C	D	E	F	G	H	I	J
1	计算机基础成绩表									
2	学号	姓名	性别	专业	单选题	多选题	判断	填空	卷面成绩	合格否
3	20190101	林俊武	男	英语	25	14	18	12	69	合格
4	20190104	张瑜英	女	英语	38	18	16	20	92	合格
5	20190109	王立新	男	英语	18	14	10	13	***55***	不合格
6	20190205	张天翼	男	法语	35	16	15	15	81	合格
7	20190315	李自立	男	德语	28	15	16	14	73	合格
8	20190206	丁丽	女	法语	20	11	15	16	62	合格
9	20190307	王依伊	女	德语	15	16	6	12	***49***	不合格
10	20190208	成萧	女	法语	28	15	18	14	75	合格
11	20190125	李欣	男	英语	36	19	18	17	90	合格
12	20190213	王杨	男	法语	23	10	8	5	***46***	不合格
13	平均得分				26.60	14.80	14.00	13.80	69.20	
14										
15					卷面成绩不及格率：				30%	

图 1-3-73 格式化后学生成绩表样张

【任务 6】复制“学生成绩”到 Sheet2 之前改名为“内嵌图表”。在“内嵌图表”工作表中利用所有法语专业学生的卷面成绩生成如图 1-3-74 所示的内嵌式簇状条形图。

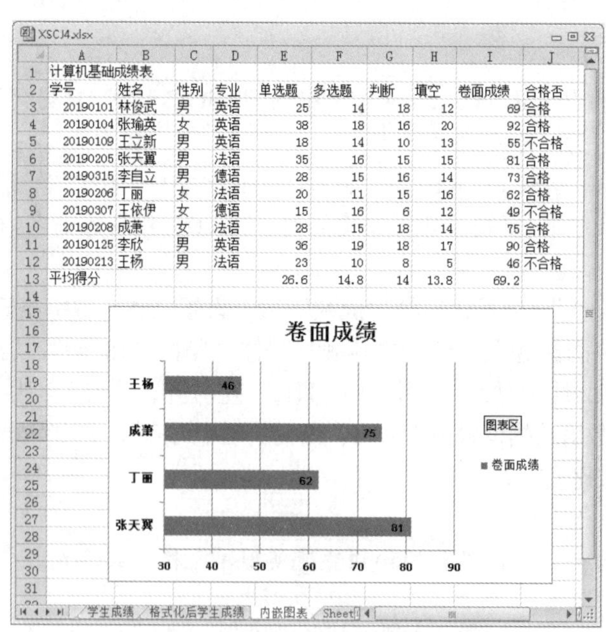

	A	B	C	D	E	F	G	H	I	J
1	计算机基础成绩表									
2	学号	姓名	性别	专业	单选题	多选题	判断	填空	卷面成绩	合格否
3	20190101	林俊武	男	英语	25	14	18	12	69	合格
4	20190104	张瑜英	女	英语	38	18	16	20	92	合格
5	20190109	王立新	男	英语	18	14	10	13	55	不合格
6	20190205	张天翼	男	法语	35	16	15	15	81	合格
7	20190315	李自立	男	德语	28	15	16	14	73	合格
8	20190206	丁丽	女	法语	20	11	15	16	62	合格
9	20190307	王依伊	女	德语	15	16	6	12	49	不合格
10	20190208	成萧	女	法语	28	15	18	14	75	合格
11	20190125	李欣	男	英语	36	19	18	17	90	合格
12	20190213	王杨	男	法语	23	10	8	5	46	不合格
13	平均得分				26.6	14.8	14	13.8	69.2	

图 1-3-74 内嵌式三维簇状条形图图表

操作提示：

(1) 修改坐标轴最小值“30”，最大值“90”，主要刻度单位为“10”。

(2) 加数据标签到“数据标签内”。

(3) 修改图表边框线型及颜色，加阴影(自定义格式)。

【任务7】在“学生成绩”中利用王立新的各题得分生成如图1-3-75所示的独立的圆环图表。

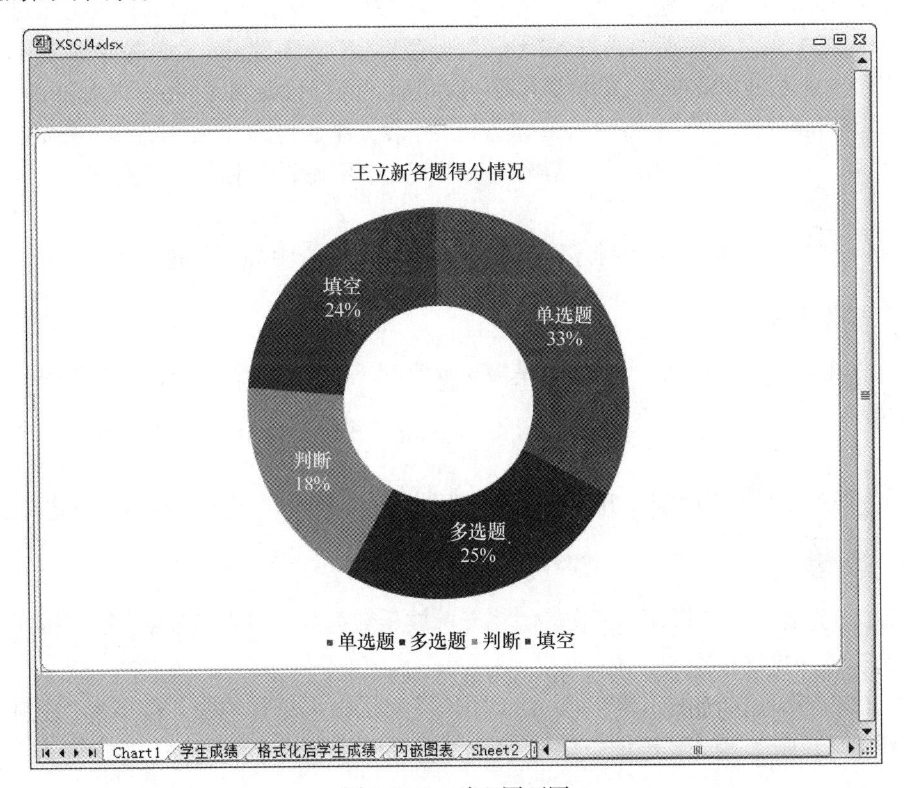

图1-3-75　独立圆环图

操作提示：添加数据标签“类别名称”“百分比”。

实验1-3-5　数 据 管 理

【实验目的】

1. 掌握数据表的排序
2. 掌握数据表的自动筛选和高级筛选操作
3. 掌握数据的分类汇总操作

【主要知识点】

1. 数据排序
2. 数据筛选
3. 数据的分类汇总

【实验任务及步骤】

在D盘根目录下建立“JCSY3-5”文件夹作为本次实验的工作目录。启动Excel，打开“JCSY3-2”文件夹中的“EX2.xlsx”，另存于“JCSY3-5”中，命名为“EX5.xlsx”，将“EX5.xlsx”的“Sheet1”工作表中第一行和最后两行数据删除，将工作表“Sheet1”改名为“简单排序”，并将“简单排序”工作表复制5份到Sheet2之前，分别改名为“复杂排序”“自动筛选”“高级筛选”“复杂高级筛选”和“分类汇总”。

【任务1】选择“简单排序”工作表，按实发工资由高到低排序。

操作步骤

选定列标题“实发工资”，单击“数据”→“排序和筛选”组中的“Z↓A”按钮即可。

【任务2】按“性别”升序排序，“性别”相同时按“实发工资”降序排序。

操作步骤

(1) 选择“复杂排序”工作表，将光标放于数据区，单击“数据”→“排序和筛选”组→排序按钮。

(2) 在弹出的如图1-3-76所示的“排序”对话框中选择主要关键字为“性别”，次序为“升序”；单击“添加条件”，再选择次要关键字为“实发工资”，次序为“降

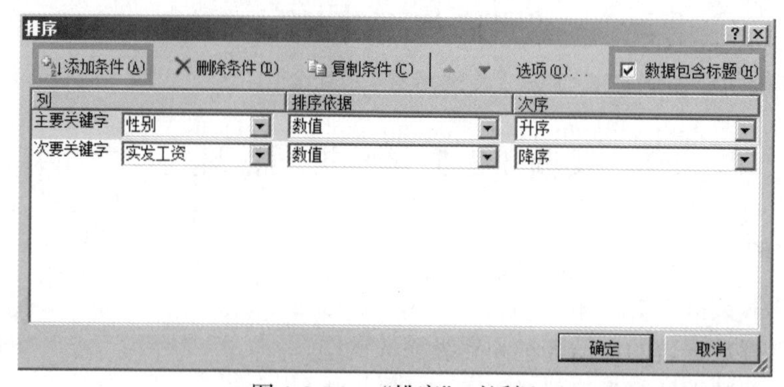

图1-3-76　“排序”对话框

序”；勾选“数据包含标题”前的复选框。单击“确定”按钮即可得到如图 1-3-77 所示的结果。

EX5.xlsx

	A	B	C	D	E	F	G	H
1	职工编号	姓名	性别	部门	基本工资	住房补贴	三金	实发工资
2	0732	周西奥	男	厨电销售	3850	578	693	3735
3	0715	王嘉伟	男	厨电销售	3700	555	666	3589
4	0729	张华新	男	厨电销售	3600	540	648	3492
5	0648	李亚楠	男	手机销售	3350	505	603	3252
6	0812	黄华东	男	卫浴销售	3300	495	594	3201
7	0525	章昕	男	冰洗销售	3250	489	585	3154
8	0531	张德明	男	冰洗销售	3100	465	558	3007
9	0830	赵静初	女	卫浴销售	3500	525	630	3395
10	0528	李晓丽	女	冰洗销售	3300	495	594	3201
11	0673	王小玲	女	手机销售	3200	480	576	3104
12								

简单排序　复杂排序　自动筛选　高级

图 1-3-77　复杂排序结果样张

方法与技巧

(1) 只按一个关键字排序时，可选中该列的列名，利用“数据”→“排序和筛选”组中的升序或降序按钮即可排序。

(2) 排序时涉及两个或两个以上的关键字时，只能通过“排序”对话框来实现。其中“排序”对话框中可以添加排序条件，也可以利用“删除条件”按钮删除多余的条件。

【任务 3】选择“自动筛选”工作表，筛选出“住房补贴”低于 480 或高于 550 的男职工。

操作步骤

(1) 选择“自动筛选”工作表，将光标放于数据区，单击“数据”→“排序和筛选”组→“筛选”按钮，此时在数据表中每个列名的右边都出现了一个筛选下拉按钮。

(2) 单击“性别”字段的筛选下拉按钮，在下拉列表中选择“男”，则筛选出了男职工。

(3) 再单击“住房补贴”字段的筛选下拉按钮，如图 1-3-78 所示，在该字段的下拉菜单中选择“数字筛选”子菜单中“自定义筛选”命令，则弹出“自定义自动筛选方式”对话框。

(4) 在如图 1-3-79 所示的“自定义自动筛选方式”对话框中设置住房补贴小于 480 或大于 550，单击“确定”按钮即可得如图 1-3-80 所示的结果。

图 1-3-78 自动筛选菜单

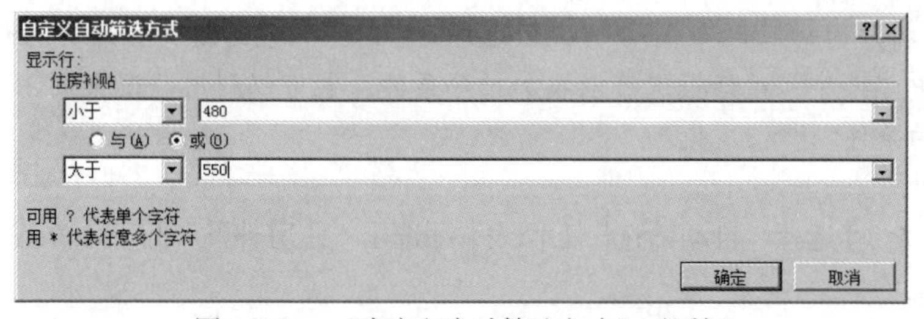

图 1-3-79 “自定义自动筛选方式”对话框

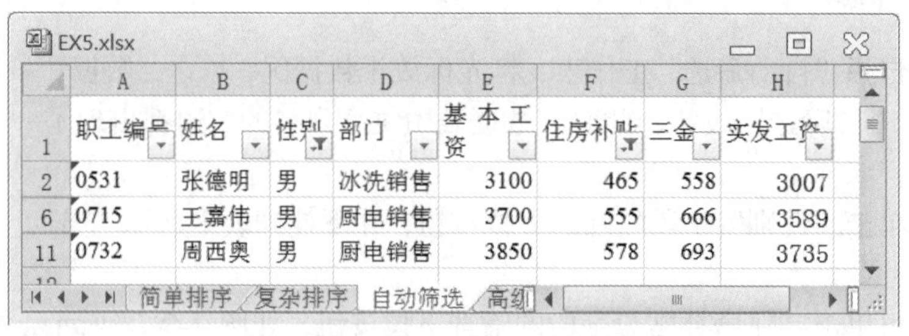

图 1-3-80 “自动筛选”结果样张

【任务 4】在“高级筛选”工作表中筛选出住房补贴低于 500 的女职工和住房

补贴高于 500 的男职工。条件区域从 D13 开始，结果存到 B17 开始的单元格区域中，样张如图 1-3-81 所示。

EX5.xlsx

	A	B	C	D	E	F	G	H	I	J	K
1	职工编号	姓名	性别	部门	基本工资	住房补贴	三金	实发工资			
2	0531	张德明	男	冰洗销售	3100	465	558	3007			
3	0528	李晓丽	女	冰洗销售	3300	495	594	3201			
4	0673	王小玲	女	手机销售	3200	480	576	3104			
5	0648	李亚楠	男	手机销售	3350	505	603	3252			
6	0715	王嘉伟	男	厨电销售	3700	555	666	3589			
7	0729	张华新	男	厨电销售	3600	540	648	3492			
8	0830	赵静初	女	卫浴销售	3500	525	630	3395			
9	0812	黄华东	男	卫浴销售	3300	495	594	3201			
10	0525	章昕	男	冰洗销售	3250	489	585	3154			
11	0732	周西奥	男	厨电销售	3850	578	693	3735			
12											
13				职工编号	姓名	性别	部门	基本工资	住房补贴	三金	实发工资
14						女			<500		
15						男			>500		
16											
17		职工编号	姓名	性别	部门	基本工资	住房补贴	三金	实发工资		
18		0528	李晓丽	女	冰洗销售	3300	495	594	3201		
19		0673	王小玲	女	手机销售	3200	480	576	3104		
20		0648	李亚楠	男	手机销售	3350	505	603	3252		
21		0715	王嘉伟	男	厨电销售	3700	555	666	3589		
22		0729	张华新	男	厨电销售	3600	540	648	3492		
23		0732	周西奥	男	厨电销售	3850	578	693	3735		
24											

复杂排序 / 自动筛选 / 高级筛选 / 复杂高级筛选

图 1-3-81　“高级筛选”结果样张

操作步骤

(1) 在“高级筛选”工作表中，将 A1:H1 单元格的内容复制到 D13:K13 单元格中；在 F14 单元格中输入“女”，在 I14 单元格中输入“<500”，在 F15 单元格中输入“男”，在 I15 单元格中输入“>500”，如图 1-3-81 所示。

(2) 选择“数据”→“排序和筛选”组→高级 按钮，在弹出的如图 1-3-82 所示的“高级筛选”对话框中，选择“将筛选结果复制到其他位置”，在“列表区域”中输入“$A$1:$H$11”，在“条件区域”输入“$D$13:$K$15”，在“复制到”中输入“$B$17”，单击“确定”按钮完成筛选，得到如图 1-3-81 所示的结果。

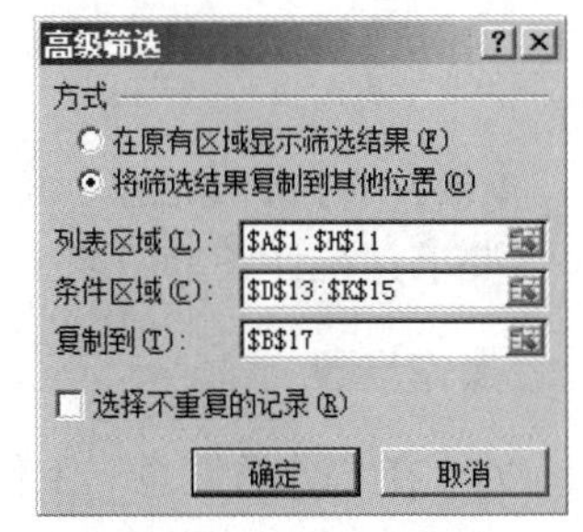

图 1-3-82　“高级筛选”对话框

【任务 5】复杂高级筛选。

要求：在“复杂高级筛选”表中筛选出“基本工资”在 3500～3700 的男职工和“实发工资”小于 3200 的女职工；条件区域从 A13 开始；在原有的数据区域显示筛选结果，筛选结果如图 1-3-83 所示。

操作步骤

(1) 在“复杂高级筛选”表中从单元格 A13 处开始创建如图 1-3-83 所示的条件区域。

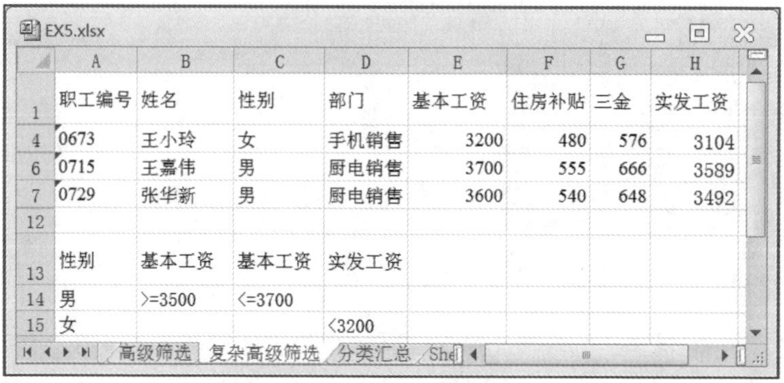

EX5.xlsx

	A	B	C	D	E	F	G	H
1	职工编号	姓名	性别	部门	基本工资	住房补贴	三金	实发工资
4	0673	王小玲	女	手机销售	3200	480	576	3104
6	0715	王嘉伟	男	厨电销售	3700	555	666	3589
7	0729	张华新	男	厨电销售	3600	540	648	3492
12								
13	性别	基本工资	基本工资	实发工资				
14	男	>=3500	<=3700					
15	女			<3200				

高级筛选 | 复杂高级筛选 | 分类汇总 | She

图 1-3-83　复杂筛选结果

(2) 选择“数据”→“排序和筛选”组→ 高级 按钮，在弹出的“高级筛选”对话框中，选择“在原有区域显示筛选结果”，在“列表区域”中输入“$A$1:$H$11”，在“条件区域”输入“$A$13:$D$15”，单击“确定”按钮完成筛选，得到如图 1-3-83 所示的结果。

方法与技巧

(1) 做高级筛选时，首先应将数据清单的列标题复制到条件区域的第一行，或自己输入带条件的字段；若某字段存在条件，则在它的下方输入相应的条件。同一行的条件为“逻辑与”的关系，不同行的条件为“逻辑或”的关系。

(2) 在“高级筛选”对话框的“方式”中，若选择“在原有区域显示筛选结果”，则结果将隐藏不满足条件的记录。

(3) 选择“数据”→“排序和筛选”组→清除按钮 清除，即可清除已做的筛选。高级筛选时，若选择了“将筛选结果复制到其他位置”，则不能清除。

【任务 6】分类汇总。

要求：统计各部门职工的平均基本工资、平均实发工资以及职工人数。

操作步骤

(1) 在“分类汇总”工作表中，选择“部门”排序(升序、降序都可)。

(2) 单击“数据”→“分级显示”组→“分类汇总”按钮，在弹出的如图 1-3-84 所示的“分类汇总”对话框中，选择分类字段为“部门”，汇总方式为“平均值”，选定汇总项为“基本工资”和“实发工资”，勾选“替换当前分类汇总”和“汇总结果显示在数据下方”，单击“确定”按钮，即可统计各部门职工的平均基本工资和平均实发工资。

(3) 再单击“数据”→“分级显示”组→“分类汇总”按钮，在弹出的“分类汇总”对话框中选择分类字段为“部门”，汇总方式为“计数”，选定汇总项为“部门”，取消选择“替换当前分类汇总”，单击“确定”按钮，即可得到如图 1-3-85 所示的结果。

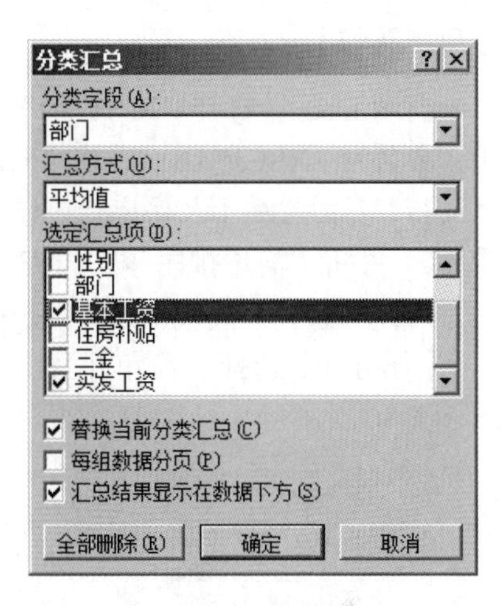

图 1-3-84 “分类汇总”对话框

方法与技巧

(1) 在做汇总前必须对分类字段进行排序。

(2) 如果要在分类汇总结果基础上再进行分类汇总，则必须取消勾选“替换当前分类汇总”。

EX5.xlsx

	A	B	C	D	E	F	G	H
1	职工编号	姓名	性别	部门	基本工资	住房补贴	三金	实发工资
2	0531	张德明	男	冰洗销售	3100	465	558	3007
3	0528	李晓丽	女	冰洗销售	3300	495	594	3201
4	0525	章昕	男	冰洗销售	3250	489	585	3154
5			**冰洗销售 计数**	3				
6				**冰洗销售 平均值**	3216.66667			3120.67
7	0715	王嘉伟	男	厨电销售	3700	555	666	3589
8	0729	张华新	男	厨电销售	3600	540	648	3492
9	0732	周西奥	男	厨电销售	3850	578	693	3735
10			**厨电销售 计数**	3				
11				**厨电销售 平均值**	3716.66667			3605.33
12	0673	王小玲	女	手机销售	3200	480	576	3104
13	0648	李亚楠	男	手机销售	3350	505	603	3252
14			**手机销售 计数**	2				
15				**手机销售 平均值**	3275			3178
16	0830	赵静初	女	卫浴销售	3500	525	630	3395
17	0812	黄华东	男	卫浴销售	3300	495	594	3201
18			**卫浴销售 计数**	2				
19				**卫浴销售 平均值**	3400			3298
20			**总计数**	**13**				
21				**总计平均值**	3415			3313

复杂高级筛选 | 分类汇总 | Sheet6

图 1-3-85 “分类汇总”样张

【自主实验】

启动 Excel，打开“JCSY3-2”文件夹中的“XSCJ2.xlsx”，另存于“JCSY3-5”中，命名为“XSCJ5.xlsx”，将“XSCJ5.xlsx”的“Sheet1”工作表中第一行、平均成绩行、卷面成绩不及格率行、最后一列删除，将工作表“Sheet1”改名为“简单排序”，并将“简单排序”工作表复制 5 份到 Sheet2 之前，分别改名为“复杂排序”“自动筛选”“高级筛选”“复杂高级筛选”和“分类汇总”。

【任务 1】选择“简单排序”工作表，按卷面成绩由高到低排序，样张如图 1-3-86 所示。

XSCJ5.xlsx

	A	B	C	D	E	F	G	H	I	J
1	学号	姓名	性别	专业	单选题	多选题	判断	填空	卷面成绩	合格否
2	20190104	张瑜英	女	英语	38	18	16	20	92	合格
3	20190125	李欣	男	英语	36	19	18	17	90	合格
4	20190205	张天翼	男	法语	35	16	15	15	81	合格
5	20190208	成萧	女	法语	28	15	18	14	75	合格
6	20190315	李自立	男	德语	28	15	16	14	73	合格
7	20190101	林俊武	男	英语	25	14	18	12	69	合格
8	20190206	丁丽	女	法语	20	11	15	16	62	合格
9	20190109	王立新	男	英语	18	14	10	13	55	不合格
10	20190307	王依伊	女	德语	15	16	6	12	49	不合格
11	20190213	王杨	男	法语	23	10	8	5	46	不合格
12										

简单排序　复杂排序　自动筛选　高级筛选　复杂高

图 1-3-86　学生成绩表简单排序样张

【任务 2】选择“复杂排序”工作表，按“性别”升序排序，“性别”相同时按“卷面成绩”降序排序，样张如图 1-3-87 所示。

XSCJ5.xlsx

	A	B	C	D	E	F	G	H	I	J
1	学号	姓名	性别	专业	单选题	多选题	判断	填空	卷面成绩	合格否
2	20190125	李欣	男	英语	36	19	18	17	90	合格
3	20190205	张天翼	男	法语	35	16	15	15	81	合格
4	20190315	李自立	男	德语	28	15	16	14	73	合格
5	20190101	林俊武	男	英语	25	14	18	12	69	合格
6	20190109	王立新	男	英语	18	14	10	13	55	不合格
7	20190213	王杨	男	法语	23	10	8	5	46	不合格
8	20190104	张瑜英	女	英语	38	18	16	20	92	合格
9	20190208	成萧	女	法语	28	15	18	14	75	合格
10	20190206	丁丽	女	法语	20	11	15	16	62	合格
11	20190307	王依伊	女	德语	15	16	6	12	49	不合格
12										

简单排序　复杂排序　自动筛选　高级筛选　复杂高级筛

图 1-3-87　学生成绩表复杂排序样张

【任务 3】选择“自动筛选”工作表，筛选出“卷面成绩”在 60～80 分的学生，样张如图 1-3-88 所示。

操作提示：设置“卷面成绩”自定义筛选方式为“大于或等于 60 与小于或等

于 80”。

XSCJ5.xlsx

	A	B	C	D	E	F	G	H	I	J
1	学号	姓名	性别	专业	单选题	多选题	判断	填空	卷面成绩	合格否
2	20190101	林俊武	男	英语	25	14	18	12	69	合格
6	20190315	李自立	男	德语	28	15	16	14	73	合格
7	20190206	丁丽	女	法语	20	11	15	16	62	合格
9	20190208	成萧	女	法语	28	15	18	14	75	合格

简单排序 复杂排序 自动筛选 高级筛选 复杂高级筛选

图 1-3-88　学生成绩表自动筛选样张

【任务 4】在“高级筛选”工作表中筛选出卷面成绩低于 60 的男生和卷面成绩大于等于 90 的女生。条件存于 B13 开始的单元格区域中，结果复制到 A17 开始的单元格区域中，样张如图 1-3-89 所示。

XSCJ5.xlsx

	A	B	C	D	E	F	G	H	I	J
1	学号	姓名	性别	专业	单选题	多选题	判断	填空	卷面成绩	合格否
2	20190101	林俊武	男	英语	25	14	18	12	69	合格
3	20190104	张瑜英	女	英语	38	18	16	20	92	合格
4	20190109	王立新	男	英语	18	14	10	13	55	不合格
5	20190205	张天翼	男	法语	35	16	15	15	81	合格
6	20190315	李自立	男	德语	28	15	16	14	73	合格
7	20190206	丁丽	女	法语	20	11	15	16	62	合格
8	20190307	王依伊	女	德语	15	16	6	12	49	不合格
9	20190208	成萧	女	法语	28	15	18	14	75	合格
10	20190125	李欣	男	英语	36	19	18	17	90	合格
11	20190213	王杨	男	法语	23	10	8	5	46	不合格
12										
13		性别	卷面成绩							
14		男	<60							
15		女	>=90							
16										
17	学号	姓名	性别	专业	单选题	多选题	判断	填空	卷面成绩	合格否
18	20190104	张瑜英	女	英语	38	18	16	20	92	合格
19	20190109	王立新	男	英语	18	14	10	13	55	不合格
20	20190213	王杨	男	法语	23	10	8	5	46	不合格
21										

复杂排序 自动筛选 高级筛选 复杂高级筛选 分类汇总

图 1-3-89　学生成绩表高级筛选样张

【任务 5】在“复杂高级筛选”表中筛选出卷面成绩为 60～80 分的英语专业学生和卷面成绩高于 70 分的女生。条件存于 B13 开始的单元格区域中，结果显示在原始数据区域中，样张如图 1-3-90 所示。

XSCJ5.xlsx

	A	B	C	D	E	F	G	H	I	J
1	学号	姓名	性别	专业	单选题	多选题	判断	填空	卷面成绩	合格否
2	20190101	林俊武	男	英语	25	14	18	12	69	合格
3	20190104	张瑜英	女	英语	38	18	16	20	92	合格
9	20190208	成萧	女	法语	28	15	18	14	75	合格
12										
13	专业	性别	卷面成绩	卷面成绩						
14	英语		>=60	<=80						
15		女	>70							
16										

复杂排序 自动筛选 高级筛选 复杂高级筛选 分类汇总

图 1-3-90　学生成绩表复杂高级筛选样张

【任务 6】选择“分类汇总”表，统计各专业学生的各题平均得分以及人数，样张如图 1-3-91 所示。

XSCJ5.xlsx

	A	B	C	D	E	F	G	H	I	J
1	学号	姓名	性别	专业	单选题	多选题	判断	填空	卷面成绩	合格否
2	20190315	李自立	男	德语	28	15	16	14	73	合格
3	20190307	王依伊	女	德语	15	16	6	12	49	不合格
4			**德语 计数**	2						
5				**德语 平均值**	21.5	15.5	11	13		
6	20190205	张天翼	男	法语	35	16	15	15	81	合格
7	20190206	丁丽	女	法语	20	11	15	16	62	合格
8	20190208	成萧	女	法语	28	15	18	14	75	合格
9	20190213	王杨	男	法语	23	10	8	5	46	不合格
10			**法语 计数**	4						
11				**法语 平均值**	26.5	13	14	12.5		
12	20190101	林俊武	男	英语	25	14	18	12	69	合格
13	20190104	张瑜英	女	英语	38	18	16	20	92	合格
14	20190109	王立新	男	英语	18	14	10	13	55	不合格
15	20190125	李欣	男	英语	36	19	18	17	90	合格
16			**英语 计数**	4						
17				**英语 平均值**	29.25	16.25	15.5	15.5		
18			**总计数**	**12**						
19				**总计平均值**	26.6	14.8	14	13.8		
20										

复杂排序　自动筛选　高级筛选　复杂高级筛选　分类汇总

图 1-3-91　学生成绩表分类汇总样张

操作提示：分类汇总前必须先按“专业”排序。

第 4 章　演示文稿实验

实验 1-4-1　PowerPoint 基本操作

【实验目的】

1. 掌握演示文稿建立的基本过程
2. 掌握演示文稿格式化和美化的方法
3. 掌握幻灯片配色方案的设置

【主要知识点】

1. 利用“幻灯片版式”制作幻灯片
2. 在幻灯片中添加各种对象

【实验任务及步骤】

在 D 盘根目录下建立“JCSY4-1”文件夹作为本次实验的工作目录。建立介绍自己家乡的演示文稿,包含 6 张幻灯片,其中文字的颜色自己设定,以“PP1.pptx”为文件名保存。

【任务 1】第一张幻灯片的制作。

要求：采用“标题幻灯片”版式，标题为“我的家乡”，设置为黑体、72 号字，副标题为“制作人：自己的姓名”，设置为楷体、36 号字，样张如图 1-4-1 所示。

操作步骤

(1) 进入 PowerPoint 的工作界面，系统自动新建一个文档，该文档包含一张幻灯片。选择“文件”菜单中的“保存”命令，弹出“另存为”对话框，在“保存位置”下拉列表框中选择文件保存的位置为 D 盘“JCSY4-1”文件夹，在“文件名”框中输入文件名“PP1”。

(2) 系统默认第一张幻灯片的版式为“标题幻灯片”，单击标题文本框，输入标题“我的家乡”，单击副标题文本框，输入副标题为自己的姓名。

(3) 按任务要求设置字体格式。

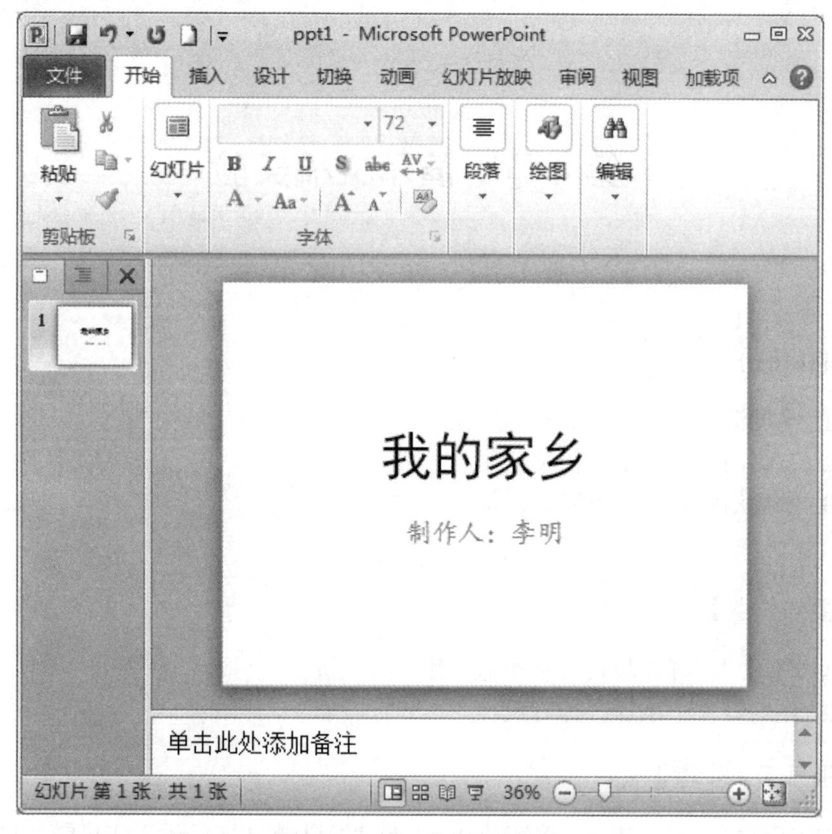

图 1-4-1　第一张幻灯片样式

【任务 2】第二张幻灯片的制作。

要求：采用“两栏内容”版式，标题为“我的家乡——重庆”，设置为华文楷体、60 号字，左栏输入文本，文本内容如图 1-4-2 所示，设置为华文中宋、40 号字，右栏插入任一剪贴画。

操作步骤

(1) 单击功能区的“开始”选项卡，在“幻灯片”组中单击“新建幻灯片”下拉按钮，选择“两栏内容”版式。

(2) 单击标题文本框，输入标题“我的家乡——重庆”，单击标题下方的文本框，输入目录。选定目录，在“段落”组中，单击“项目符号”下拉按钮，选择需要的项目符号。

(3) 单击右侧文本框中间的剪贴画按钮，在窗口右侧出现“剪贴画”任务窗口，单击“搜索”按钮，找到需要的剪贴画，单击即可完成添加。

(4) 按要求设置字体、字号，调整文本框的位置和大小。

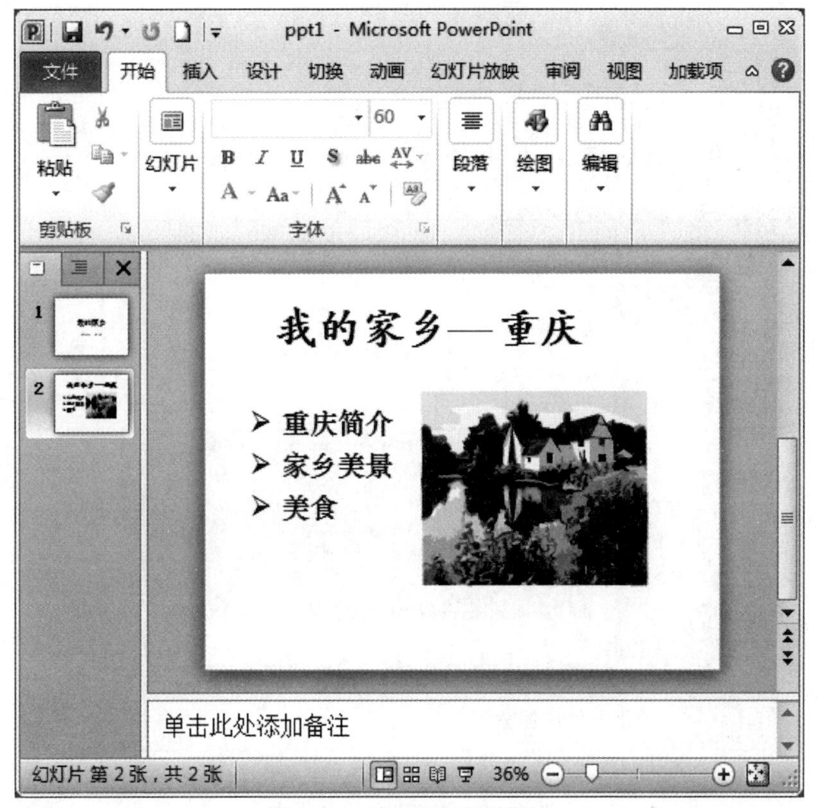

图 1-4-2　第二张幻灯片样式

【任务 3】第三张幻灯片的制作。

要求：采用“空白”版式，标题为“重庆简介”，采用艺术字，艺术字的样式、形状、大小自己设定；插入文本框，输入简介家乡的内容，设置为华文新魏、28 号字，文本框底纹颜色自己搭配，如图 1-4-3 所示。

操作步骤

(1) 在“开始”选项卡的“幻灯片”组中单击“新建幻灯片”下拉按钮，选择“空白”版式。

(2) 单击“插入”选项卡，在“文本”组中单击“艺术字”下拉按钮，选择一种艺术字样式，在幻灯片中即插入文字框，然后将文字框中的文本改为“重庆简介”。

(3) 对于插入的艺术字，可以像普通文本一样，选定艺术字后在“开始”选项卡的“字体”组中单击相应按钮设置其字号、加粗、倾斜等；也可以像图形对象那样，在“绘图工具”的“格式”选项卡中单击相应按钮设置其边框、填充、调整大小、旋转或添加阴影、三维效果等。

(4) 单击“插入”选项卡，在“文本”组中单击“文本框”下拉按钮，选择“横

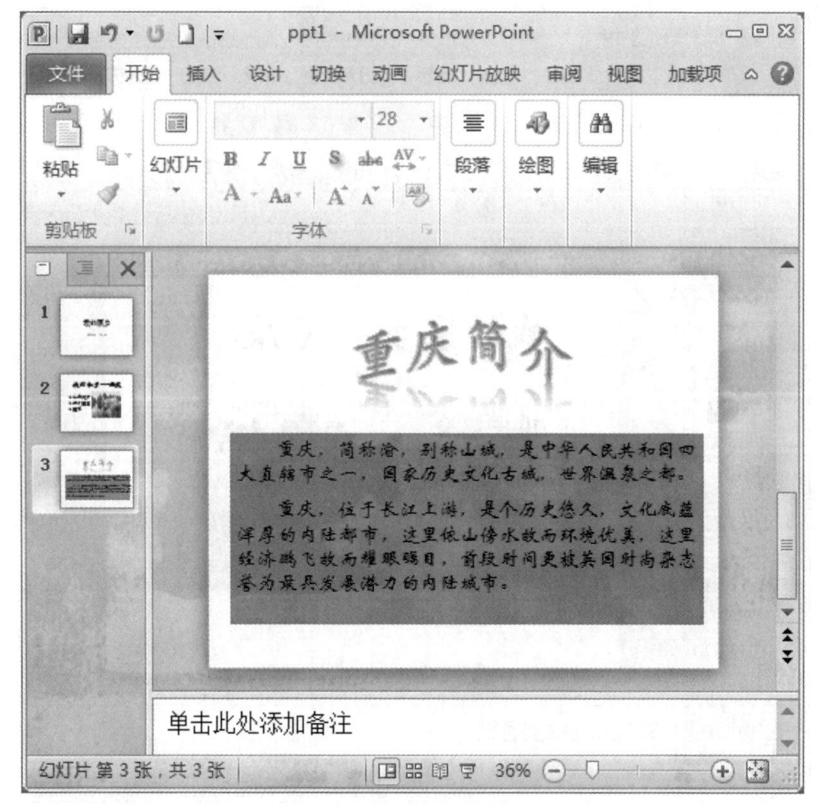

图 1-4-3　第三张幻灯片样式

排文本框”，光标变成十字光标，在幻灯片中拖动鼠标即可添加一文本框，在文本框中输入家乡的简介。

(5) 选定文本框，单击“绘图工具”的“格式”选项卡，在“形状样式”组中，单击“形状填充”下拉按钮即可设置文本框的底纹。

【任务 4】第四张幻灯片的制作。

要求：采用“仅标题”版式，标题输入“家乡美景”，设置为华文隶书、54 号字。根据需要插入适当数量的自选图形，如圆角矩形框，如图 1-4-4 所示，底纹颜色自己搭配，输入家乡的美景，文字设置为华文中宋、24 号字。插入一张自己家乡的风景照片，如将图片设置为高度 5.5cm、宽度 10.5cm，并为图片添加说明信息。

操作步骤

(1) 在“开始”选项卡的“幻灯片”组中单击“新建幻灯片”下拉按钮，选择“仅标题”版式。

图 1-4-4　第四张幻灯片样式

(2) 在“插入”选项卡的“插图”组中单击“形状”下拉按钮，选择“圆角矩形”，光标变成十字光标，在幻灯片适当位置插入圆角矩形，可直接在圆角矩形框中输入文本。

(3) 在“插入”选项卡的“图像”组中单击“图片”按钮，在弹出的“插入图片”对话框中找到风景照片，单击“插入”按钮插入。

(4) 右键单击图片，选择“设置图片格式”，在“设置图片格式”对话框中选择“大小”，设置高度和宽度，并将“锁定纵横比”和“相对于图片原始尺寸”前面的对钩去掉，如图 1-4-5 所示。

(5) 在“设置图片格式”对话框中选择“可选文字”，填写标题及说明，如图 1-4-6 所示。

【任务 5】第五张幻灯片的制作。

要求：采用“空白”版式，插入如图 1-4-7 所示的射线图，自定义一种 SmartArt 样式。中间的圆圈输入美食，华文隶书、54 号字，外围的圆圈输入美食名，华文隶书、40 号字。

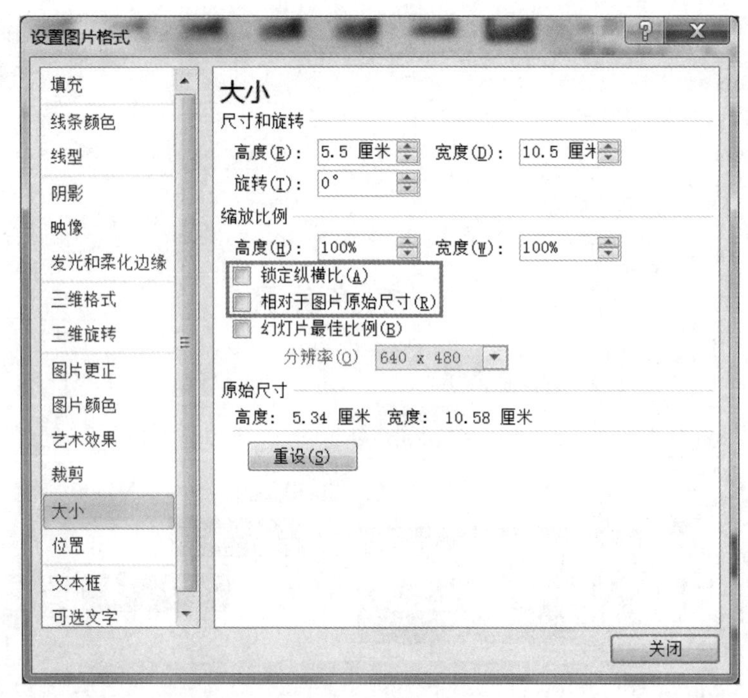

图 1-4-5　设置图片大小

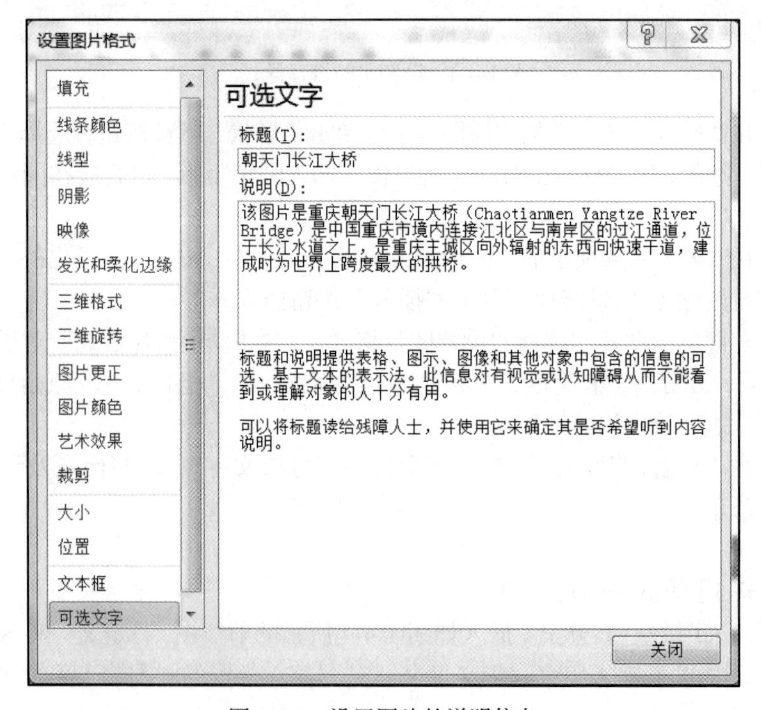

图 1-4-6　设置图片的说明信息

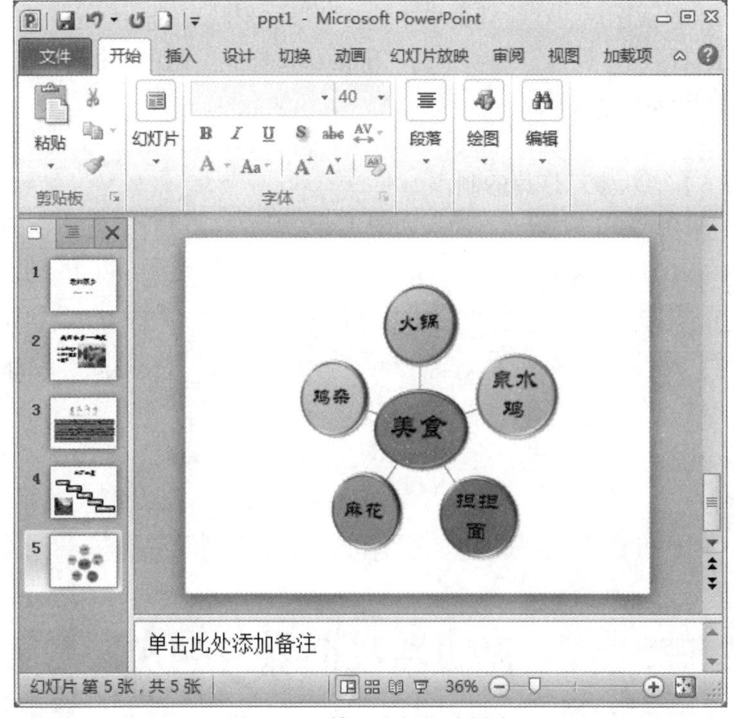

图 1-4-7　第五张幻灯片样式

操作步骤

(1) 在“开始”选项卡的“幻灯片”组中单击“新建幻灯片”下拉按钮，选择“空白”版式。

(2) 在“插入”选项卡的“插图”组中单击“SmartArt”按钮，在弹出的如图 1-4-8 所示的“选择 SmartArt 图形”对话框中选择“基本射线图”，单击“确定”按钮添加。

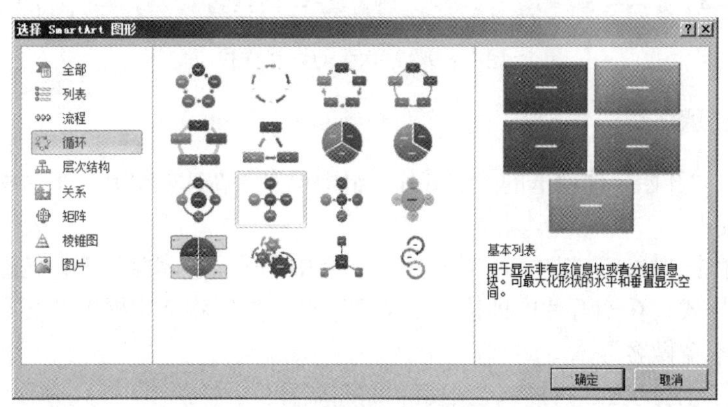

图 1-4-8　“选择 SmartArt 图形”对话框

(3) 插入射线图后，在快捷菜单中选择“添加形状”。选中 SmartArt 图形，在 SmartArt 工具区的“设计”选项卡的“SmartArt 样式”组中，根据自己的喜好选择设置一种 SmartArt 样式。

【任务 6】第六张幻灯片的制作。

要求：采用“空白”版式，插入如图 1-4-9 所示的艺术字，艺术字的样式、形状、颜色、大小自己设定。

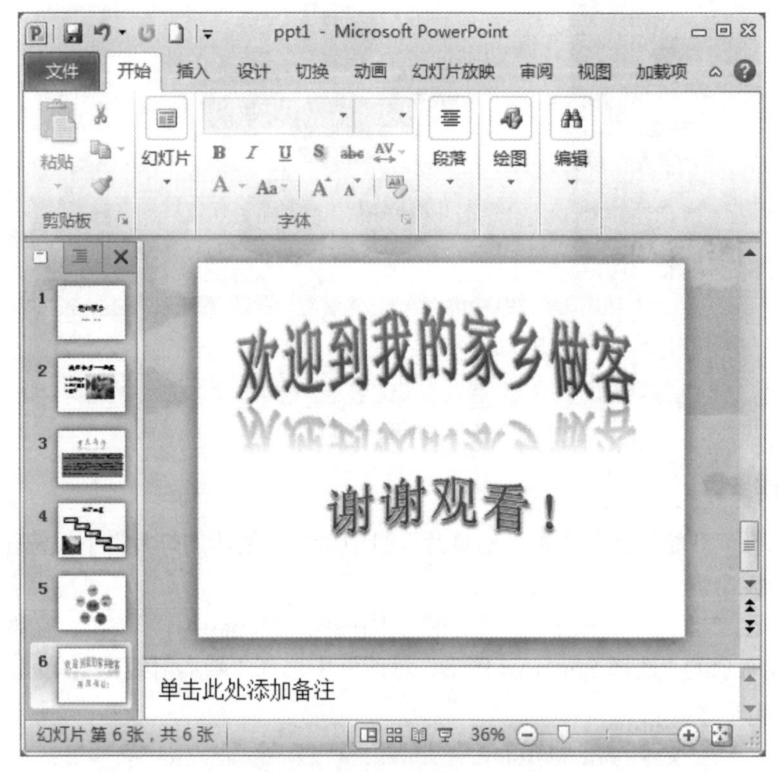

图 1-4-9　第六张幻灯片样式

操作步骤

(1) 在“开始”选项卡的“幻灯片”组中单击“新建幻灯片”下拉按钮，选择“空白”版式。

(2) 单击“插入”选项卡，在“文本”组中单击“艺术字”下拉按钮，选择一种艺术字样式，在幻灯片中即插入一个文字框，然后将文字框中的文本改为“欢迎到我的家乡做客”。

(3) 用同样的方法再插入艺术字“谢谢观看!”。

(4) 艺术字的样式等设置方法同任务 3。

【任务 7】以“PP1.pptx”为文件名保存文件。

【任务 8】将该文件再另存为视频文件，文件名为“PPT1.wmv”。

操作步骤

选择“文件”菜单中的“另存为”命令，弹出“另存为”对话框，在“保存位置”下拉列表框中选择文件保存的位置为 D 盘“JCSY4-1”文件夹，在“文件名”框中输入文件名“PPT1”，保存类型选择“Windows Media 视频(*.wmv)”，如图 1-4-10 所示。

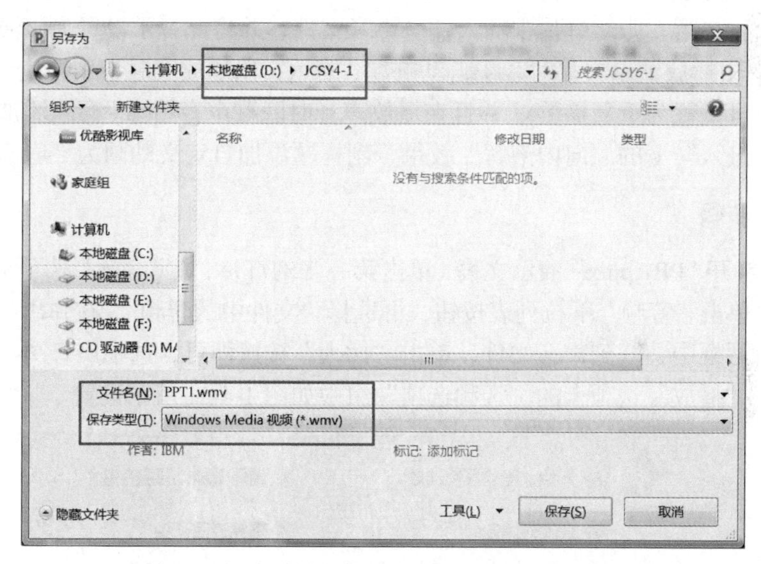

图 1-4-10　保存为视频文件的“另存为”对话框

实验 1-4-2　动画、超链接及多媒体

【实验目的】

1. 掌握设置幻灯片内文本内容和图形对象的动画效果
2. 掌握设置幻灯片间切换的动画效果
3. 掌握幻灯片的超链接技术
4. 掌握在幻灯片中插入多媒体对象的方法
5. 掌握放映演示文稿的不同方法

【主要知识点】

1. 插入多媒体对象
2. 添加各种对象的动画效果
3. 制作超链接

【实验任务及步骤】

在 D 盘根目录下建立“JCSY4-2”文件夹作为本次实验的工作目录。本实验对实验 1-4-1 中的“PP1.pptx”文件进行进一步的格式化处理，主要在幻灯片中插入声音、影片等多媒体对象，并对幻灯片中的各对象添加动画效果及超链接。

【任务 1】打开“PP1.pptx”演示文稿，设置第一张幻灯片的动画效果。

要求：在第一张幻灯片中插入任一声音文件，并将此音乐设置为该演示文稿的背景音乐(播放演示文稿时音乐自动响起，演示文稿播放完时音乐停止，音乐文件较短时可设置为重复播放)，并且在播放声音时隐藏声音图标。标题添加自定义动画为“进入”下的“向内溶解”效果，副标题添加自定义动画为“底部切入”。

操作步骤

(1) 打开“PP1.pptx”演示文稿，单击第一张幻灯片，在“插入”选项卡的“媒体”组中单击“音频”下拉列表按钮，再选择“文件中的音频”，在弹出的“插入音频”对话框中，找到声音文件，单击“插入”按钮即可，选中声音图标，在音频工具区“播放”选项卡的“音频选项”组中如图 1-4-11 所示设置。

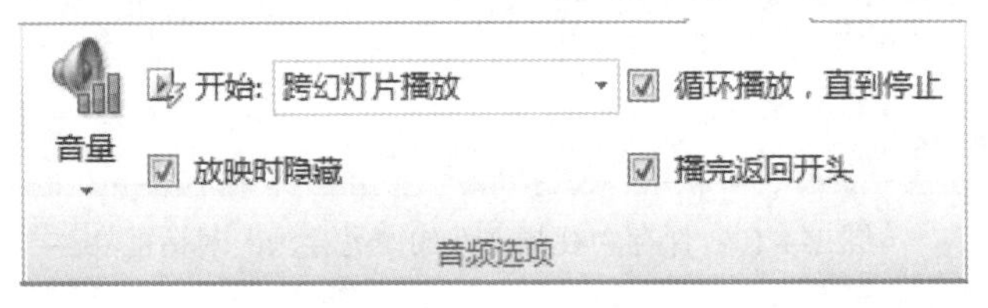

图 1-4-11 设置声音效果

(2) 选中标题文本框，在“动画”选项卡的“动画”组中单击动画列表框右侧的“其他”按钮，选择“更多进入效果”，在弹出的如图 1-4-12 所示的“更改进入效果”对话框中选择“向内溶解”，单击“确定”按钮完成设置。

(3) 用同样的方法将副标题文本框的自定义动画设置为“切入”，然后单击“效果选项”下拉按钮，并选择“自底部”。

【任务 2】设置第二张幻灯片的动画效果。

要求：将第二张幻灯片中标题的动画效果设置为“向内溶解”，文字的动画效果设置为“楔入”，图片的动画效果设置为“自顶部向下擦除”；建立“重庆简介”“家乡美景”“美食”与后面的幻灯片的链接，并在后面的幻灯片中添加返回动作按钮；添加结束动作按钮，如图 1-4-13 所示。

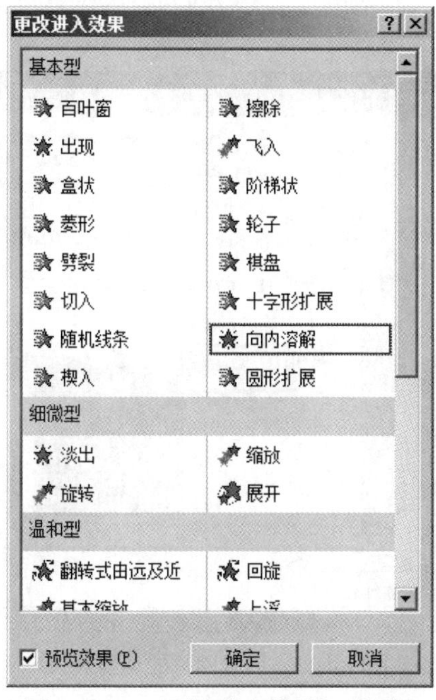

图 1-4-12　“更改进入效果”对话框

图 1-4-13　添加了超链接和动作按钮的幻灯片

操作步骤

(1) 单击第二张幻灯片，采用与任务 1 类似的方法，设置标题、目录文本的动画效果。选中图片并设置其动画为“擦除”，再单击动画列表框右侧的“效果选项”按钮，选择“自顶部”，如图 1-4-14 所示。

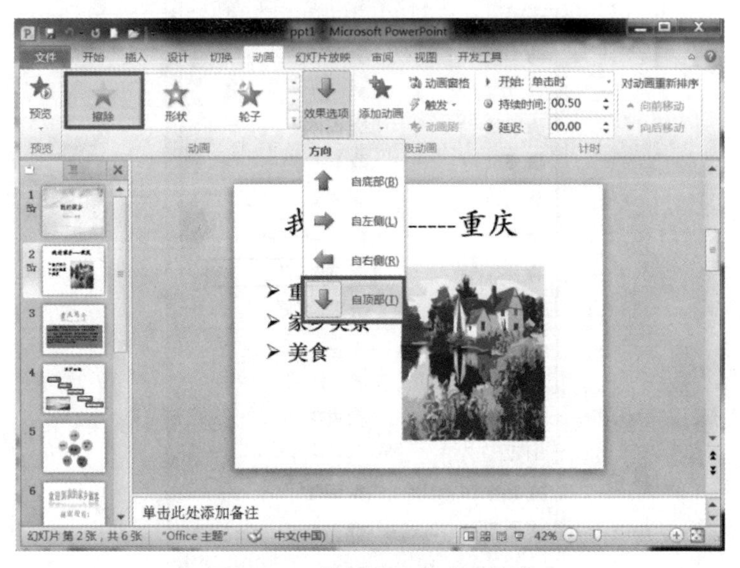

图 1-4-14　设置图片的动画效果

(2) 选中“重庆简介”，右键单击选择“超链接”，弹出“插入超链接”对话框，在“链接到”列表框中选择“本文档中的位置”，选择要链接的第三张幻灯片，如图 1-4-15 所示，单击“确定”按钮完成设置。用同样的方法制作“家乡美景”“美食”与第四张和第五张幻灯片的链接。

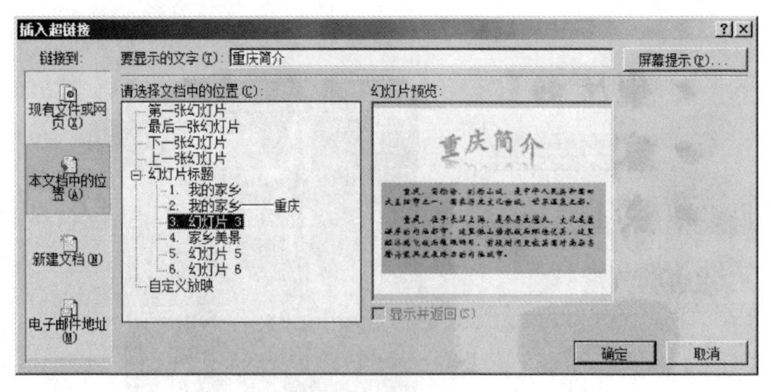

图 1-4-15　“插入超链接”对话框

(3) 单击第三张幻灯片，在“插入”选项卡的“插图”组中单击“形状”下拉按钮，再选择“动作按钮：自定义”，拖动鼠标在幻灯片右上角添加一动作按钮，同时弹出“动作设置”对话框，单击“超链接到”下拉按钮，在下拉列表中选择“幻灯片”，弹出如图 1-4-16 所示的“超链接到幻灯片”对话框，选择“2. 我的家乡——重庆”，单击“确定”按钮，返回“动作设置”对话框中，再单击“确定”按钮完成设置。

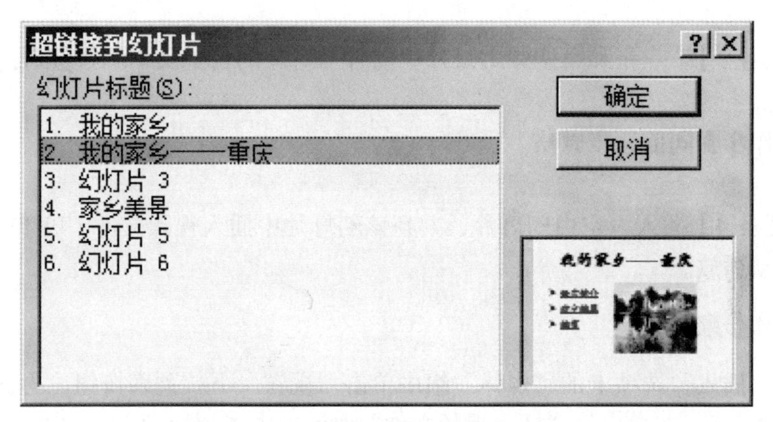

图 1-4-16　“超链接到幻灯片”对话框

(4) 选中该动作按钮，直接输入“返回”，颜色、字体、字号等自己设置，如图 1-4-17 所示。用同样的方法分别制作第四张和第五张幻灯片的返回动作按钮(也可以直接将动作按钮复制到第四张和第五张幻灯片中)。

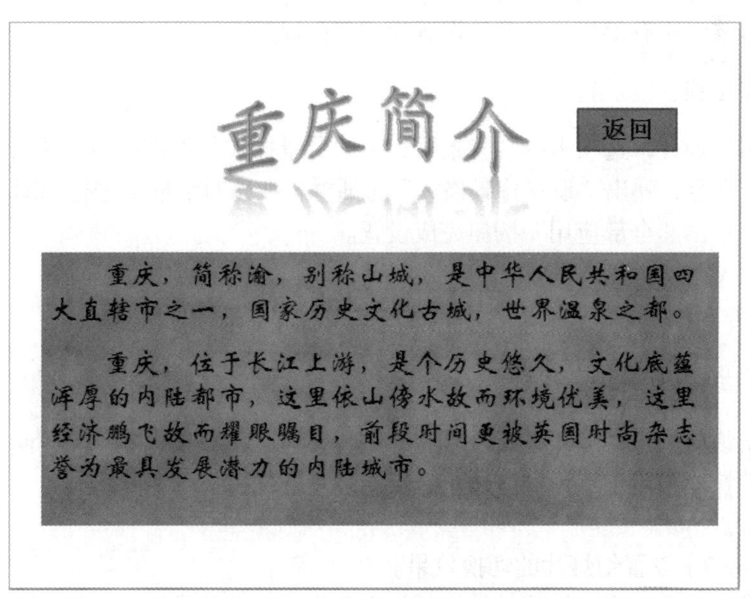

图 1-4-17　添加了返回链接的第三张幻灯片

(5) 单击第二张幻灯片，在“插入”选项卡的“插图”组中单击“形状”下拉按钮，再选择“动作按钮：结束”，拖动鼠标在幻灯片左下角添加一动作按钮，同时弹出“动作设置”对话框。单击“超链接到”下拉按钮，在下拉列表中选择“幻灯片”，弹出“超链接到幻灯片”对话框，选择“6.幻灯片 6”，单击“确定”按钮，返回“动作设置”对话框中，再单击“确定”按钮完成设置，如图 1-4-13 所示。

【任务 3】第三张和第四张幻灯片中的各个对象的自定义动画按读者的喜好自行添加。

操作步骤同前，步骤略。

【任务 4】插入一空白幻灯片，并在该幻灯片中插入视频文件“PPT1.wmv”，要求自动播放。

操作步骤

在“插入”选项卡的“媒体”组中单击“视频”下拉列表按钮，再选择“文件中的视频”，在弹出的“插入视频文件”对话框中找到视频文件“PPT1.wmv”，单击“插入”按钮即可，在幻灯片上出现一个黑色的方框，幻灯片播放后就能播放该视频。

【任务 5】设置幻灯片背景。

要求：将所有幻灯片的背景设置为“茵茵绿原”。

操作步骤

单击“设计”选项卡的“背景”组中“背景样式”下拉按钮，单击“设置背景格式”命令，弹出“设置背景格式”对话框，在该对话框中进行如图 1-4-18 所示设置，单击“全部应用”按钮完成设置。

【任务 6】将最后一张幻灯片的主题设置为“暗香扑面”。

操作步骤

单击最后一张幻灯片，右键单击“设计”选项卡“主题”组中的“暗香扑面”，在弹出的快捷菜单中选择“应用于选定幻灯片”即可。

【任务 7】设置幻灯片的切换效果。

要求：将第一张幻灯片的切换效果设置为“自右侧推进”，声音为“风铃”。

换页方式是 1 秒自动换页。其余幻灯片的切换效果读者自己设计。

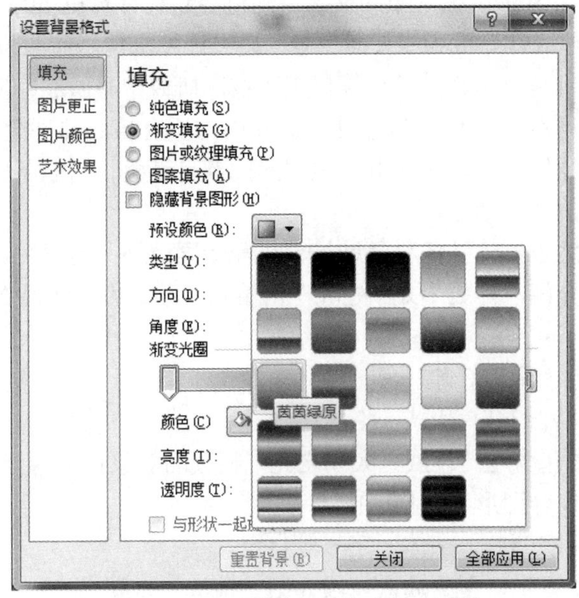

图 1-4-18　“设置背景格式”对话框

操作步骤

在“切换”选项卡的“切换到此幻灯片”组中选择切换效果为“推进”，效果选项为“自右侧”，在“计时”组中按如图 1-4-19 所示设置。

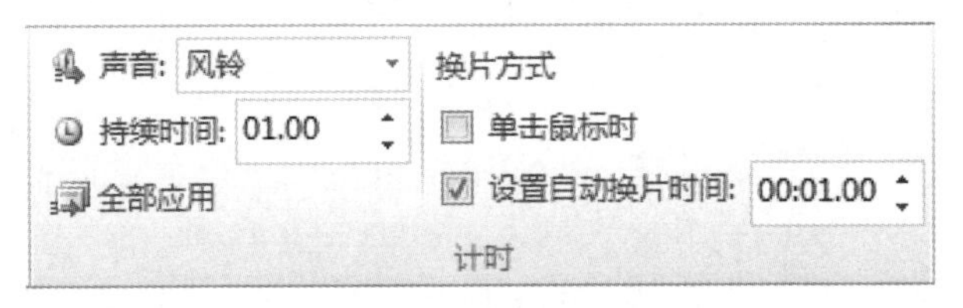

图 1-4-19　设置换片方式

【任务 8】以文件名“PPT2.pptx”保存。

操作步骤

选择“文件”菜单中的“另存为”命令，弹出“另存为”对话框，在“保存位置”下拉列表框中选择文件保存的位置为 D 盘“JCSY4-2”文件夹，在“文件名”框中输入文件名“PPT2”。

【自主实验】

【任务】中国在超级计算机方面发展迅速，跃升到国际先进水平。中国是第一个以发展中国家的身份制造了超级计算机的国家，在 2016 年 6 月第 47 届全球顶级超级计算机 TOP500 组织发布的最新一期世界超级计算机 500 强榜单中，“神威 · 太湖之光”超级计算机和“天河二号”超级计算机位居前两位。“神威 · 太湖之光”超级计算机是由国家并行计算机工程技术研究中心研制，安装在国家超级计算无锡中心的超级计算机，包括处理器在内的所有核心部件全部为国产。“神威 · 太湖之光”激发了我国科研群体强烈的民族自豪感，增添了人们对我国高科技领域迈向世界前沿的信心。

为了宣传国之重器、弘扬科研精神、培养爱国情怀、增强民族文化自信，请同学们制作一个介绍“神威 · 太湖之光”的演示文稿，以“MYPPT.pptx”为文件名保存，要求如下：

(1) 包含至少 6 张幻灯片。

(2) 至少有 4 种幻灯片版式。

(3) 幻灯片中包含与“神威 · 太湖之光”相关的对象：文本、图片、SmartArt 图形、艺术字、组合图形、表格、图表等。

(4) 文稿中文字颜色、字体、字号等自定。

(5) 添加背景音乐，至少插入一段介绍“神威 · 太湖之光”的视频(可以自己录制)。

(6) 根据内容添加超链接、动作按钮。

(7) 设置幻灯片背景，适当选择设计模板。

第二部分　综合应用案例分析

第 1 章　文字处理综合应用案例

实验 2-1-1　长文档编辑

【实验目的】

1. 认识长文档的特点
2. 掌握长文档的编排方法和技巧
3. 提高 Word 的综合应用能力

【主要知识点】

1. 编辑制作长文档大纲
2. 设置大纲的项目编号
3. 填充文档各章节内容
4. 文档分节
5. 添加封面
6. 设置页码
7. 添加目录
8. 设置页眉页脚
9. 插入脚注和尾注
10. 页面设置

【实验任务及步骤】

在 D 盘根目录下建立“ZHSY1-1”文件夹作为本次实验的工作目录。启动 Word，新建文档“长文档. docx”保存于“ZHSY1-1”文件夹下。

【任务 1】在“长文档. docx”中按任务要求制作长文档大纲。

要求：按照图 2-1-1 的要求制作长文档大纲。

操作步骤

(1) 启动 Word，新建文档“长文档. docx”保存于“ZHSY1-1”文件夹下。

(2) 切换视图：选择“视图”选项卡，在“文档视图”组中单击“大纲视图”按钮，如图 2-1-2 所示，将文档视图切换为大纲视图。

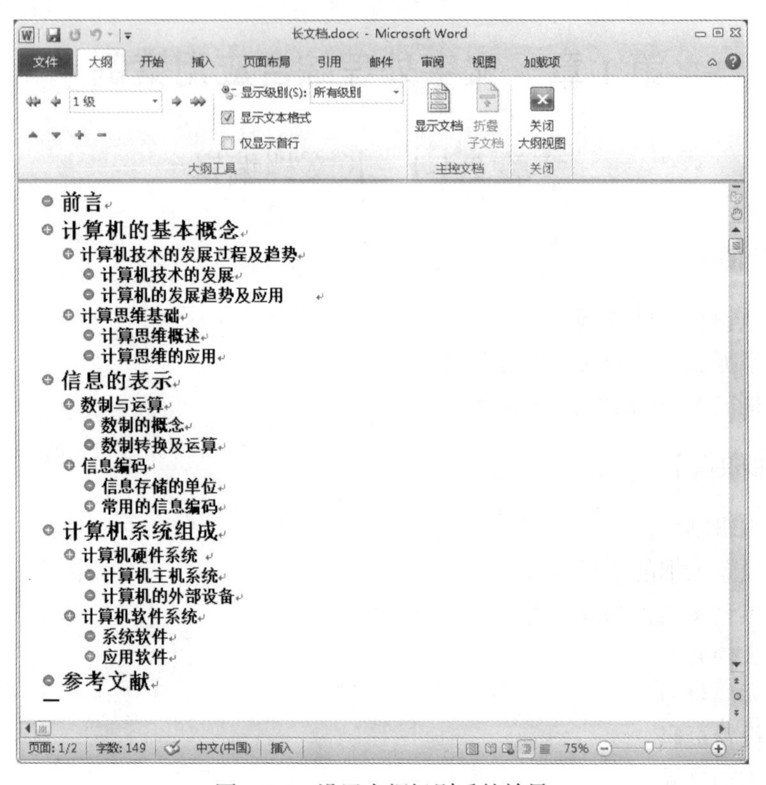

图 2-1-1　设置大纲级别后的效果

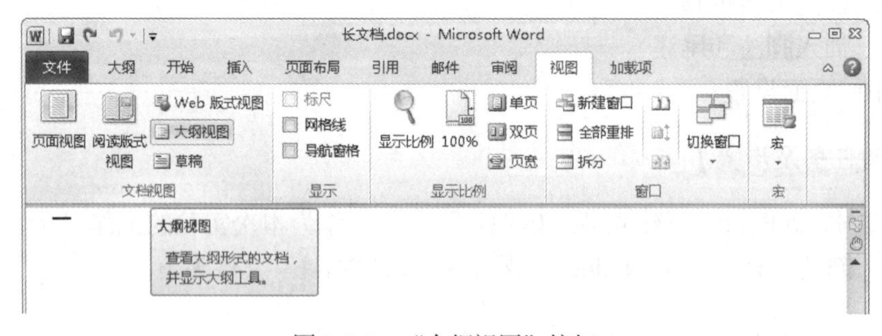

图 2-1-2　“大纲视图”按钮

(3) 输入大纲正文：在大纲视图下将显示“大纲工具”组，如图 2-1-3 所示。将“大纲工具”组中的“大纲级别”设置为“正文文本”，输入如图 2-1-4 所示的大纲内容。

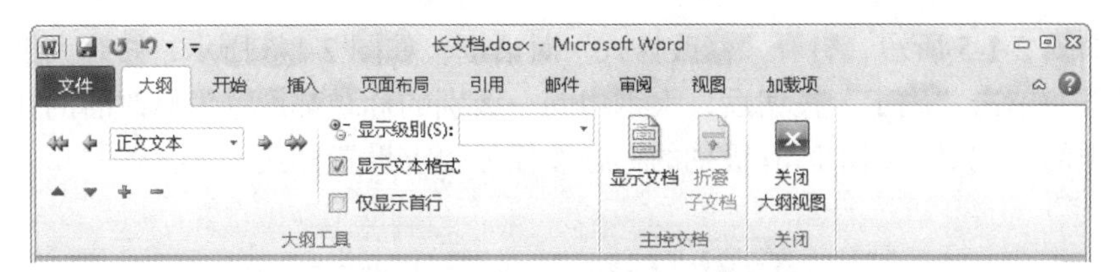

图 2-1-3　“大纲工具”组

图 2-1-4　长文档大纲内容

(4) 设置大纲级别：将插入点置于“前言”处，单击“大纲工具”组中的“提升至标题 1”按钮，将“前言”的大纲级别设置为“1 级”；用同样的方法将“计算机的基本概念”设置为“1 级”；将插入点定位到“计算机技术的发展过程及趋势”上，利用“大纲工具”组中的“升级”按钮和“降级”按钮配合，将其级别设置为“2 级”；将插入点定位到“计算机技术的发展”上，利用“大纲工具”组中的“升级”按钮和“降级”按钮配合，将其级别设置为“3 级”；用同样的方式将如图 2-1-1 所示的内容设置为相应的大纲级别。

(5) 按任务要求修改大纲各级标题样式：将插入点定位在任意“1 级”大纲标题上→选择“开始”选项卡→在“样式”组的列表框中显示了该“1 级”大纲标题的样式为“标题 1”→右键单击“标题 1”按钮，在快捷菜单中选择“修改”命令，如图 2-1-5 所示，打开“修改样式”对话框，如图 2-1-6 所示，修改大纲标题的样式→单击“确定”按钮后，大纲中同一级别的标题都设置为修改后的样式→用同样的方式对大纲中所有级别的标题按任务要求设置样式。

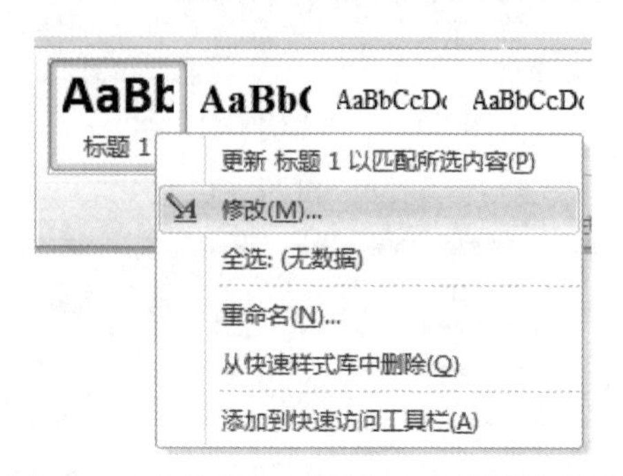

图 2-1-5　右键单击“标题 1”后的快捷菜单

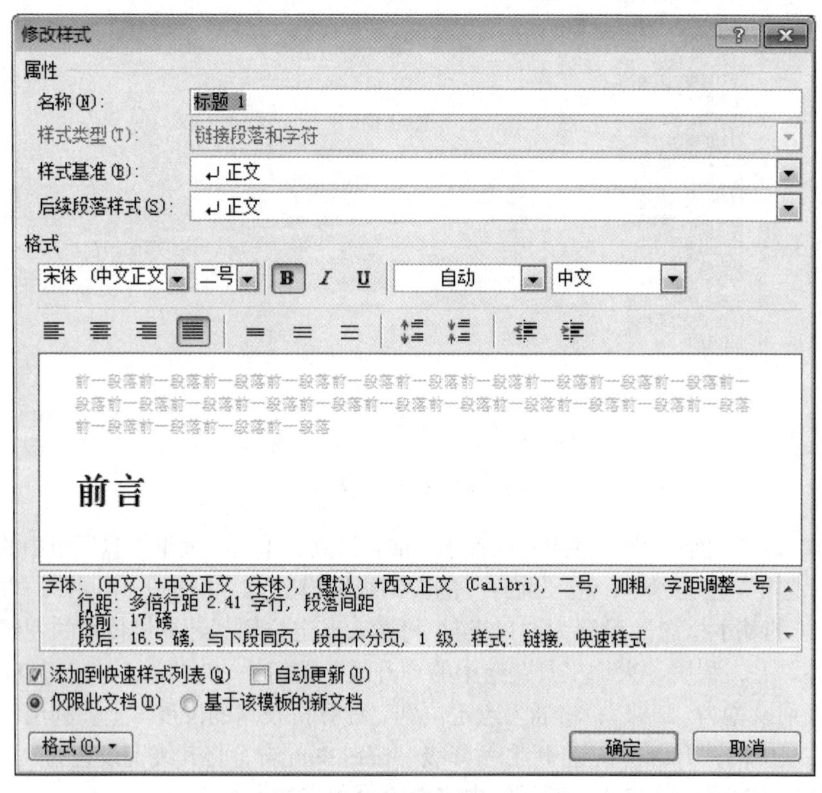

图 2-1-6　“修改样式”对话框

【任务 2】按任务要求设置大纲的项目编号。

要求：按照图 2-1-7 的要求设置长文档大纲的项目编号。

图 2-1-7　设置多级符号后的大纲效果

操作步骤

(1) 选定除“前言”和“参考文献”以外的所有大纲级别的标题文字→选择“开始”选项卡的“段落”组→单击“多级列表”下拉按钮→在下拉列表中选择所需方案，如图 2-1-8 所示，本任务选择第二种列表样式。

(2) 再次打开“多级列表”的下拉列表框→单击“定义新的多级列表”命令→打开“定义新多级列表”对话框→在“单击要修改的级别”列表框中选中“1”→在“此级别的编号样式”下拉列表框中选择“1，2，3，…”→设置“起始编号”为“1”→在“输入编号的格式”文本框中“1”之前输入“第”字→删除“1”后边的小圆点→在“1”之后输入“章”字，如图 2-1-9 所示。

(3) 利用与第(2)步中相同的方法设置标题 2 和标题 3 的编号格式。

(4) 设置完成后，单击“确定”按钮返回，显示设置效果如图 2-1-7 所示。

图 2-1-8　“多级列表”下拉列表框的内容

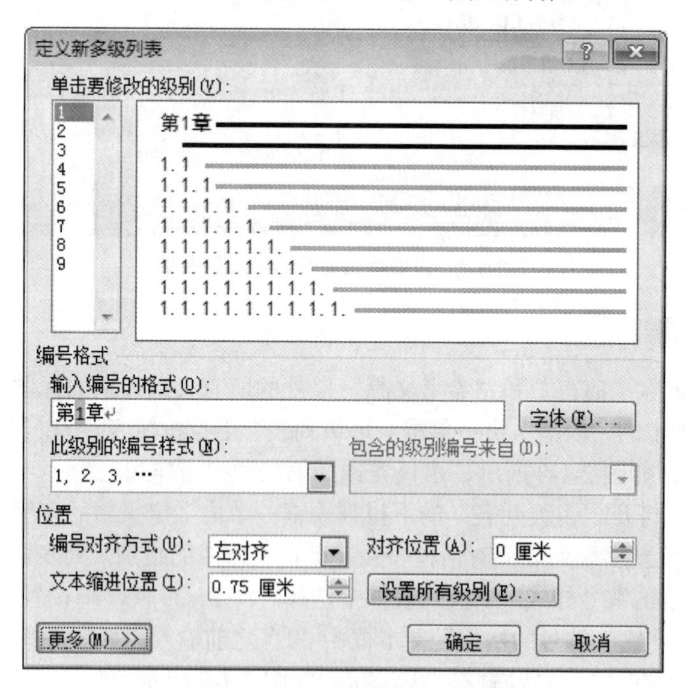

图 2-1-9　“定义新多级列表”对话框

方法与技巧

"定义新多级列表"对话框中"编号格式"文本框里显示的编号数字均为灰色底纹，表示其为"域"，数字可随编号的增加而自动改变。用户在修改编号格式时不能删掉这些数字。

【任务 3】填充各章节内容，设置正文格式。

要求：按照长文档的具体要求填充或撰写内容，并设置正文格式。

操作步骤

(1) 选择"视图"选项卡的"显示"组→勾选"导航窗格"复选框→显示本文的"导航窗格"，如图 2-1-10 所示。左窗口的"导航"窗格显示文档的大纲结构，右窗口显示当前大纲标题对应的章节。

图 2-1-10　利用"导航窗格"添加章节内容

(2) 通过"导航窗格"，在右窗口中输入各章节的完整内容。这里以"前言"

内容的输入为例进行说明：将左窗口“导航窗格”的光标定位到“前言”，右窗口插入点自动定位到“前言”→将插入点移到“前言”末尾→按 Enter 键另起一段→选择“开始”选项卡中的“样式”组→单击样式列表框中的“正文”样式，并设置相应的正文格式，如图 2-1-11 所示，输入前言的内容。

(3) 用第(2)步中的方法，输入各章节的具体内容。

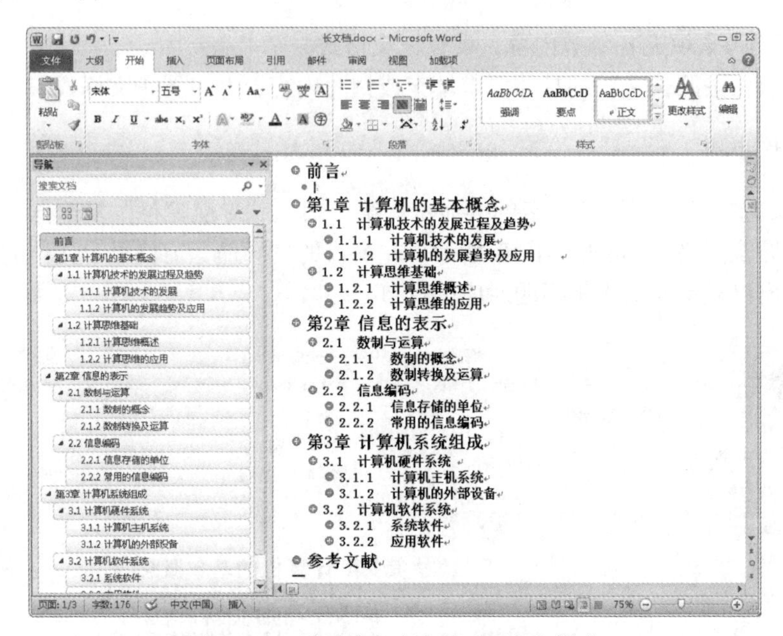

图 2-1-11　设置输入内容的“正文”样式

【任务 4】文档分节。

要求：为了方便长文档的排版，将文档的前言、参考文献、各章分节。

操作步骤

(1) 将插入点定位到文档“前言”的结束处→选择“页面布局”选项卡的“页面设置”组→单击“分隔符”下拉按钮 分隔符 → 在下拉列表框中选择“分节符”组→单击“下一页”，如图 2-1-12 所示，“前言”内容自成一节。

(2) 用第(1)步中的方法对文档的第 1 章、第 2 章、第 3 章进行分节处理，整篇文档共计被分成 5 节，每一节均被分隔线“分节符(下一页)”隔开。

【任务 5】添加封面。

要求：在文档“前言”之前添加一新节，用于文档封面设计。

操作步骤

(1) 选择“视图”选项卡的“文档视图”组，单击“页面视图”按钮，回到“页面视图”下。

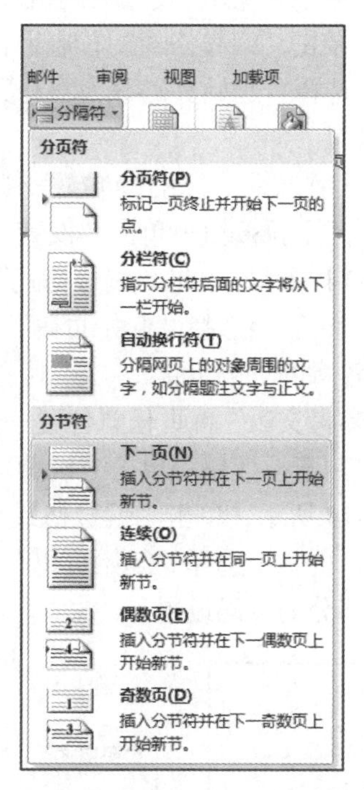

图 2-1-12　“分隔符”下拉列表框

(2) 选择“插入”选项卡的“页”组→单击“封面”下拉按钮→在下拉列表框中选择一种封面样式→系统自动在文档最前面生成一个封面→根据具体要求对封面进行设置或修改。

(3) 用户也可在“前言”之前添加一新节，根据自己的创意和想法设计自定义的封面。

【任务 6】设置页码。

要求：本文档封面不设置页码，前言部分的页码设置为罗马数字“Ⅰ，Ⅱ，Ⅲ，…”；各章节内容连续设置页码为阿拉伯数字“1，2，3，…”；参考文献部分单独设置页码为阿拉伯数字“1，2，3，…”。

操作步骤

(1) 将插入点定位到文档任意位置→选择“插入”选项卡的“页眉和页脚”

组→单击“页码”下拉按钮→单击“页面底端”→在级联菜单中选择“普通数字3”选项，确定页码位置，如图 2-1-13 所示，选中页码设置字体字号。

(2) 将插入点定位到“前言”任意位置→选择“插入”选项卡的“页眉和页脚”组→单击“页码”下拉按钮→单击“设置页码格式”命令→打开“页码格式”对话框，如图 2-1-14 所示，单击“编号格式”右边组合框的下拉按钮，选择罗马数字“Ⅰ，Ⅱ，Ⅲ，…”→选择“起始页码”为罗马数字“Ⅰ”→单击“确定”按钮完成前言部分的页码设置。

(3) 将插入点定位到“第 1 章”首页任意位置→选择“插入”选项卡的“页眉和页脚”组→单击“页码”下拉按钮→单击“设置页码格式”命令→打开“页码格式”对话框，如图 2-1-14 所示，单击“编号格式”右边组合框的下拉按钮，选择阿拉伯数字“1，2，3，…”→选择“起始页码”为阿拉伯数字“1”→单击“确定”按钮完成文档正文各章的页码设置。

(4) 将插入点定位到“参考文献”首页任意位置→选择“插入”选项卡的“页眉和页脚”组→单击“页码”下拉按钮→单击“设置页码格式”命令→打开“页码格式”对话框，如图 2-1-14 所示，单击“编号格式”右边组合框的下拉按钮，选择阿拉伯数字“1，2，3，…”→选择“起始页码”为阿拉伯数字“1”→单击“确定”按钮完成参考文献部分的页码设置。

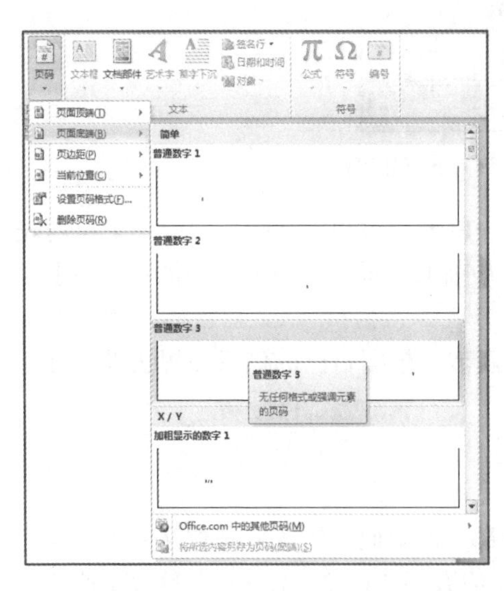

图 2-1-13　“页码”下拉列表框

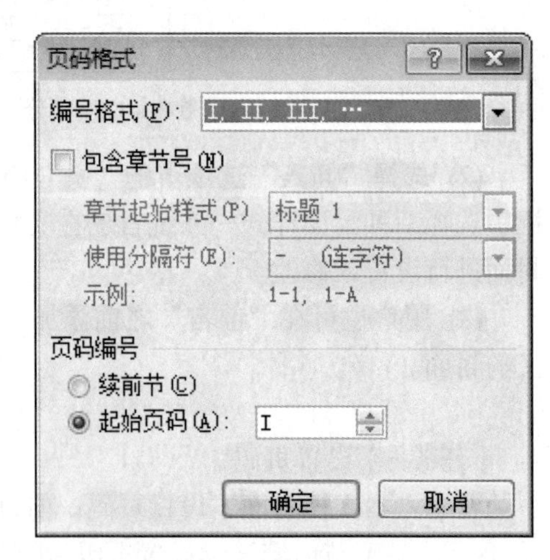

图 2-1-14　“页码格式”对话框

方法与技巧

本任务中若使用的是系统内置封面，默认封面不会插入页码；若使用用户自定义封面，则可在“页眉和页脚工具”中选择“设计”选项卡中的“导航”组，再勾选“首页不同”复选框☑ 首页不同，则封面不会插入页码。

【任务 7】添加目录。

要求：按照如图 2-1-15 所示要求设置系统自动生成的目录。

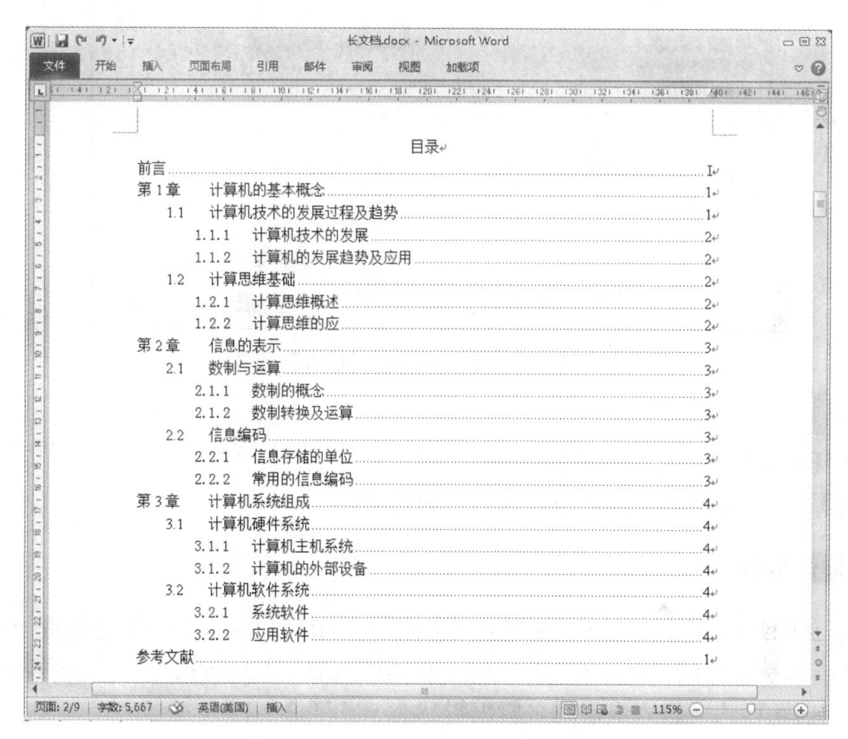

图 2-1-15　系统自动生成的目录效果

操作步骤

(1) 将插入点定位到标题“前言”的“前”字之前→选择“页面布局”选项卡的“页面设置”组→单击“分隔符”下拉按钮→选择“分节符”→单击“下一页”，产生一新节，用于设置文档目录。

(2) 将插入点定位到目录页首行→在“开始”选项卡的“样式”组中设置为“正文”样式→选择“引用”选项卡的“目录”组→单击“目录”下拉按钮→选择“插入目录”命令→打开“目录”对话框→选择“目录”选项卡→按任务要求设置标题的显示级别，如图 2-1-16 所示，单击“确定”按钮系统自动生成目录。

(3) 将插入点定位到目录页首行，输入“目录”二字，设置相应字体、字号，并设置为居中对齐，系统自动生成目录，如图 2-1-15 所示。

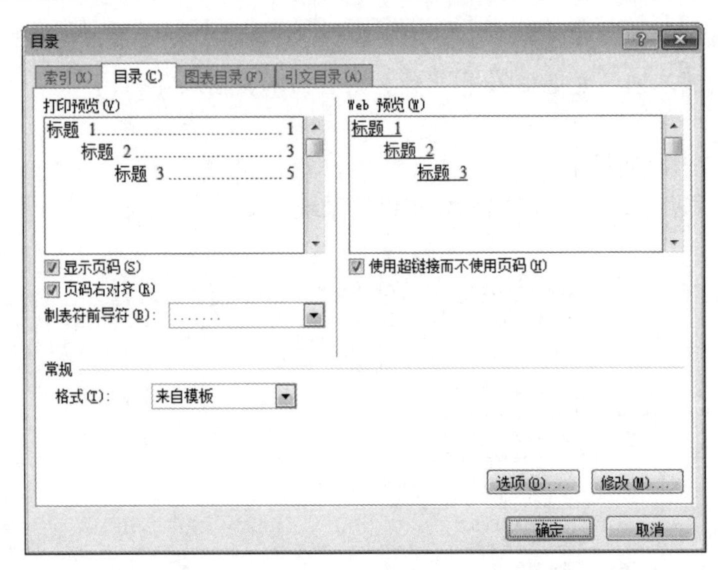

图 2-1-16　“目录”对话框“目录”选项卡

【任务 8】设置页眉和页脚。

要求：对本文档不同章节设置不同的页眉。

操作步骤

(1) 在页面视图下将插入点定位到文档第 2 节“目录”页的任意位置→选择“插入”选项卡中的“页眉和页脚”组→单击“页眉”下拉按钮→在下拉列表中选择“空白”样式，进入页眉和页脚编辑状态，如图 2-1-17 所示。

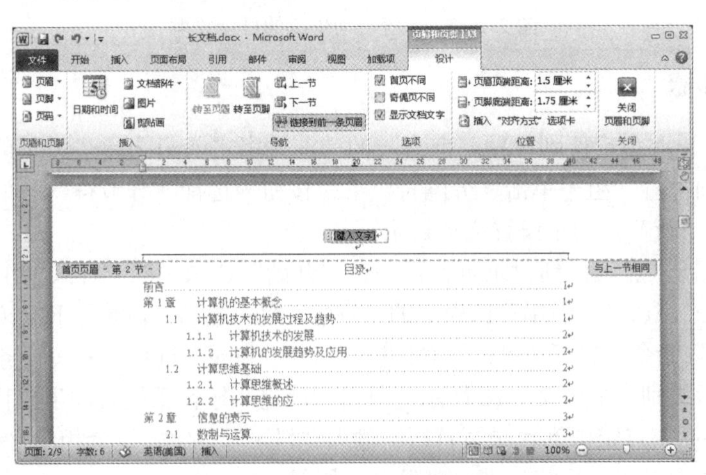

图 2-1-17　页眉和页脚编辑状态

(2) 选择“页眉和页脚工具”中“设计”选项卡的“导航”组→单击“链接到前一条页眉”按钮［链接到前一条页眉］，页眉右下角“与上一节相同”字样被取消。在页眉编辑区输入第 2 节页眉“目录”，如图 2-1-18 所示。通过这种方式可以避免第 2 节与第 1 节的页眉相同。

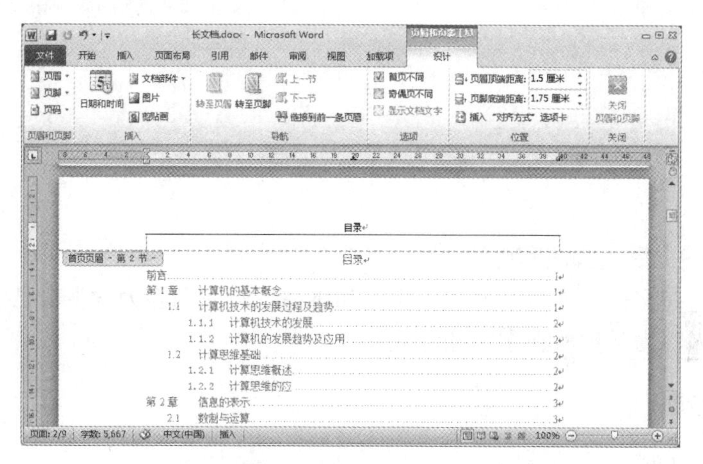

图 2-1-18　取消“链接到前一条页眉”的编辑状态

(3) 选择“页眉和页脚工具”中“设计”选项卡的“导航”组→单击“下一节”按钮［下一节］，显示出第 3 节“前言”的页眉与第 2 节的页眉相同，均为“目录”，同时页眉右下角显示“与上一节相同”，如图 2-1-19 所示。

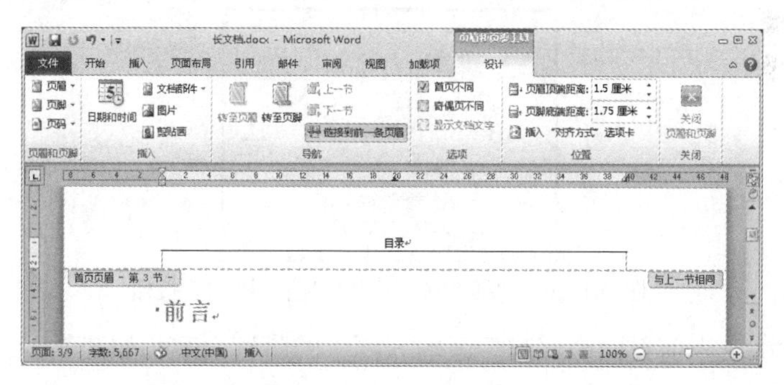

图 2-1-19　单击“下一节”按钮后的编辑状态

(4) 选择“页眉和页脚工具”中“设计”选项卡的“导航”组→单击“链接到前一条页眉”按钮［链接到前一条页眉］，页眉右下角“与上一节相同”字样被取消→在页眉编辑区删除“目录”二字，重新输入页眉“前言”，如图 2-1-20 所示。

(5) 重复前面第(3)、(4)步的操作，为文档后面的不同章节设置不同的页眉内容。

(6) 单击“页眉和页脚工具”中“关闭页眉和页脚”按钮［关闭页眉和页脚］，退出页眉和页脚编辑状态，返回文档编辑状态。

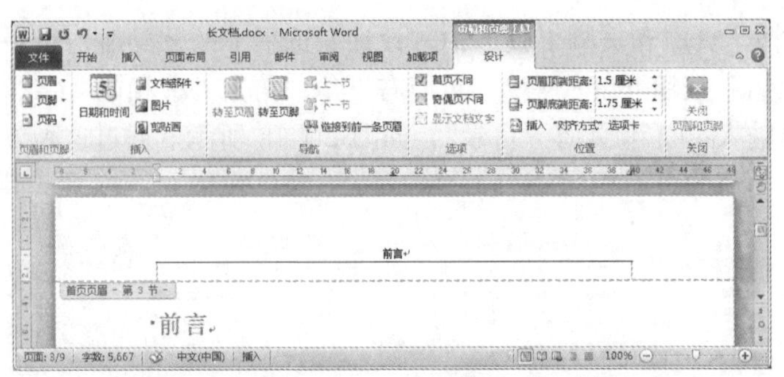

图 2-1-20　取消“与上一节相同”后的编辑状态

【任务 9】插入脚注和尾注。

要求：在文档“前言”处插入脚注和尾注，脚注内容为学生自己的学号和姓名，尾注内容为学生所在学院和专业。

操作步骤

1. 插入脚注

(1) 将插入点光标定位在需要添加脚注的文本右侧，本任务定位在“前言”右侧。

(2) 选择“引用”选项卡，单击“脚注”组中的“插入脚注”按钮，如图 2-1-21 所示。

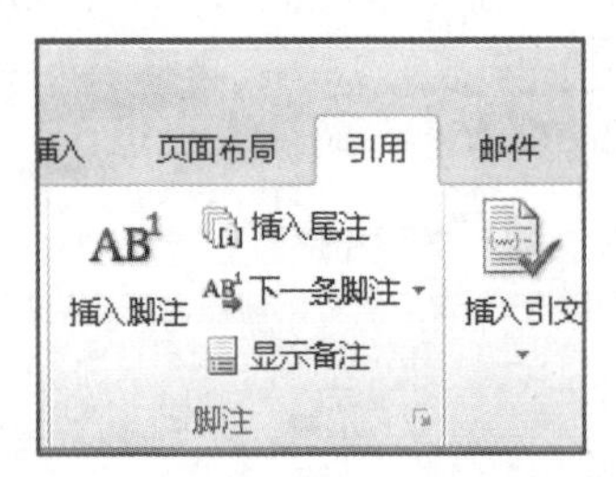

图 2-1-21　“插入脚注”和“插入尾注”按钮

(3) 默认在当前页面底部脚注区输入要求的脚注内容，如图 2-1-22 所示。

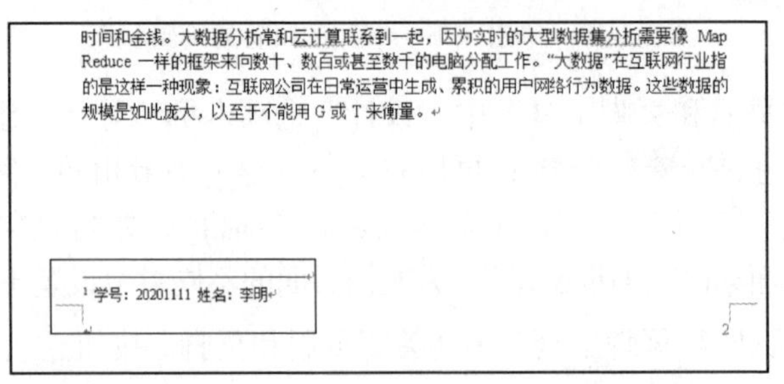
时间和金钱。大数据分析常和云计算联系到一起，因为实时的大型数据集分析需要像 Map Reduce 一样的框架来向数十、数百或甚至数千的电脑分配工作。“大数据”在互联网行业指的是这样一种现象：互联网公司在日常运营中生成、累积的用户网络行为数据。这些数据的规模是如此庞大，以至于不能用 G 或 T 来衡量。

1 学号：20201111 姓名：李明

2

图 2-1-22　在当前页面底部插入脚注

(4) 同时，“前言”右侧生成上标“1”，作为第一个脚注的标识，如图 2-1-23 所示。

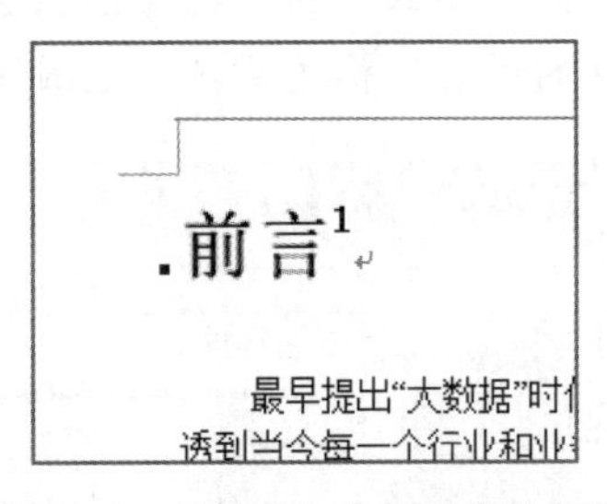

图 2-1-23　“前言”右侧的脚注标识

2. 插入尾注

(1) 将插入点光标定位在需要添加尾注的文本右侧，本任务定位在“前言”右侧。

(2) 选择“引用”选项卡，单击“脚注”组中的“插入尾注”按钮，如图 2-1-21 所示。

(3) 默认在文档结束处的尾注区输入要求的尾注内容，如 2-1-24 所示。

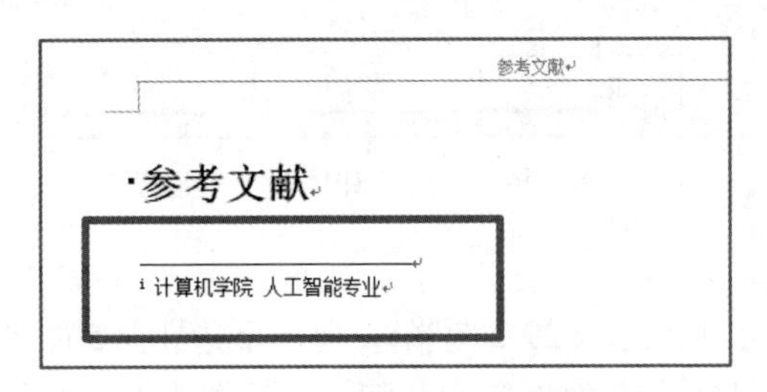

图 2-1-24　文档结束处的尾注

(4) 同时，“前言”右侧生成上标“i”，作为尾注标识，如图 2-1-25 所示。

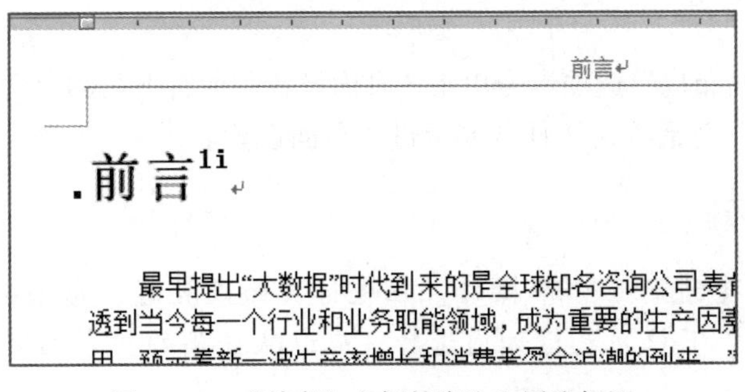

图 2-1-25　“前言”右侧的脚注和尾注标识

方法与技巧

单击“脚注”组右下角的启动器按钮，打开如图 2-1-26 所示“脚注和尾注”对话框，可以对脚注或尾注的位置、格式及应用范围等进行设置。

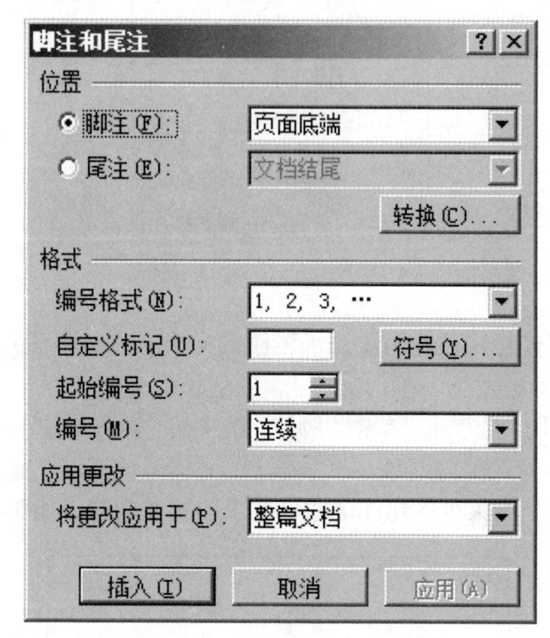

图 2-1-26 “脚注和尾注”对话框

【任务 10】页面设置。

要求：纸张 A4(21 厘米 × 29.7 厘米)；上、下边距 2.5 厘米、左边距 3 厘米、右边距 2 厘米；装订线定义为 1 厘米、装订线位置为左；页眉距上边界 1.5 厘米的位置；页脚距下边界 1.5 厘米的位置。

操作步骤

选择“页面布局”选项卡→单击“页面设置”组右下角的启动器按钮→打开“页面设置”对话框，按任务要求进行页面设置。

方法与技巧

由于本任务进行了分节操作，在进行页面设置时，每个选项卡“预览”中的“应用于”下拉列表框如何选择，应遵从任务的要求而定，如图 2-1-27 所示。

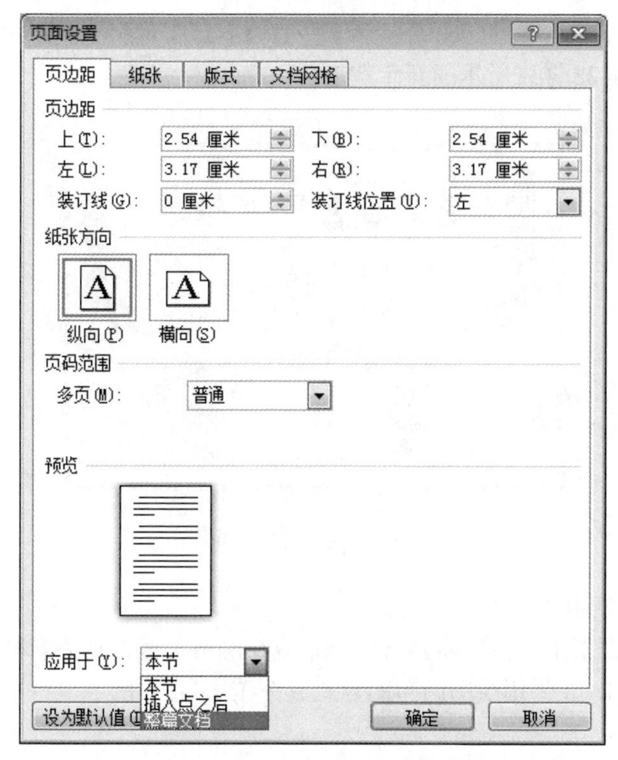

图 2-1-27　“页面设置”对话框

实验 2-1-2　制作新年贺卡

【实验目的】

1. 掌握 Word 图片处理技巧
2. 提高 Word 综合应用能力

【主要知识点】

1. 图片透明背景
2. 设置图片旋转
3. 删除图片背景
4. 素材的综合应用

【实验任务及步骤】

在 D 盘根目录下建立“ZHSY1-2”文件夹作为本次实验的工作目录。启动

Word，新建文档“新年贺卡.docx”保存于“ZHSY1-2”文件夹下。在“新年贺卡.docx”中设计如图 2-1-28 样张所示的新年贺卡。

图 2-1-28　贺卡样张

【任务 1】贺卡图片素材的准备。

要求：根据贺卡的主题需要自己准备或在网络上搜索相关素材备用。本案例所需图片素材 1～4 采用绘图画布的方式放在图 2-1-29 中。

操作步骤

根据贺卡主题需要，在网络上搜集的图片素材如图 2-1-29 所示。

图 2-1-29　贺卡素材

【任务 2】贺卡页面背景设置。

要求：为贺卡选定纸张大小为 A5(14.8 厘米 × 21 厘米)，纸张方向为横向。设置自己满意的页面边框和页面填充效果。

操作步骤

(1) 选择“页面布局”选项卡→在“页面设置”组中单击“纸张大小”下的下拉按钮→选择纸张大小为 A5(14.8 厘米 × 21 厘米)。

(2) 选择“页面布局”选项卡→在“页面设置”组中单击“纸张方向”下的下拉按钮→选择纸张方向为横向。

(3) 选择“页面布局”选项卡→在“页面背景”组中单击“页面边框”按钮→打开“边框和底纹”对话框，如图 2-1-30 所示，选择“页面边框”选项卡→在“艺术型”列表框中选择一种自己满意的页面边框。

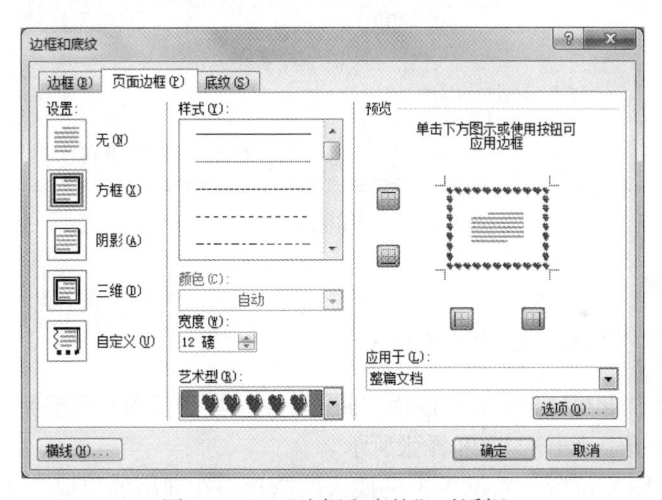

图 2-1-30　“边框和底纹”对话框

(4) 选择“页面布局”选项卡→在“页面背景”组中单击“页面颜色”的下拉按钮→选择“填充效果”命令→打开“填充效果”对话框，如图 2-1-31 所示，选择“纹理”选项卡→在“纹理”列表框中选择一种自己满意的纹理作为贺卡的背景。也可以单击“其他纹理”按钮添加自己满意的图片作为贺卡背景。

【任务 3】插入图片素材。

要求：按照如图 2-1-28 所示样张要求，在贺卡文件指定位置插入图 2-1-29 中的图片素材 1～4，设置图片格式，包括设置图片透明背景、设置图片旋转、删除图片背景等。

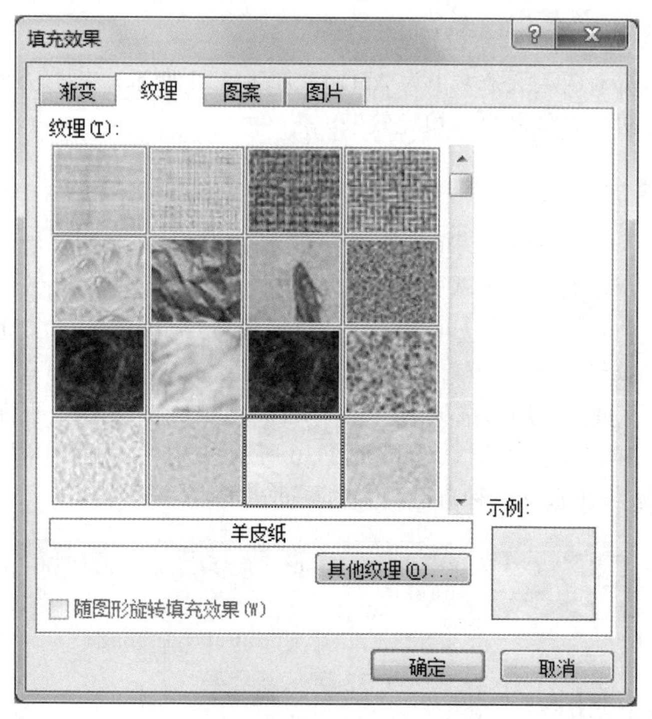

图 2-1-31　“填充效果”对话框

操作步骤

1. 插入图 2-1-29 中的图片素材 1

(1) 选择“插入”选项卡→选择“插图”组→单击“图片”按钮将图片素材 1 插入贺卡左上角，如图 2-1-28 样张所示。

(2) 调整图片位置：右键单击已插入的图片→在弹出的快捷菜单中选择“大小和位置”命令→打开“布局”对话框→单击“文字环绕”选项卡→在“环绕方式”中选择“浮于文字上方”→调整图片摆放的位置直到满意。

(3) 设置图片背景透明：选中图片→在“图片工具”中选择“格式”选项卡→选择“调整”组中的“颜色”下拉按钮→单击“设置透明色”命令，如图 2-1-32 所示，光标变成带箭头的铅笔状→光标点击图片背景处→图片背景即刻变为透明，与贺卡页面背景融为一体。

(4) 将图片素材 1 复制粘贴到贺卡的右上角。

(5) 将图片素材 1 水平翻转：选择图片→在“图片工具”中选择“格式”选项卡→选择“排列”组中的“旋转”下拉按钮→单击“水平翻转”→图片素材 1 翻转为与左边对称的图形，如图 2-1-33 所示。

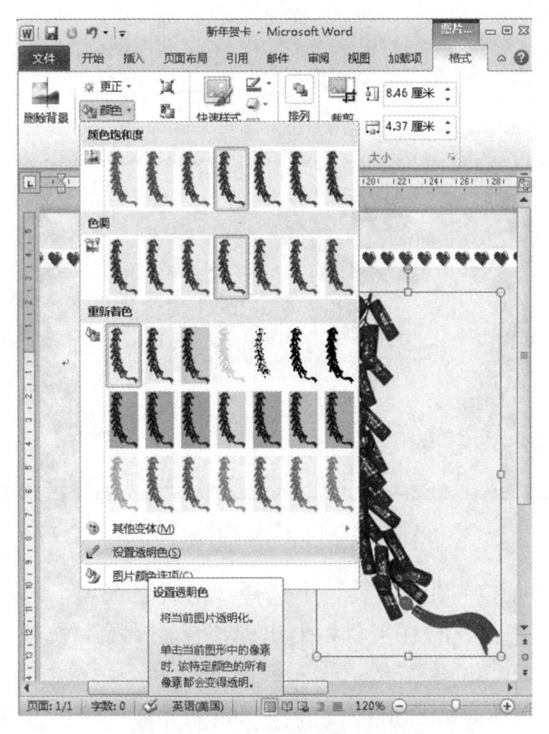

图 2-1-32　设置图片背景透明

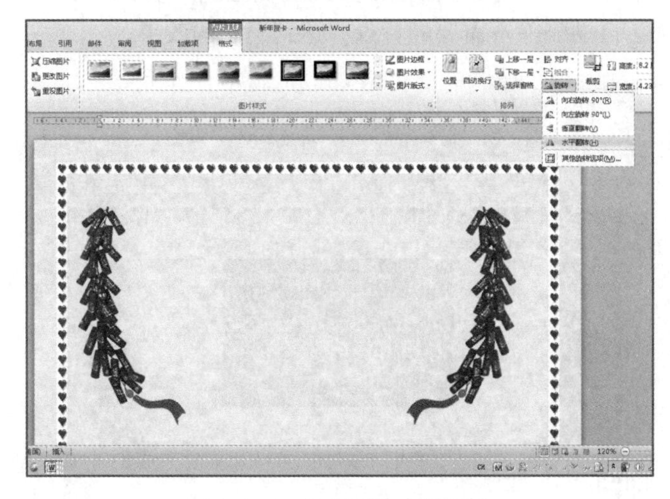

图 2-1-33　设置图片水平翻转

2. 插入图 2-1-29 中的图片素材 2 并删除图片背景

(1) 选择“插入”选项卡→选择“插图”组→单击“图片”按钮将图片素材 2 插入贺卡中间位置，如图 2-1-34 所示。

图 2-1-34　插入图片素材 2

(2) 选中图片→在“图片工具”中选择“格式”选项卡→选择“调整”组中的“删除背景”按钮，此时在工具栏上出现“背景消除”选项卡，在图片上出现遮幅区域。

(3) 在图片上调整遮幅区域四周的控制句柄并拖动线条，尽量使要保留的图片内容浮现出来并将大部分希望消除的区域排除在外，如图 2-1-35 所示。大多数情况下，系统会自动删除不需要的背景，达到满意的效果。

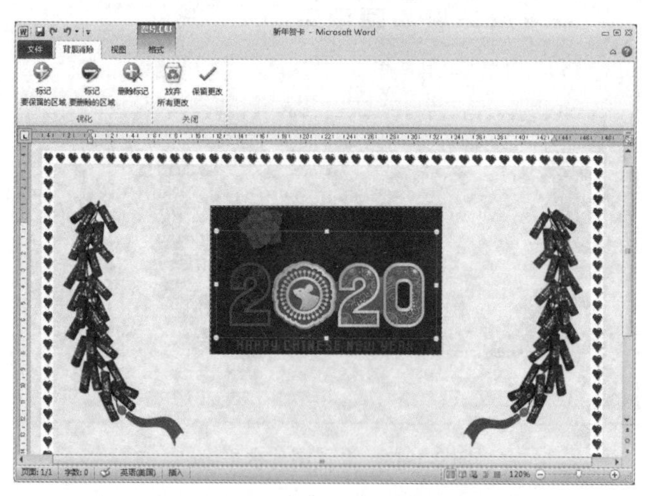

图 2-1-35　“背景消除”选项卡和图片遮幅区域

(4) 如果效果不满意，则单击“背景消除”选项卡中的“标记要保留的区域”命令，为图片上希望保留的部分做上保留标记；或者单击“标记要删除的区域”

命令，为图片上希望删除的部分做上删除标记，如图 2-1-36 所示。

图 2-1-36　为图中不满意的效果做上标记(⊕为保留标记，⊖为删除标记)

(5) 单击“背景消除”选项卡中的“保留更改”按钮，图片素材 2 的背景被删除，如图 2-1-37 所示。

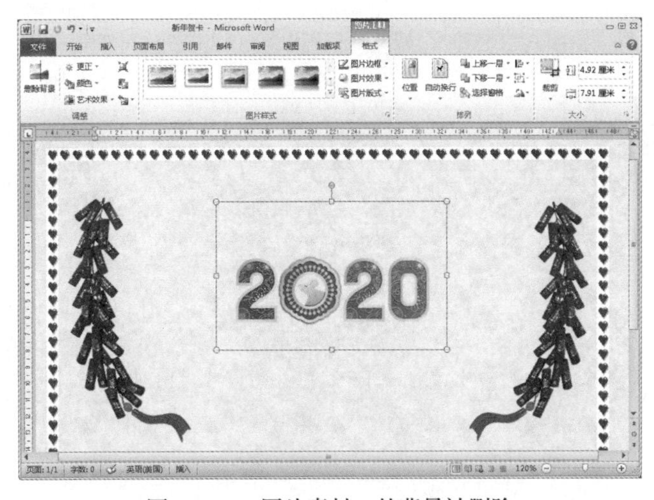

图 2-1-37　图片素材 2 的背景被删除

3. 插入图 2-1-29 中的图片素材 3

选择“插入”选项卡→选择“插图”组→单击“图片”按钮将图片素材 3 插入贺卡相应位置，并调整其大小格式。

4. 插入图 2-1-29 中的图片素材 4

选择“插入”选项卡→选择“插图”组→单击“图片”按钮将图片素材 4 插

入贺卡相应位置，并调整大小格式。

【任务 4】插入艺术字。

要求：按照如图 2-1-28 所示样张要求，在贺卡文件指定位置插入艺术字“新年快乐万事如意”“鼠来宝贺”，并设置成自己满意的格式。

操作提示：参见“实验 1-2-4 图文混排和文档美化”中艺术字的插入。

【任务 5】添加文字水印。

要求：按照如图 2-1-28 所示样张要求，在贺卡文件指定位置插入图片素材，并设置成自己满意的格式。

操作提示：参见“实验 1-2-4 图文混排和文档美化”中水印制作，完成后的贺卡如图 2-1-28 所示。

第 2 章　电子表格综合应用案例

实验 2-2-1　数据透视表及数据透视图

【实验目的】

掌握数据透视表和数据透视图的使用方法

【主要知识点】

1. 建立数据透视表
2. 建立数据透视图

【实验任务及步骤】

在 D 盘根目录下建立“ZHSY2-1”文件夹作为本次实验的工作目录。打开“JCSY3-2”文件夹中的文件“EX2.xlsx”另存于“ZHSY2-1”文件夹中，存盘文件名为“EX7. xlsx”。打开“EX7. xlsx”，在工作表“Sheet1”的“性别”列后添加一列“籍贯”，数据如图 2-2-1 所示。

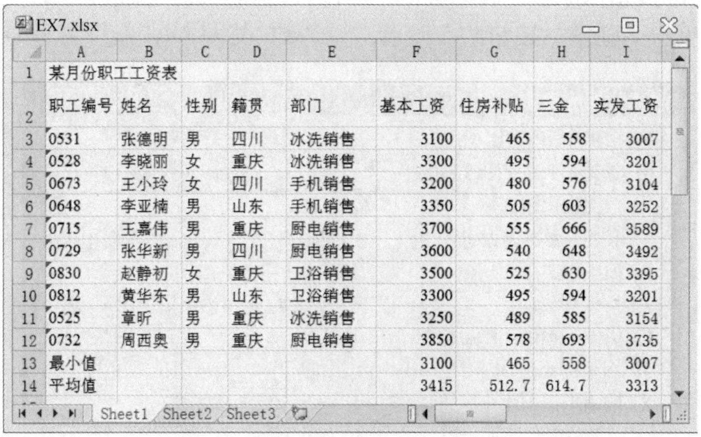

EX7.xlsx

	A	B	C	D	E	F	G	H	I
1	某月份职工工资表								
2	职工编号	姓名	性别	籍贯	部门	基本工资	住房补贴	三金	实发工资
3	0531	张德明	男	四川	冰洗销售	3100	465	558	3007
4	0528	李晓丽	女	重庆	冰洗销售	3300	495	594	3201
5	0673	王小玲	女	四川	手机销售	3200	480	576	3104
6	0648	李亚楠	男	山东	手机销售	3350	505	603	3252
7	0715	王嘉伟	男	重庆	厨电销售	3700	555	666	3589
8	0729	张华新	男	四川	厨电销售	3600	540	648	3492
9	0830	赵静初	女	重庆	卫浴销售	3500	525	630	3395
10	0812	黄华东	男	山东	卫浴销售	3300	495	594	3201
11	0525	章昕	男	重庆	冰洗销售	3250	489	585	3154
12	0732	周西奥	男	重庆	厨电销售	3850	578	693	3735
13	最小值					3100	465	558	3007
14	平均值					3415	512.7	614.7	3313

Sheet1　Sheet2　Sheet3

图 2-2-1　添加“籍贯”的数据表

【任务 1】统计“EX7. xlsx”中各部门职工的平均基本工资和平均实发工资，建立数据透视表。

操作步骤

(1) 单击数据区域任意单元格。

(2) 选择“插入”选项卡→“表格”组→“数据透视表”下拉按钮，单击下拉菜单里的“数据透视表”，如图 2-2-2 所示。

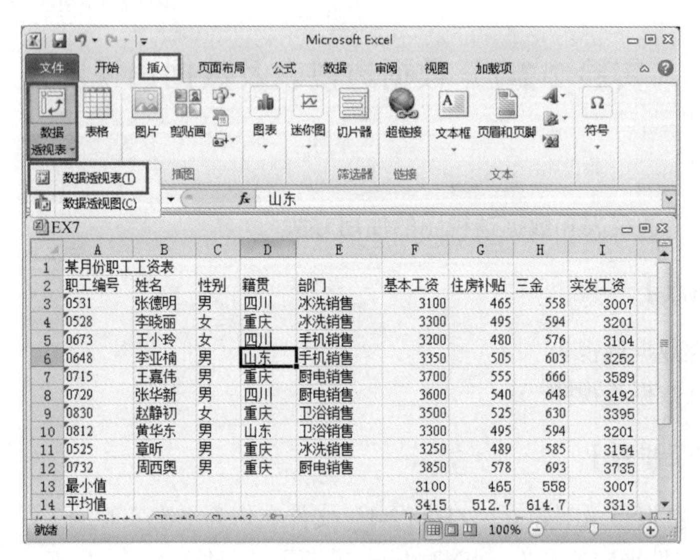

	A	B	C	D	E	F	G	H	I
1	某月份职工工资表								
2	职工编号	姓名	性别	籍贯	部门	基本工资	住房补贴	三金	实发工资
3	0531	张德明	男	四川	冰洗销售	3100	465	558	3007
4	0528	李晓丽	女	重庆	冰洗销售	3300	495	594	3201
5	0673	王小玲	女	四川	手机销售	3200	480	576	3104
6	0648	李亚楠	男	山东	手机销售	3350	505	603	3252
7	0715	王嘉伟	男	重庆	厨电销售	3700	555	666	3589
8	0729	张华新	男	四川	厨电销售	3600	540	648	3492
9	0830	赵静初	女	重庆	卫浴销售	3500	525	630	3395
10	0812	黄华东	男	山东	卫浴销售	3300	495	594	3201
11	0525	章昕	男	重庆	冰洗销售	3250	489	585	3154
12	0732	周西奥	男	重庆	厨电销售	3850	578	693	3735
13	最小值					3100	465	558	3007
14	平均值					3415	512.7	614.7	3313

图 2-2-2　插入“数据透视表”

(3) 打开如图 2-2-3 所示“创建数据透视表”对话框，选择或者输入要创建数据透视表的源数据区域“Sheet1!$A$2:$I$12”，选择放置数据透视表的位置为“新工作表”，单击“确定”按钮。

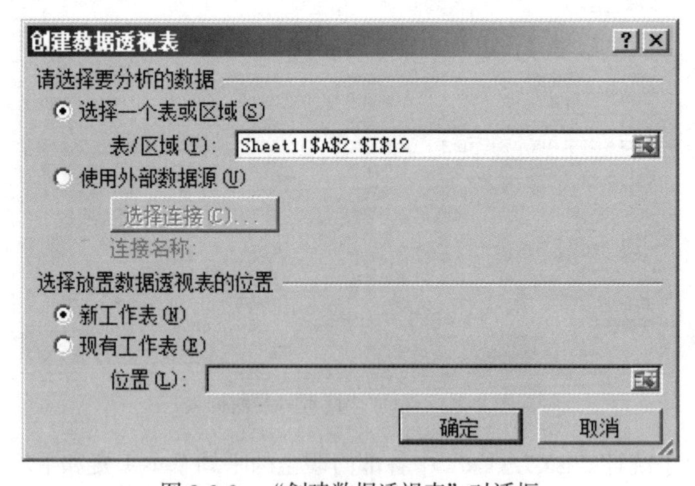

图 2-2-3　“创建数据透视表”对话框

(4) 经过以上操作，出现创建数据透视表界面，如图 2-2-4 所示。

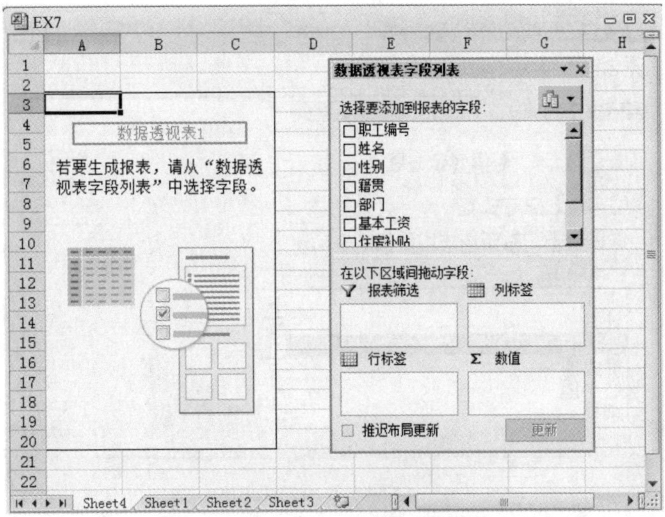

图 2-2-4　创建数据透视表界面

(5) 在“数据透视表字段列表”对话框中将“选择要添加到报表的字段”里的“部门”拖到“行标签”区，将“基本工资”和“实发工资”拖到“数值”区，在左边是生成的数据透视表效果，如图 2-2-5 所示。

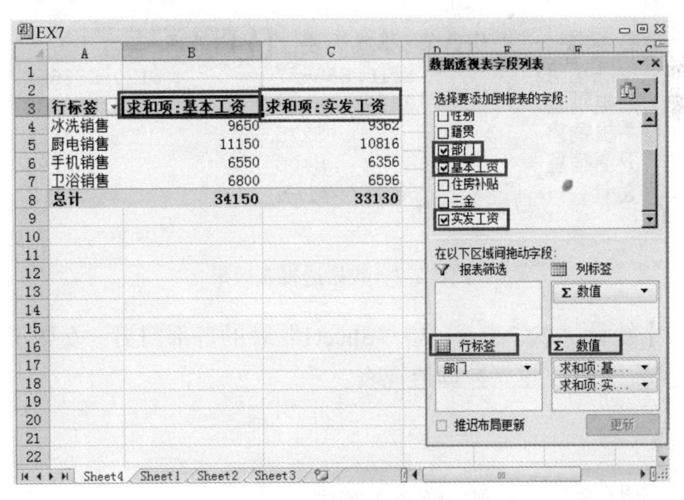

图 2-2-5　为数据透视表添加字段

(6) 双击数据透视表中“求和项：实发工资”列标题处，弹出如图 2-2-6 所示“值字段设置”对话框；在“值汇总方式”选项卡中选择计算类型“平均值”，单击“确定”按钮；用同样的方法设置平均基本工资，生成如图 2-2-7 所示的数据透视表。

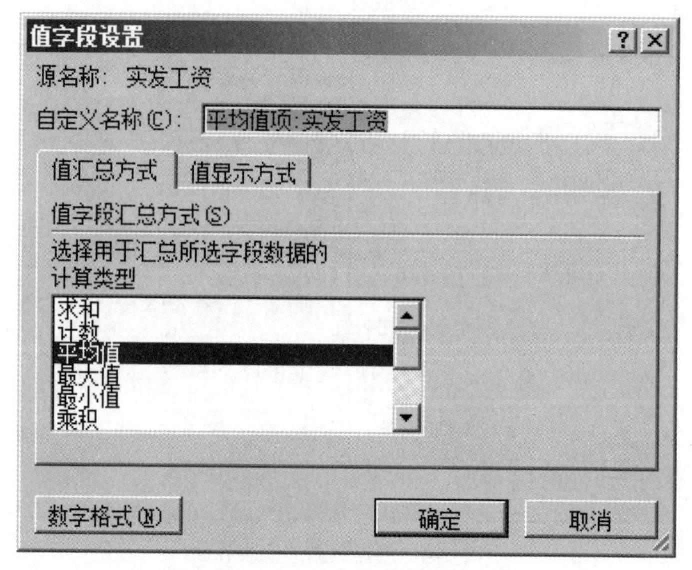

图 2-2-6　“值字段设置”对话框

EX7

	A	B	C
1			
2			
3	行标签	平均值项:基本工资	平均值项:实发工资
4	冰洗销售	3216.666667	3120.666667
5	厨电销售	3716.666667	3605.333333
6	手机销售	3275	3178
7	卫浴销售	3400	3298
8	总计	3415	3313
9			

图 2-2-7　数据透视表效果

【任务 2】统计“EX7.xlsx”中“Sheet1”表的各部门男、女职工的平均基本工资和平均实发工资，建立数据透视表。

操作步骤

(1) 插入数据透视表步骤与任务 1 相同。

(2) 在“数据透视表字段列表”对话框中将“选择要添加到报表的字段”里的“部门”和“性别”字段拖到“行标签”区，将“基本工资”和“实发工资”拖到“数值”区，如图 2-2-8 所示。

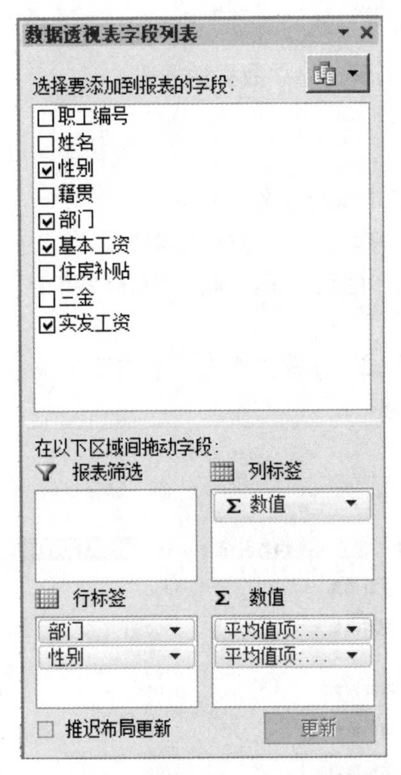

图 2-2-8　两级分组字段设置

(3) 修改“值汇总方式”计算类型为“平均值”，然后单击“确定”按钮，生成如图 2-2-9 所示数据透视表。

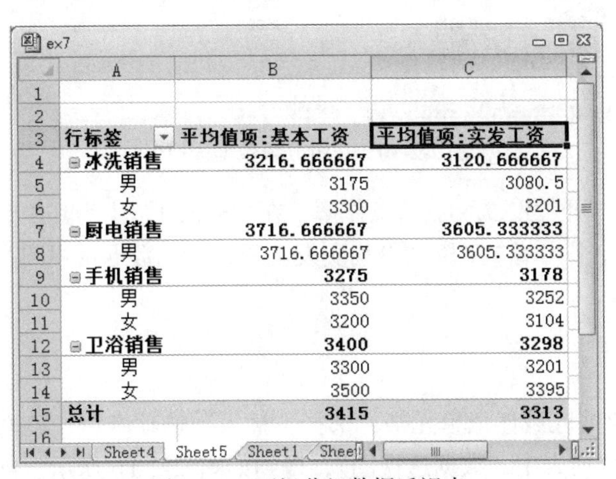

	A	B	C
1			
2			
3	行标签	平均值项:基本工资	平均值项:实发工资
4	⊟冰洗销售	3216.666667	3120.666667
5	男	3175	3080.5
6	女	3300	3201
7	⊟厨电销售	3716.666667	3605.333333
8	男	3716.666667	3605.333333
9	⊟手机销售	3275	3178
10	男	3350	3252
11	女	3200	3104
12	⊟卫浴销售	3400	3298
13	男	3300	3201
14	女	3500	3395
15	总计	3415	3313
16			

图 2-2-9　两级分组数据透视表

【任务 3】按籍贯统计“EX7.xlsx”中“Sheet1”表的各部门男、女职工的平均基本工资和平均实发工资，建立数据透视表。

操作步骤

(1) 插入数据透视表步骤与任务 1 相同。

(2) 在“数据透视表字段列表”对话框中分别将“选择要添加到报表的字段”里的“籍贯”“部门”和“性别”字段拖到“行标签”区，将“基本工资”和“实发工资”字段拖到“数值”区。

(3) 修改“值汇总方式”计算类型为“平均值”，单击“确定”按钮，生成如图 2-2-10 所示数据透视表。

行标签	平均值项:基本工资	平均值项:实发工资
山东	3325	3226.5
手机销售	3350	3252
男	3350	3252
卫浴销售	3300	3201
男	3300	3201
四川	3300	3201
冰洗销售	3100	3007
男	3100	3007
厨电销售	3600	3492
男	3600	3492
手机销售	3200	3104
女	3200	3104
重庆	3520	3414.8
冰洗销售	3275	3177.5
男	3250	3154
女	3300	3201
厨电销售	3775	3662
男	3775	3662
卫浴销售	3500	3395
女	3500	3395
总计	3415	3313

图 2-2-10 三级分组数据透视表

【任务 4】打开“EX7. xlsx”工作簿，在“Sheet1”中为其中的职工工资表数据按照部门统计平均基本工资和平均实发工资并建立数据透视图，并且存放在当前工作表中。

操作步骤

(1) 单击数据区域任意单元格，选择“插入”选项卡→“表格”组→“数据透视表”的下拉列表中“数据透视图”，得到如图 2-2-11 所示“创建数据透视表及数据透视图”对话框。

(2) 在“创建数据透视表及数据透视图”对话框中，选择或者输入要创建数据透视图的源数据区域 Sheet1!$A$2:$I$12，“选择放置数据透视表及数据透视图的位置”为“现有工作表”，位置为 Sheet1! $K$2，单击“确定”按钮完成设置。

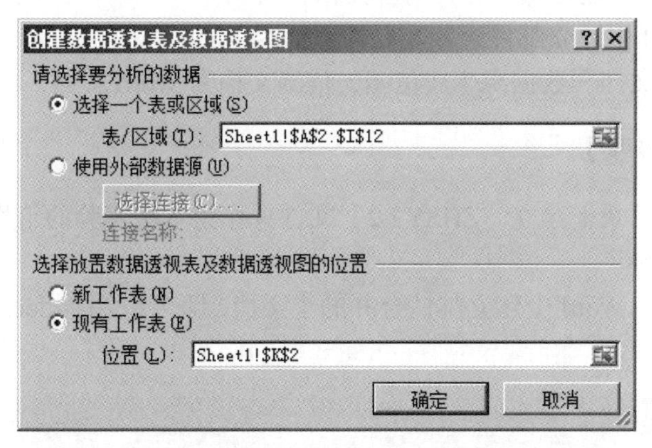

图 2-2-11　“创建数据透视表及数据透视图”对话框

(3) 与数据透视表相似，在“数据透视表字段列表”对话框中，将“部门”字段拖到“轴字段”区，“基本工资”和“实发工资”字段拖到“数值”区。

(4) 用与创建数据透视表相同的方法修改“基本工资”和“实发工资”的值字段计算方式为“平均值”，生成如图 2-2-12 所示数据透视图。

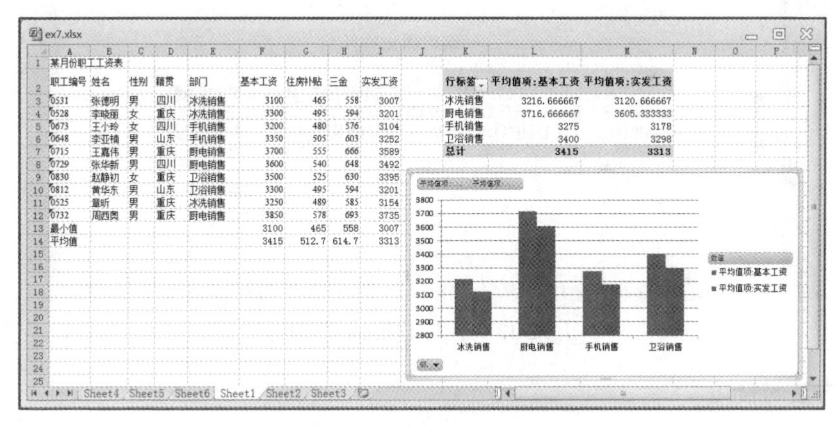

图 2-2-12　完成数据透视图效果

实验 2-2-2　邮 件 合 并

【实验目的】

掌握邮件合并的基本操作

【主要知识点】

1. 在 Word 中建立邮件合并的主文档
2. 在 Excel 中建立邮件合并需要的数据源内容
3. 根据主文档和数据源生成信函，信函文档为 Word 文档

【实验任务及步骤】

在 D 盘根目录下建立“ZHSY2-2”文件夹作为本次实验的工作目录。

【任务 1】在 Word 中建立邮件合并的主文档，即“主文档. docx”，如图 2-2-13 所示。

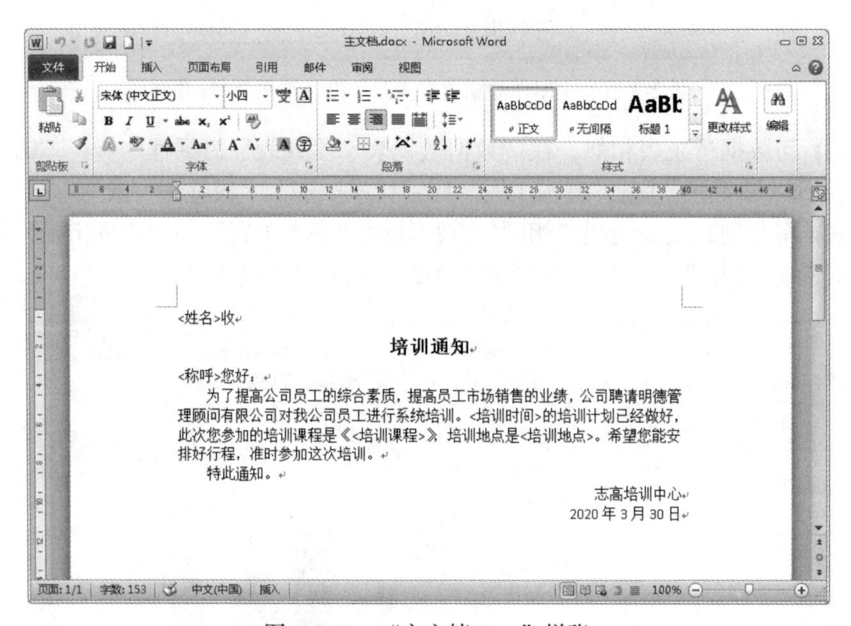

图 2-2-13 “主文档.docx”样张

方法与技巧

主文档是邮件合并的内容固定不变的部分，如信函中的通用部分、信封上的落款等，使用邮件合并之前先建立主文档，一方面可以考察预计文档是否适合使用邮件合并，另一方面可以为数据源建立或选择提供思路。

【任务 2】在 Excel 中建立邮件合并需要的数据源，即“数据源.xlsx”，数据如图 2-2-14 所示。

操作步骤

(1) 在Excel中新建表格，输入图2-2-14中的原始数据。

数据源.xlsx

	A	B	C	D	E	F	G	H
1	职工编号	姓名	性别	姓	称呼	培训课程	培训地点	培训时间
2	0531	张德明	男			职场商务礼仪	两江大酒店	2020年5月10日
3	0528	李晓丽	女			职场商务礼仪	两江大酒店	2020年5月10日
4	0673	王小玲	女			职场商务礼仪	两江大酒店	2020年5月10日
5	0648	李亚楠	男			大客户销售技巧	丽景大酒店	2020年6月8日
6	0715	王嘉伟	男			大客户销售技巧	丽景大酒店	2020年6月8日
7	0729	张华新	男			大客户销售技巧	丽景大酒店	2020年6月8日
8	0830	赵静初	女			销售思维导论	松林度假酒店	2020年7月3日
9	0812	黄华东	男			销售思维导论	松林度假酒店	2020年7月3日
10	0525	章昕	男			销售思维导论	松林度假酒店	2020年7月3日
11	0732	周西奥	男			销售思维导论	松林度假酒店	2020年7月3日

Sheet1 Sheet2 Sheet3

图2-2-14　数据源表

(2) 填充“姓”和“称呼”两列内容。

① 填充“姓”一列。在表格中选择D2单元格，在编辑栏中输入=LEFT(B2,1)，然后用填充柄向下拖动，完成“姓”一列的填充，如图2-2-15所示。

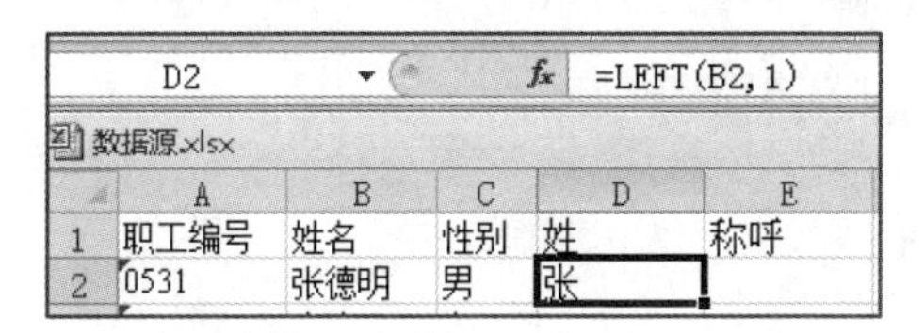
D2　=LEFT(B2,1)

数据源.xlsx

	A	B	C	D	E
1	职工编号	姓名	性别	姓	称呼
2	0531	张德明	男	张	

图2-2-15　“姓”一列公式填充

② 选择E2单元格，在编辑栏中输入“=D2&IF(C2="男","先生","女士")”，然后用填充柄向下拖动，完成“称呼”列的填充，如图2-2-16所示。

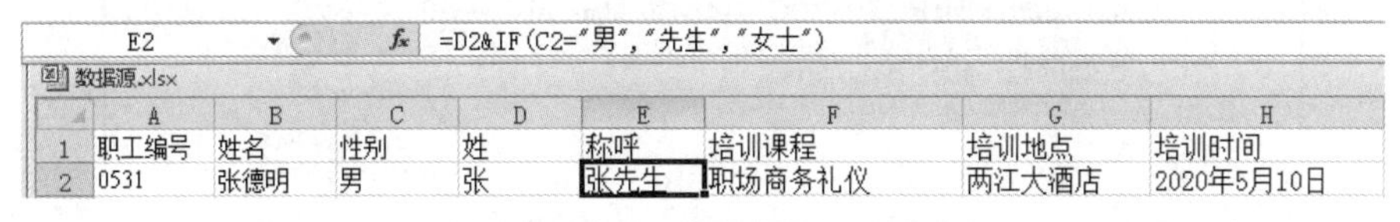
E2　=D2&IF(C2="男","先生","女士")

数据源.xlsx

	A	B	C	D	E	F	G	H
1	职工编号	姓名	性别	姓	称呼	培训课程	培训地点	培训时间
2	0531	张德明	男	张	张先生	职场商务礼仪	两江大酒店	2020年5月10日

图2-2-16　“称呼”一列公式填充

③ 完成后的效果如图2-2-17所示。

方法与技巧

(1) LEFT(text,number_chars)在text文本中选取左边开始的number_chars个字符。

(2) &为字符串连接运算符，将两个字符串合并成一个字符串。

数据源.xlsx

	A	B	C	D	E	F	G	H
1	职工编号	姓名	性别	姓	称呼	培训课程	培训地点	培训时间
2	0531	张德明	男	张	张先生	职场商务礼仪	两江大酒店	2020年5月10日
3	0528	李晓丽	女	李	李女士	职场商务礼仪	两江大酒店	2020年5月10日
4	0673	王小玲	女	王	王女士	职场商务礼仪	两江大酒店	2020年5月10日
5	0648	李亚楠	男	李	李先生	大客户销售技巧	丽景大酒店	2020年6月8日
6	0715	王嘉伟	男	王	王先生	大客户销售技巧	丽景大酒店	2020年6月8日
7	0729	张华新	男	张	张先生	大客户销售技巧	丽景大酒店	2020年6月8日
8	0830	赵静初	女	赵	赵女士	销售思维导论	松林度假酒店	2020年7月3日
9	0812	黄华东	男	黄	黄先生	销售思维导论	松林度假酒店	2020年7月3日
10	0525	章昕	男	章	章先生	销售思维导论	松林度假酒店	2020年7月3日
11	0732	周西奥	男	周	周先生	销售思维导论	松林度假酒店	2020年7月3日
12								

图 2-2-17　完成后数据源表样张

【任务 3】根据主文档和数据源制作信函，信函文档以“邮件合并信函. docx”为文件名保存，生成的文档效果如图 2-2-18 所示。

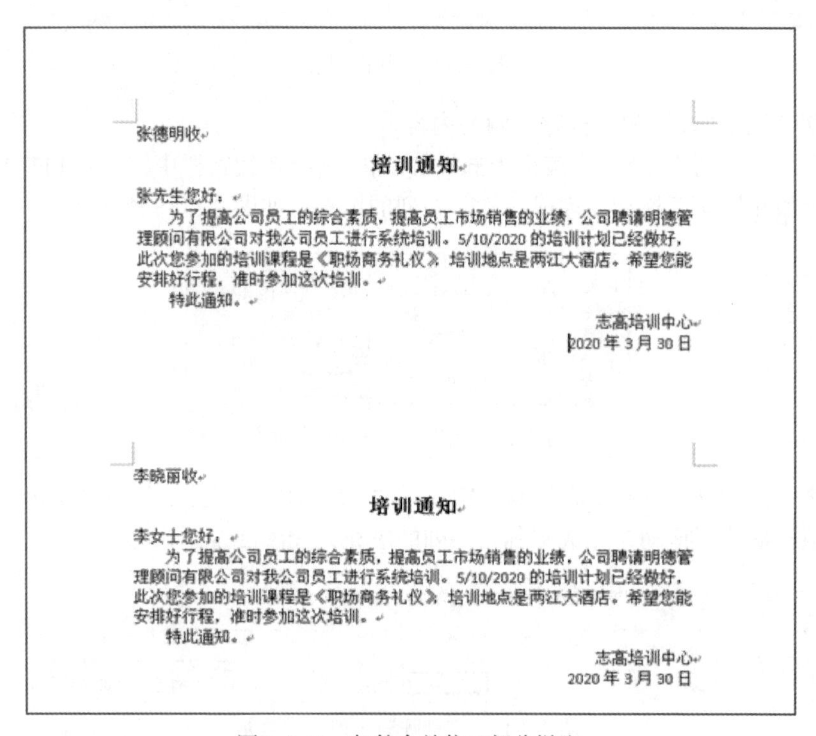

张德明收

培训通知

张先生您好：

为了提高公司员工的综合素质，提高员工市场销售的业绩，公司聘请明德管理顾问有限公司对我公司员工进行系统培训。5/10/2020 的培训计划已经做好，此次您参加的培训课程是《职场商务礼仪》 培训地点是两江大酒店。希望您能安排好行程，准时参加这次培训。

特此通知。

志高培训中心

2020 年 3 月 30 日

李晓丽收

培训通知

李女士您好：

为了提高公司员工的综合素质，提高员工市场销售的业绩，公司聘请明德管理顾问有限公司对我公司员工进行系统培训。5/10/2020 的培训计划已经做好，此次您参加的培训课程是《职场商务礼仪》 培训地点是两江大酒店。希望您能安排好行程，准时参加这次培训。

特此通知。

志高培训中心

2020 年 3 月 30 日

图 2-2-18　邮件合并信函部分样张

操作步骤

(1) 确认“数据源. xlsx”关闭，并且打开前面建立的“主文档.docx”。

(2) 选择“邮件”选项卡→“开始邮件合并”组→“开始邮件合并”的下拉列表中选择“信函”，如图 2-2-19 所示。

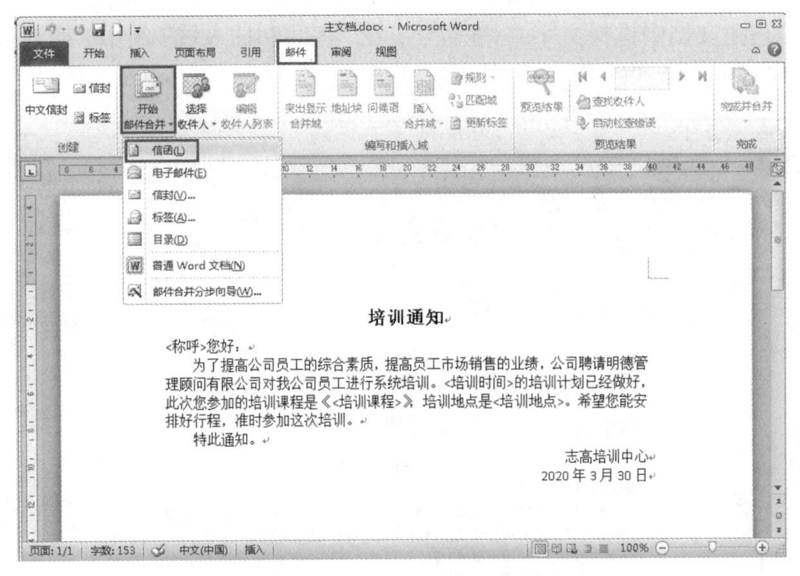

图 2-2-19　选择“邮件”操作

(3) 选择“开始邮件合并”组→“选择收件人”的下拉列表中“使用现有列表”，如图 2-2-20 所示，在弹出的对话框中选择文件“数据源. xlsx”。

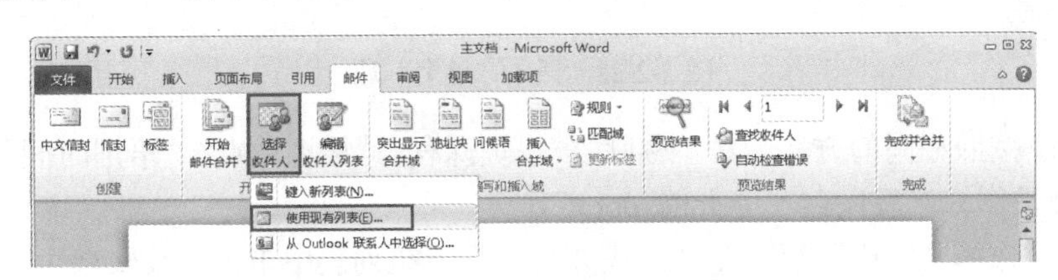

图 2-2-20　选择邮件合并数据源

(4) 打开文件后弹出对话框，选择 Sheet1$(因为数据在“数据源.xlsx”文件中的“Sheet1”表中)，单击“确定”按钮，如图 2-2-21 所示。

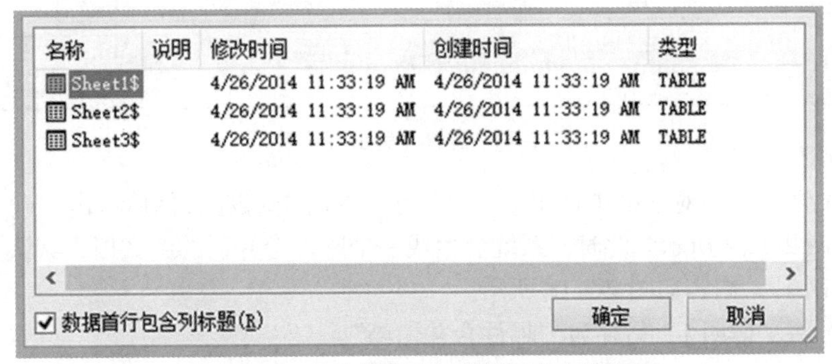

图 2-2-21　确定邮件合并数据源表中的数据

(5) 在主文档中选择文字“<姓名>”，在“编写和插入域”组中“插入合并域”的下拉列表中选择“姓名”，如图 2-2-22 所示。

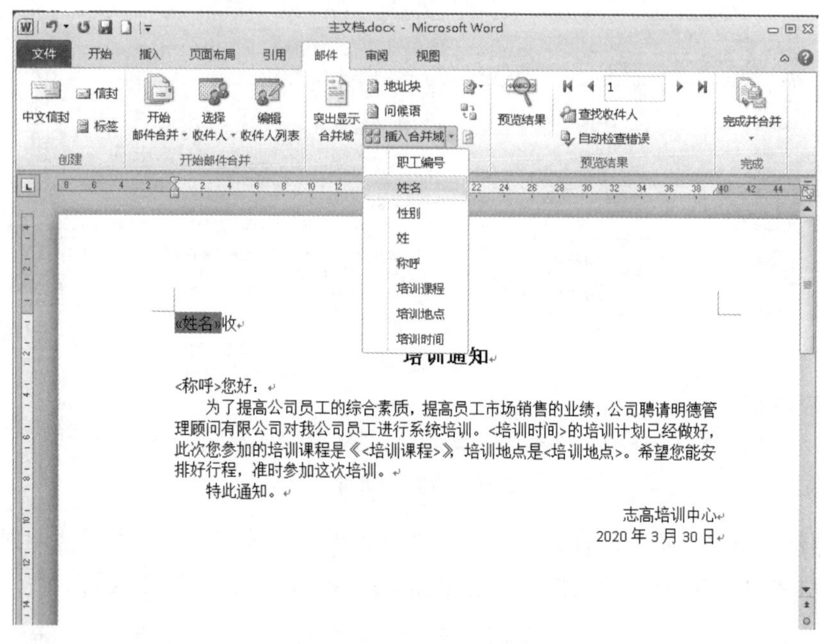

图 2-2-22　插入“姓名”域

(6) 按照相同的方法，对“称呼”“培训课程”“培训地点”“培训时间”完成插入域操作，然后保存“主文档. docx”。

(7) 选择“完成”组→在“完成并合并”下拉列表中单击“编辑单个文档”，如图 2-2-23 所示。

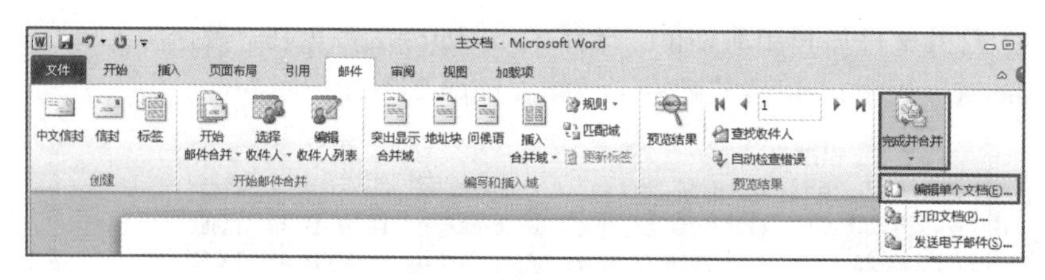

图 2-2-23　选择“完成并合并”

(8) 在弹出的对话框中选中“全部”前面的单选按钮，然后单击“确定”按钮，如图 2-2-24 所示。此时，系统会生成一个邮件合并后的新文档，默认文件名为“信函 1”，内容如图 2-2-18 所示。

(9) 将“信函 1”另存为“邮件合并信函”。

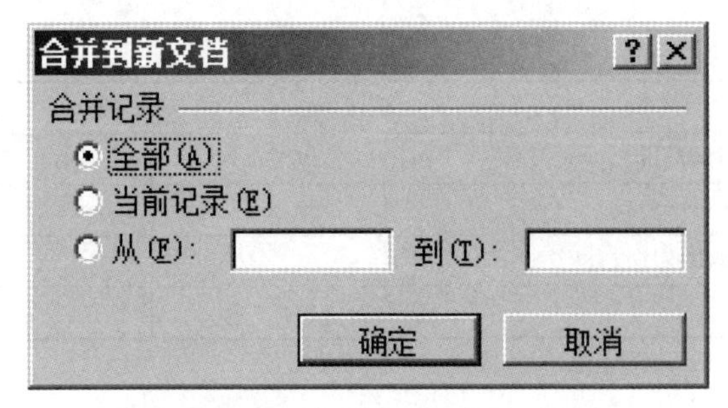

图 2-2-24　“合并到新文档”对话框

方法与技巧：

从上述步骤表述可以看到，从数据源插入的字段都用符号“<>”括起来，以便与文档中的普通内容相区别；Word 主文档中一个“<>”中的内容，只能取 Excel 数据源文件中一列的数据。

实验 2-2-3　Excel 综合应用

【实验目的】

掌握 Excel 综合应用

【主要知识点】

1. 多工作表操作时单元格的引用
2. 复杂函数的使用

【实验任务及步骤】

在 D 盘根目录下建立“ZHSY2-3”文件夹作为本次实验的工作目录。

【任务 1】创建一个“考试管理. xlsx”工作簿，包括“统计”“考生信息”和“考生成绩”三个工作表，工作表结构如表 2-2-1、表 2-2-2 和表 2-2-3 所示。

表 2-2-1　统计表

统计			
考试科目	报考人数	通过人数	通过率
二级 C 语言程序设计			
二级 MS Office 高级应用			

续表

统计			
考试科目	报考人数	通过人数	通过率
一级 Photoshop			
二级 Web 程序设计			
…			

表 2-2-2　考生信息表

考生信息				
考号	姓名	性别	报考科目	是否通过
2020051123	张山	女	二级 C 语言程序设计	
2020021345	黎四	男	二级 MS Office 高级应用	
2020041122	汪五	女	一级 Photoshop	
2020021345	赵六	男	二级 C 语言程序设计	
…	…	…	…	

表 2-2-3　考生成绩表

考生成绩		
考号	理论成绩	实验成绩
2020051123	78	90
2020021345	55	78
2020041122	88	67
2020021345	90	46
…	…	…

要求：

(1) 填写“统计”表中考试科目列。其中，“考试科目”可以自己构造，如“二级 C 语言程序设计”“二级 MS Office 高级应用”“一级 Photoshop”“二级 Web 程序设计”等，至少 5 种。

(2) 填写“考生信息”表中“考号”“姓名”“性别”和“报考科目”列信息。其中“报考科目”只能是“统计”表中的科目，并使用数据有效性设置填写，基本数据行不少于 30 行。

(3) 填写“考生成绩”表中“考号”“理论成绩”“实验成绩”列中的数据，要求“考生信息”“考生成绩”两张表中“考号”列一一对应。

(4) 根据“考生成绩”表中的“理论成绩”和“实验成绩”，利用 IF 和 AND 函数填充“考生信息”表中的“是否通过”列，其中“理论成绩”和“实验成绩”均大于等于 60 分为合格，其余为不合格。

(5) 根据“考生信息”表中的数据，填充“统计”表中的“考试科目”，利用 COUNTIF 函数统计每个科目的“报考人数”，利用 COUNTIFS 函数统计每个科目的“通过人数”，并计算“通过率”列。

(6) 复制“考生信息”表，重命名为“合格考生信息”。在“合格考生信息”表筛选出考试合格的学生。

(7) 在“统计”表中根据“考试科目”和“报考人数”生成一个内嵌式三维饼图。

(8) 各工作表的数据格式、边框线格式、图表格式等均自己定义、设计。

(9) 通过上述数据分析、比较各科目的通过率，给考生提出合理的建议。

操作提示： Excel 函数功能非常丰富，通过这个实验大家可以学习和掌握三个新的函数：AND、COUNTIF 和 COUNTIFS。具体使用方法请同学们自行查找 Excel 帮助文件或者网上查找。

1. AND(logical1,[logical2],…)

logical1：第一个逻辑条件，必选参数。

logical2：第二个逻辑条件，可选参数。

2. 条件计数函数 COUNTIF(range,criteria)

range：计数的单元格区域，必选参数。

criteria：计数的条件，必选参数。条件可以为数字、表达式、单元格地址或文本。

3. 多条件计数函数

COUNTIFS(criteria_range1,criteria1,[criteria_range2,criteria2], …)

criteria_range1：在其中计算关联条件的第一个区域，必选参数。

criteria1：计数的条件，必选参数。条件可以为数字、表达式、单元格地址或文本。

criteria_range2、criteria2：附加的区域及其关联条件，可选参数，最多允许 127 个区域/条件对。

每个附加区域都必须与参数 criteria_range1 具有相同的行数和列数，这些区域可以不相邻。

【任务 2】创建一个“商品管理. xlsx”工作簿，包括“商品信息”“进货情况”

和“销售流水”三个工作表，工作表结构如表 2-2-4、表 2-2-5 和表 2-2-6 所示。

表 2-2-4　商品信息表

商品信息					
商品编号	商品名称	进价	售价	原库存量	现库存量
MJ-123	毛巾	15	20	120	
TX-010	拖鞋	20	30	87	
…	…	…	…	…	…

表 2-2-5　进货情况表

进货情况	
商品编号	数量
MJ-123	20
TX-010	30
…	…

表 2-2-6　销售流水表

销售流水		
商品编号	数量	时间
MJ-123	5	8:10
TX-010	2	8:20
MJ-123	2	9:02
…	…	…

要求：

(1) 填写“商品信息”表中的“商品编号”“商品名称”“进价”“售价”和“原库存量”列中的数据，其中输入不少于 5 种商品。

(2) 填写“进货情况”表中“商品编号”“数量”。其中，“进货情况”表的“商品编号”与“商品信息”表的“商品编号”相同，两表数据行数相同，“数量”为大于等于 0 的整数。

(3) 填写“销售流水”表中“商品编号”“数量”“时间”。其中，“销售流水”表中的“商品编号”必须是“商品信息”表中存在的“商品编号”，并且“商品编号”有重复值，录入不少于 30 行。

(4) 在“销售流水”表的“商品编号”插入一列“商品名称”。根据“商品信息”表中的信息利用VLOOKUP函数填充“销售流水”表中的“商品名称”。

(5) 在“商品信息”表的最后添加一列“销售总量”。根据“销售流水”表的“数量”，利用SUMIF函数填充“商品信息”表的“销售总量”列。

(6) 根据“进货情况”表和“商品信息”表信息填充“商品信息”表中“现库存量”列。

(7) 在“商品信息”表中插入一列“毛利润”，并计算每种商品的“毛利润”(毛利润=销售数量×(售价−进价))。

(8) 在“商品信息”表中根据“商品名称”和“毛利润”生成一个内嵌式三维环形图。

(9) 通过数据分析给店主提出合理的建议。

操作提示：Excel函数功能非常丰富，通过这个实验大家可以学习和掌握两个新的函数：VLOOKUP和SUMIF。具体使用方法请同学们自行查找Excel帮助文件或者网上查找。

1. 垂直查询函数 VLOOKUP(look_value,table_array,col_index_num,[range_lookup])

look_value：要在表格或区域的第一列中搜索到的值，必选参数。

table_array：要查找的数据所在的单元格区域，在table_array第一列中查找，必选参数。

col_index_num：最终返回数据所在的列号，必选参数。

range_lookup：指定查找是否精确匹配，若为TRUE，则精确匹配；若为FALSE，则近似匹配。可选参数。

2. 条件求和函数 SUMIF(range,criteria,[sum_range])

range：用于条件计算的单元格区域，必选参数。

criteria：求和的条件，必选参数。

sum_range：要求和的实际单元格区域，可选参数。

第 3 章　演示文稿综合应用案例

实验 2-3-1　PowerPoint 的高级应用

【实验目的】

1. 掌握演示文稿模板制作的基本过程
2. 掌握幻灯片母版的使用方法

【主要知识点】

1. 演示文稿模板的制作
2. 利用模板产生基于该模板的新文档
3. 幻灯片母版的使用
4. 设置页眉页脚
5. 设置幻灯片大小
6. 设置水印

【实验任务及步骤】

在 D 盘根目录下建立“ZHSY3-1”文件夹作为本次实验的工作目录。启动 PowerPoint，使用“空演示文稿”新建文件，完成模板中幻灯片母版的设计。

【任务 1】设置“幻灯片母版”的样式。

要求：

(1) 标题占位符的样式：字体、字形、字号、颜色自定。

(2) 文本占位符的样式：字体、字形、字号、颜色自定。

(3) 日期占位符、页脚占位符、数字占位符的样式：字体、字形、字号、颜色自定，在演示文稿中加入日期(可以自动更新)、幻灯片编号(标题幻灯片中不显示编号)，并且日期和时间会随着系统的变化而改变，页脚为学生自己的姓名。

(4) 幻灯片的高度设置为 21cm，宽度设置为 35cm。

操作步骤

(1) 启动 PowerPoint，新建一个空演示文稿。在“视图”选项卡的“母版视图”组中单击“幻灯片母版”，进入“幻灯片母版”的设计。注意：在幻灯片母版设计中可以看到有五种样式的占位符：标题占位符、文本占位符、日期占位符、页脚占位符和数字占位符，分别如图 2-3-1 中的③、④、⑤、⑥、⑦所示。

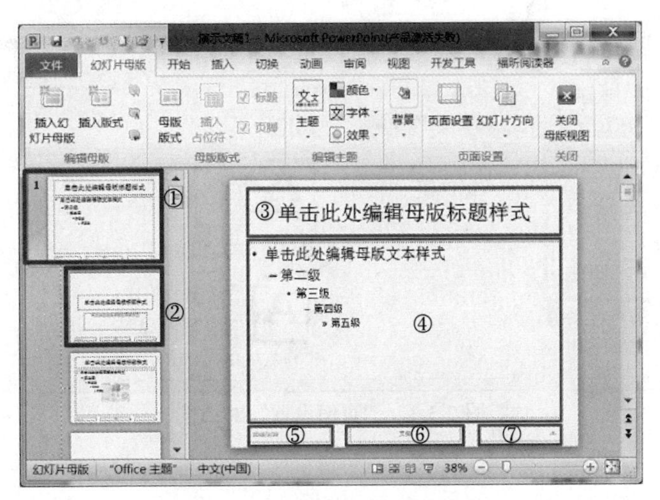

图 2-3-1　幻灯片母版的设计界面

(2) 在编辑窗口的左侧单击“幻灯片母版”，如图 2-3-1 中的①所示，对标题占位符、文本占位符按要求进行格式化。

(3) 在“插入”选项卡的“文本”组中单击“页眉和页脚”按钮，弹出“页眉和页脚”对话框，在该对话框中如图 2-3-2 所示设置，单击“全部应用”按钮完成设置。

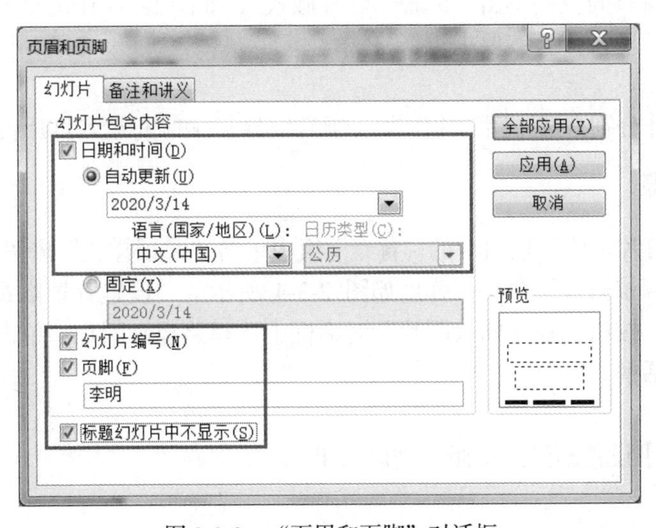

图 2-3-2　“页眉和页脚”对话框

(4) 在“幻灯片母版”选项卡的“页面设置”组中单击“页面设置”按钮，弹出“页面设置”对话框，在该对话框中如图 2-3-3 所示设置，单击“确定”按钮完成设置。

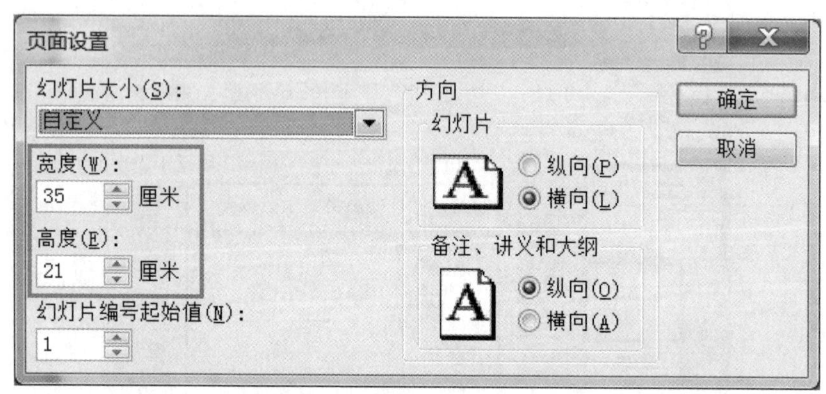

图 2-3-3 “页面设置”对话框

【任务 2】设置“标题幻灯片版式”的样式。

要求：

(1) 标题占位符的样式：字体、字形、字号、颜色自定。

(2) 副标题占位符的样式：字体、字形、字号、颜色自定。

操作步骤

在编辑窗口的左侧单击“标题幻灯片版式”，如图 2-3-1 中的②所示，对标题占位符和副标题占位符按要求进行格式化。

【任务 3】分别自选一幅图片作为“幻灯片母版”和“标题幻灯片版式”的背景。

操作步骤

在“幻灯片母版”选项卡的“背景”组中单击“背景样式”按钮背景样式，选择“设置背景格式”命令，弹出如图 2-3-4 所示的“设置背景格式”对话框，单击“文件”按钮，在“插入图片”对话框中选择路径和图片，单击“插入”按钮并关闭对话框。

【任务 4】设置幻灯片母版的动画效果。

要求：

(1) 设置“幻灯片母版”的动画：标题占位符的进入效果为“空翻”，声音为

图 2-3-4　“设置背景格式”对话框

“风铃”，标题的强调效果为“波浪形”，声音为“推动”，标题的退出效果为“上浮”，声音为“微风”；文本占位符的进入效果、退出效果及声音自己设置。各动画在“上一动画之后”产生，延迟 0.5 秒出现，持续时间为 1 秒。

(2) 设置“幻灯片母版”动画执行顺序：动画执行的顺序依次为标题进入效果、标题强调效果、文本进入效果、文本退出效果、标题退出效果。

(3) 设置“标题幻灯片版式”的动画：标题占位符和副标题占位符的进入效果、强调效果、退出效果及声音自己设置，在“上一动画之后” 1 秒后产生，并设置各动画的执行顺序。

(4) 设置幻灯片切换效果为“垂直百叶窗”，换片方式为“每隔 2 秒”。

操作步骤

(1) 设置“幻灯片母版”的动画效果。

① 选择“幻灯片母版”为当前母版，选中标题占位符，在“动画”选项卡“动画”组的动画列表框中选择“更多进入效果”命令，弹出如图 2-3-5 所示的“更改进入效果”对话框，在该对话框中选择“空翻”，单击“确定”按钮完成设置。

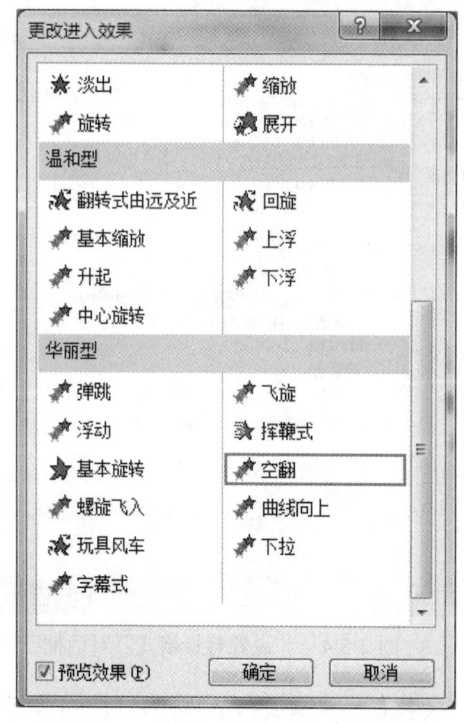

图 2-3-5　“更改进入效果”对话框

② 单击在“动画”选项卡“动画”组右下角“显示其他效果选项”启动器按钮，在弹出的对话框中将声音设置为“风铃”，单击“确定”按钮完成设置。在“动画”选项卡“计时”组中选择“开始”下拉列表中的“上一动画之后”，“持续时间”设置为“01.00”，“延迟”设置为“00.50”，如图 2-3-6 所示。

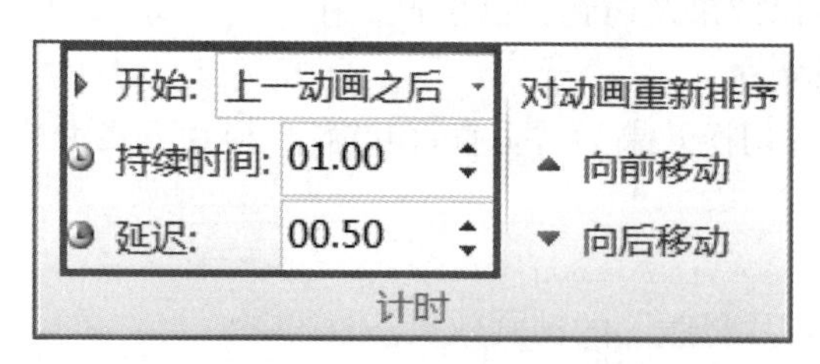

图 2-3-6　设置动画计时

③ 单击“高级动画”组中的“添加动画”按钮，选择“更多强调效果”命令，在弹出的“更多强调效果”对话框中选择“波浪形”，同上面的方法设置声音效果。再单击“高级动画”组中的“添加动画”按钮，选择“更多退出效果”命令，在弹出的“更多退出效果”对话框中选择“上浮”，同上面的方法设置声音效果。选中文本占位符，用同样的方法设置各动画效果及声音。

(2) 设置动画播放顺序。

在“动画”选项卡的“高级动画”组中单击“动画窗格”按钮，编辑窗口的右侧会出现如图 2-3-7 所示的动画窗格，选中需要改变顺序的动画，在“动画”选项卡的“计时”组中单击“向前移动”或“向后移动”按钮。在动画窗格中单击“播放”按钮，可以预览动画的播放顺序。

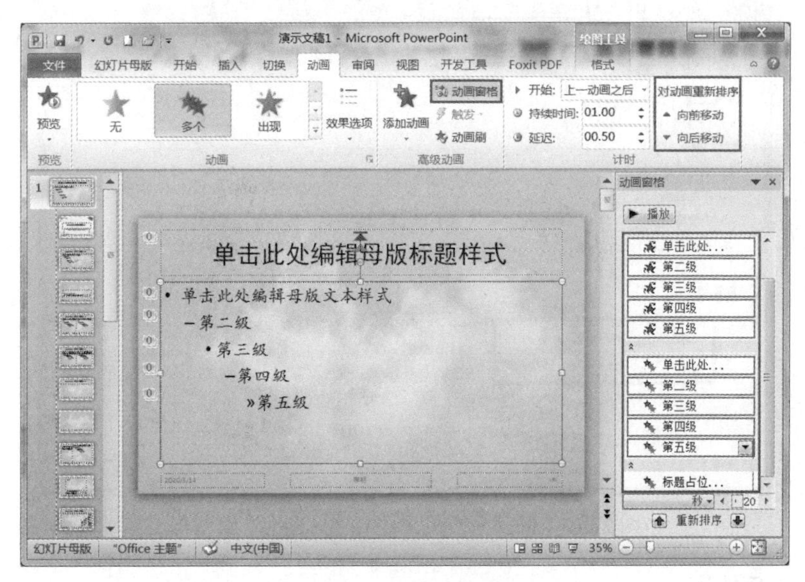

图 2-3-7　动画窗格

(3) 选择“标题幻灯片版式”为当前母版，按上述方法设置标题和副标题的动画效果。

(4) 在“切换”选项卡中的“切换到此幻灯片”组中，选择“百叶窗”，效果选项为“垂直”，在“计时”组中进行如图 2-3-8 所示设置，设置完成后单击“全部应用”按钮完成设置。

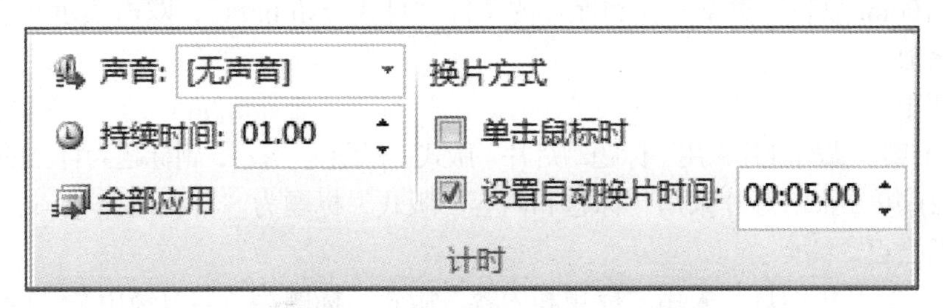

图 2-3-8　设置切换幻灯片的计时效果

【任务 5】完成后以文件名“我的模板.potx”保存。

操作步骤

单击“保存”按钮，弹出“另存为”对话框，选择文件保存类型和保存位置，输入文件名，如图 2-3-9 所示。

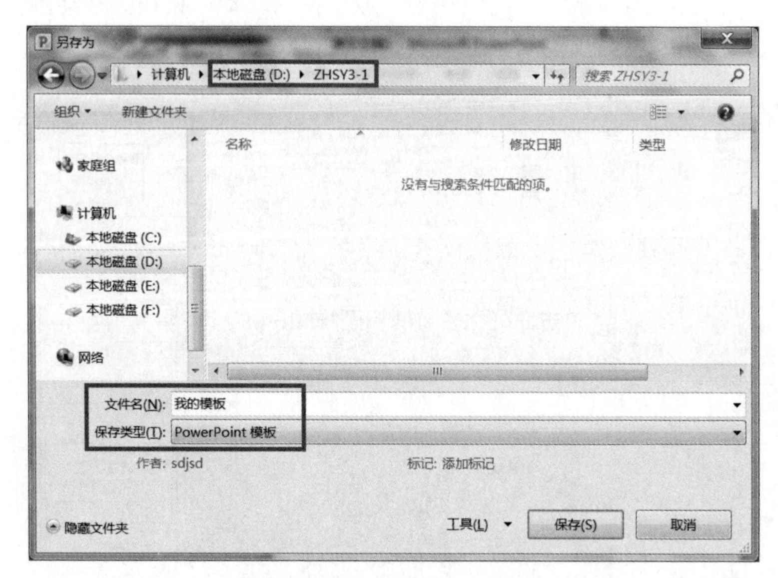

图 2-3-9　保存为模板文件的“另存为”对话框

方法与技巧

如果要修改模板，不能双击模板文件打开，需要先打开 PowerPoint，选择“文件”菜单中的“打开”命令，弹出“打开”对话框，找到模板文件打开，然后进行修改。

【任务 6】利用模板文件“我的模板.potx”新建一个演示文稿，将文件保存为“PowerPoint 放映”类型。找到保存的文件“自我介绍.ppsx”，双击演示文稿可以自动播放。

要求：

(1) 第一张幻灯片采用“标题幻灯片”版式，标题为“我”，副标题为自己的姓名。

(2) 第二张幻灯片采用“标题和内容”版式，标题为“自我简介”，文本为简单介绍自己。

(3) 第三张幻灯片采用“标题和内容”版式，标题为“学习经历”，文本为介绍自己的学习经历。

(4) 第四张幻灯片采用“两栏内容”版式，标题为“我的奋斗目标”，左侧简单介绍，右侧选择一种合适的 SmartArt 图形表示。

操作步骤

(1) 打开“我的模板.potx”，即新建了一个基于这个模板的空白演示文稿，如图 2-3-10 所示，文件名为系统默认的“演示文稿 1”，完成第一张到第三张幻灯片的设置。

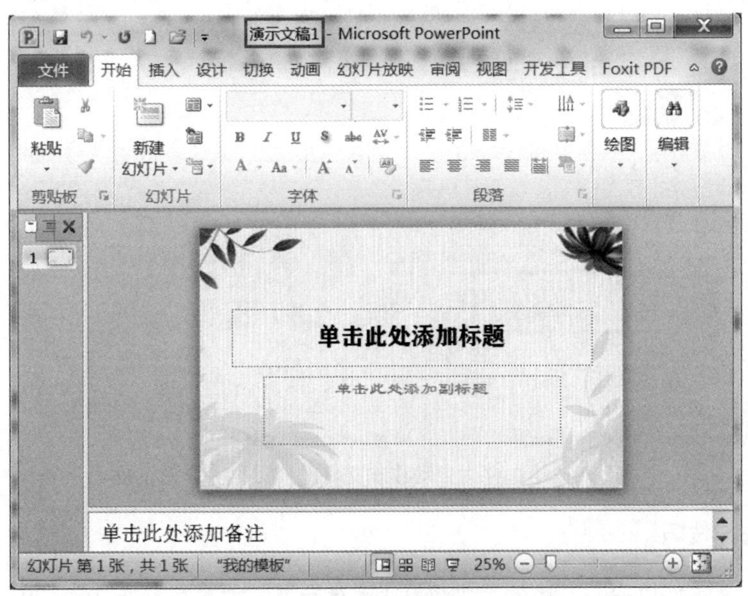

图 2-3-10　根据模板新建的演示文稿

(2) 第四张幻灯片的版式设置为“两栏内容”版式，单击占位符中的插入 SmartArt 图形的图标，在如图 2-3-11 所示的“选择 SmartArt 图形”对话框中选择一种合适的 SmartArt 图形。

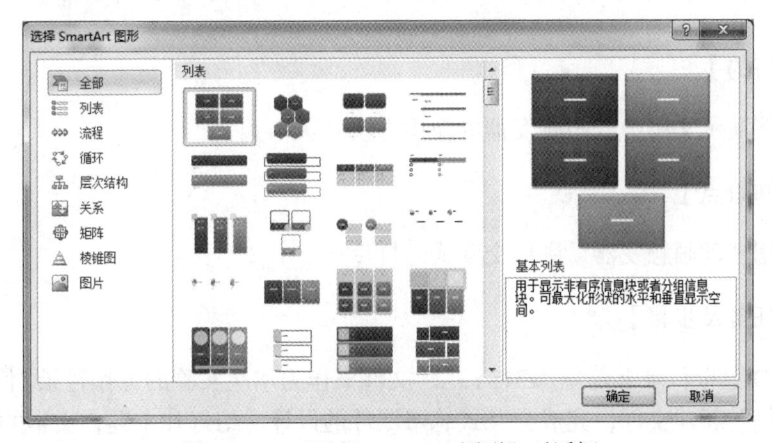

图 2-3-11　“选择 SmartArt 图形”对话框

(3) 单击“保存”按钮，弹出“另存为”对话框，选择文件保存类型和保存位置，输入文件名即可，如图 2-3-12 所示，双击该文件即可自动播放。

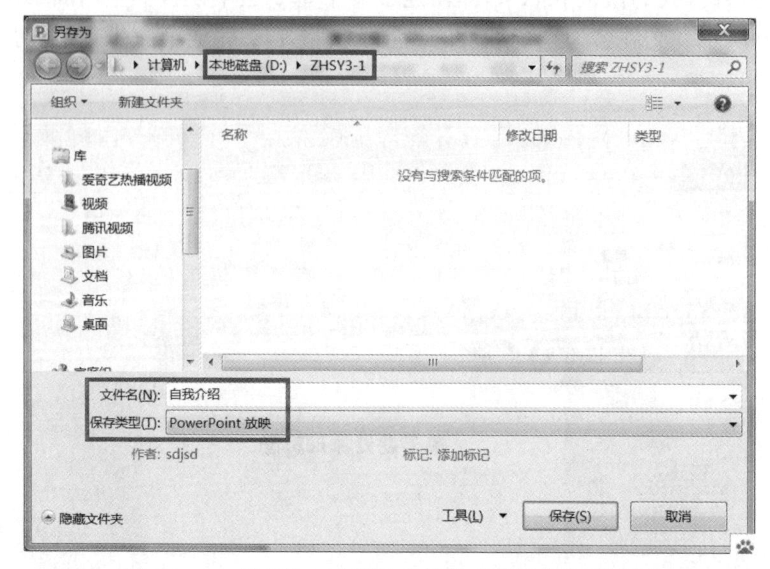

图 2-3-12 保存为自动放映文件的“另存为”对话框

方法与技巧

如果要修改“.ppsx”文件，不能双击文件打开，需要先打开 PowerPoint，选择“文件”菜单中的“打开”命令，弹出“打开”对话框，找到“.ppsx”文件打开，然后进行修改。

实验 2-3-2 制作交互式练习课件

【实验目的】

掌握演示文稿中动画触发器的使用方法

【主要知识点】

利用“动画触发器”制作交互式幻灯片

【实验任务及步骤】

在 D 盘根目录下建立“ZHSY3-2”文件夹作为本次实验的工作目录。使用“空演示文稿”新建文件，完成交互式练习课件的设计，幻灯片主题，文本的字体、字号、颜色等均自行设计，文件名为“交互式课件. pptx”。

【任务 1】利用动画触发器制作如图 2-3-13 所示的选择题。在动画播放时，当用户选择 A、C 或 D 三项时，幻灯片就显示“不对，再想想”，并发出炸弹爆炸的声音；当用户选择 B 选项时，幻灯片就显示“完全正确，非常棒”，并发出鼓掌的声音。

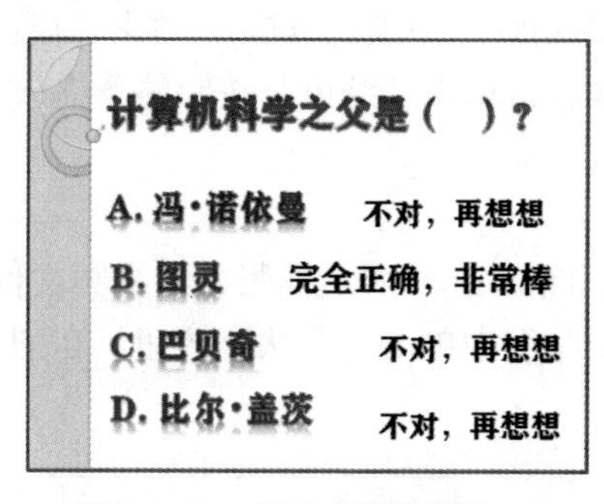

图 2-3-13　交互式课件样张 1

操作步骤

(1) 在幻灯片中按图 2-3-13 所示的样张制作相关内容，可以是文本框(题干和每个选项分别放在不同的文本框中，不能放在一个文本框中)，也可以是艺术字。

(2) 选择第一个“不对，再想想”，设置其动画效果为“出现”。在“动画”选项卡的“动画”组中单击右下角的对话框启动器按钮，在“出现”对话框中选择“效果”选项卡，设置声音为“炸弹”。

(3) 在“计时”选项卡的触发器按钮下选择“单击下列对象时启动效果”，在右边的下拉列表框中选择“矩形 4：A. 冯 · 诺依曼”项，如图 2-3-14 所示，单击“确定”按钮完成设置。

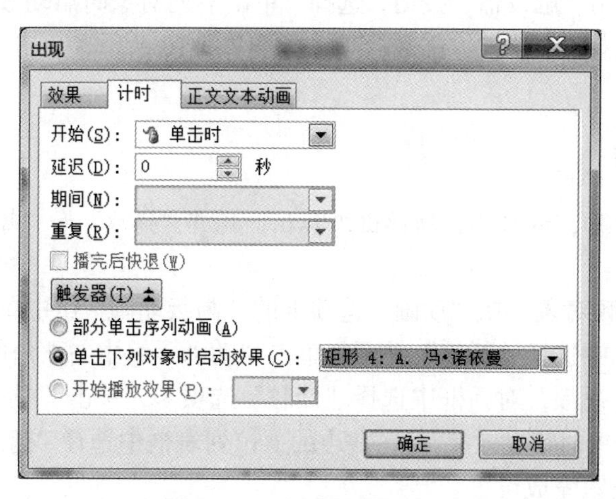

图 2-3-14　设置动画触发器

(4) 用上述方法分别设置“完全正确，非常棒”和第 2、3 个“不对，再想想”的动画效果及触发器。

【任务 2】利用动画触发器制作如图 2-3-15 所示的视频控制幻灯片(其中视频文件为“PPT1.wmv”，即幻灯片中黑色方框)。单击“播放”按钮播放视频，单击“暂停”按钮暂停视频播放，单击“结束”按钮停止播放视频。

操作步骤

(1) 在幻灯片中按如图 2-3-15 所示样张插入视频文件“PPT1.wmv”，然后在“插入”选项卡的“插图”组中单击“形状”按钮，在列表框中选择“椭圆”，制作三个不同颜色的按钮。

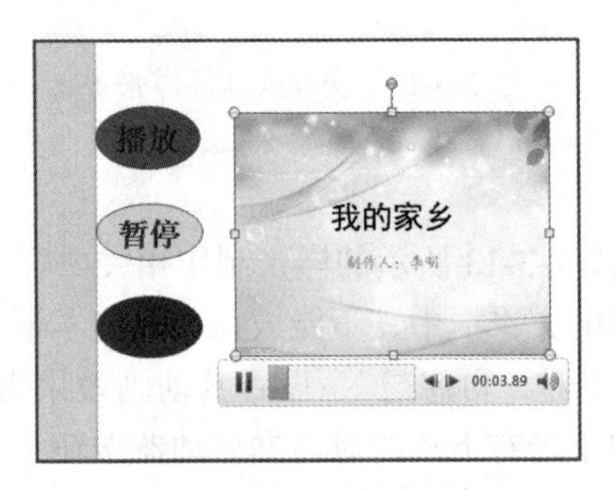

图 2-3-15　交互式课件样张 2

(2) 选择视频对象，在“动画”选项卡的“动画”组中选择“播放”动画，单击“动画”组中右下角的对话框启动器按钮，在“播放视频”对话框中选择“计时”选项卡，单击“触发器”按钮，选择“单击下列对象时启动效果”，在右边的下拉列表框中选择“椭圆 2：播放”项，如图 2-3-16 所示，单击“确定”按钮完成设置。

方法与技巧

插入视频对象，该影片自动弹出工具栏，具有“播放”和“暂停”两个功能。

(3) 选择视频对象，在“动画”选项卡的“高级动画”组中单击“添加动画”按钮，在列表框中选择“暂停”动画，单击“动画”组中右下角的对话框启动器按钮，在“暂停视频”对话框中选择“计时”选项卡，单击“触发器”按钮，选择“单击下列对象时启动效果”，在右边的下拉列表框中选择“椭圆 3：暂停”项，单击“确定”按钮完成设置。

(4) 采用相同的方法设置“结束”动画的触发器。

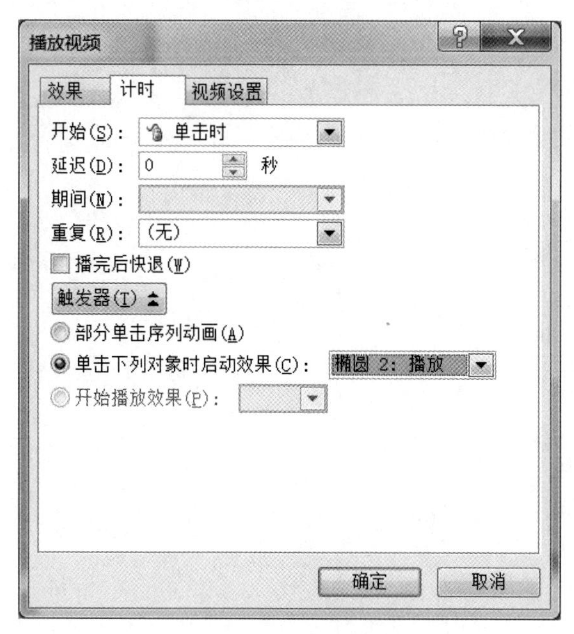

图 2-3-16　设置播放按钮的触发器

第三部分　计算思维能力拓展实训

第 1 章　Python 语言基本结构

实验 3-1-1　Python 开发环境

【实验目的】

1. 熟悉 Python3.x 的集成开发学习环境（integrated development and learning environment，IDLE）
2. 熟悉启动、运行 Python 程序的方法

【主要知识点】

1. IDLE
2. 启动、运行 Python 程序的两种方法

【实验任务及步骤】

在 D 盘根目录下建立“PYSY1-1”文件夹作为本次实验的工作目录（可在官网 http://www.python.org 下载并安装合适的 Python 版本）。本书程序均在 Python 3.8 中调试完成。

【任务 1】交互式启动和运行“Hello World”小程序。

操作步骤

(1) 在 CMD 命令方式下交互式运行 Python 程序。

① 在“开始”菜单中选择 Python3.8→Python 3.8 命令 Python 3.8 (32-bit)，在命令提示符>>>后输入如下代码：

print("Hello World")

② 按 Enter 键后显示输出结果“Hello World”，如图 3-1-1 所示。

```
Python 3.8 (32-bit)
Python 3.8.0 (tags/v3.8.0:fa919fd, Oct 14 2019, 19:21:23) [MSC v.1916 32 bit (In
tel)] on win32
Type "help", "copyright", "credits" or "license" for more information.
>>> print("Hello World")
Hello World
>>>
```

图 3-1-1　命令方式下程序的运行效果

③ 退出 Python 的 CMD 运行环境。

a. 在提示符>>>后输入 exit()或 quit()，按 Enter 键。

b. Ctrl+Z(组合键)，按 Enter 键。

(2) 在 IDLE 中交互式运行 Python 程序。

在“开始”菜单中选择 Python3.8→ IDLE (Python 3.8 32-bit)，图 3-1-2 展示了 IDLE 中运行“Hello World”的程序效果。

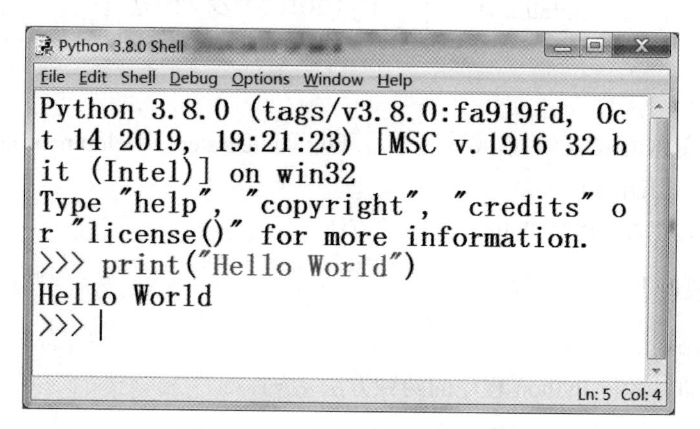

图 3-1-2　IDLE 中程序的运行效果

【任务 2】文件方式启动和运行“Hello World”小程序。

操作步骤

(1) 在“开始”菜单中选择 Python3.8→ IDLE (Python 3.8 32-bit)，单击 File→New File，在弹出的新窗口中也可以编写代码，如图 3-1-3 所示，然后单击 File→Save 保存，如图 3-1-4 所示。

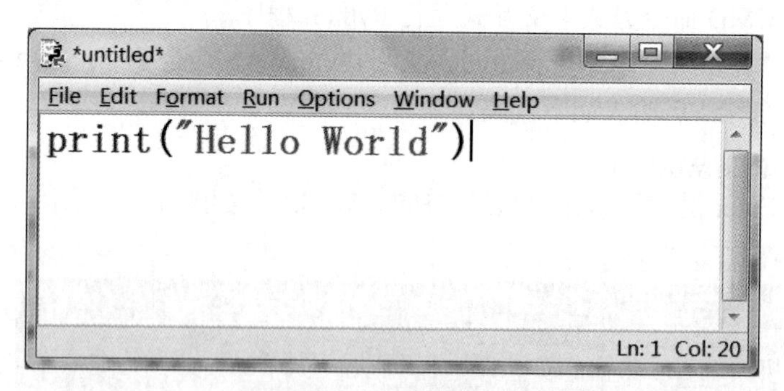

图 3-1-3　程序编辑窗口

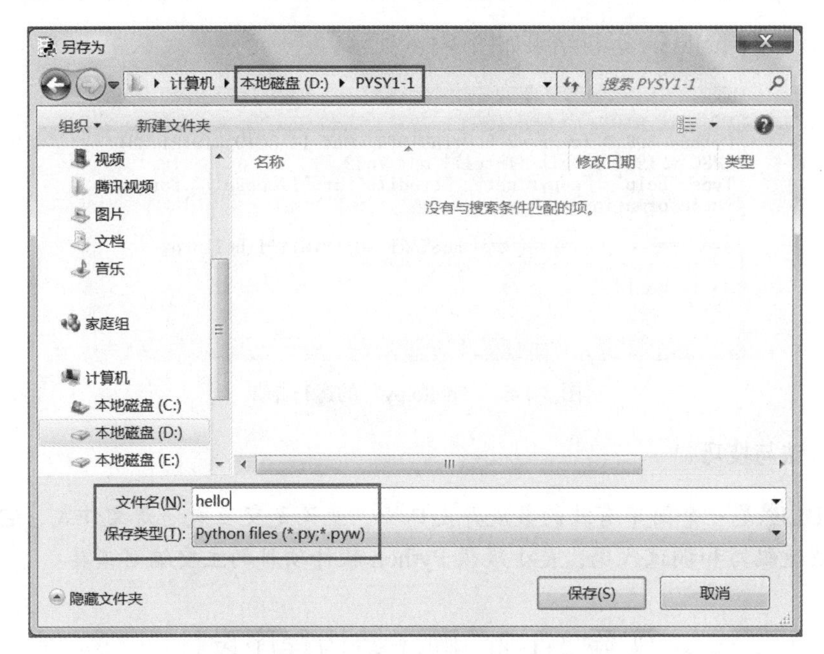

图 3-1-4　保存 Python 程序文件

方法与技巧

在任意编辑器(如记事本等)中，按照 Python 的语法格式编写代码，并保存为“.py”形式的文件。

(2) 通过 File→Open 打开已经建好的文件，按快捷键 F5 或选择 Run→Run Module 运行该文件，如图 3-1-5 所示。

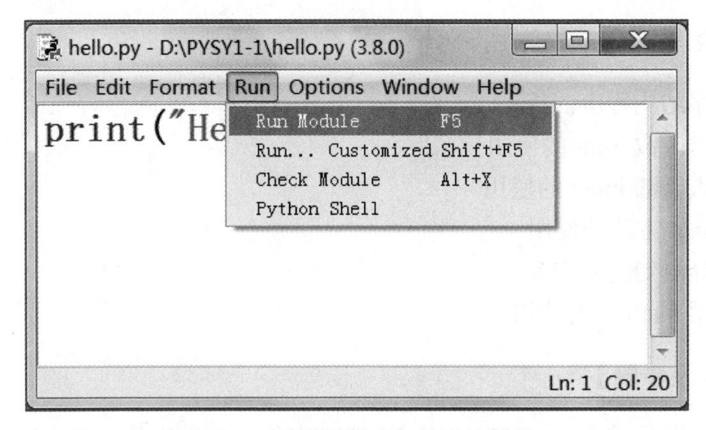

图 3-1-5　文件编辑窗口的 Run 菜单

(3) 文件 hello.py 运行结果如图 3-1-6 所示。

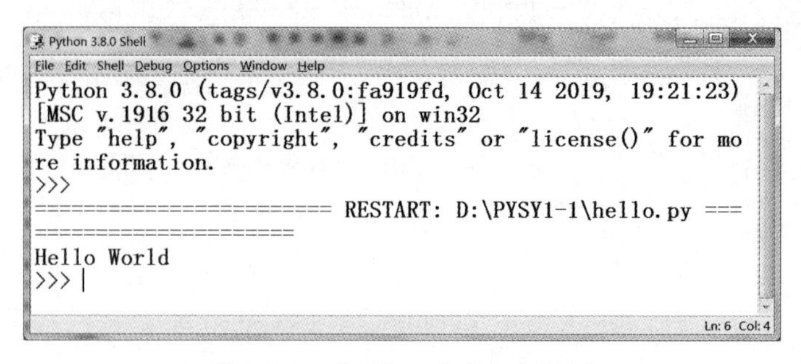

图 3-1-6　“hello.py”的运行结果

方法与技巧

IDLE 是一个简单有效的集成开发环境，无论是交互式还是文件式，它都有助于快速编写和调试代码，是小规模 Python 软件项目的主要编写工具。

实验 3-1-2　顺序结构程序设计

【实验目的】

1. 体会 Python 顺序结构程序的执行顺序
2. 掌握基本输入输出函数的使用
3. 掌握 format 方法的使用
4. 学会使用注释语句
5. 掌握 math 库中常用函数的使用

【主要知识点】

1. 顺序结构程序的特点
2. 输出函数 print 的使用
3. 输入函数 input 的使用
4. format 方法的使用
5. 注释语句的使用
6. 常用 math 库的使用

【实验任务及步骤】

在 D 盘根目录下建立“PYSY1-2”文件夹作为本次实验的工作目录。

【任务 1】已知圆的直径为 20，该圆的面积是多少，平均分成 5 份，每份的面积又是多少？文件名为“jgex2-1. py”。

程序分析

圆的直径为 20，则圆的半径为 10，利用圆的面积公式 area=πr^2可以计算圆的面积。

参考代码

行号	文件名为：jgex2-1.py
1	r = 10　　#圆半径为 10
2	area = 3.1415 * r * r　　#圆面积的计算公式
3	print(area)　　#输出圆面积
4	print("圆面积为：{:.2f}".format(area))　　#保留两位小数
5	aver = area / 5　　#圆面积平分为 5 份
6	print("每份面积为：{:.2f}".format(aver))

程序运行结果

程序“jgex2-1.py”运行结果如图 3-1-7 所示。

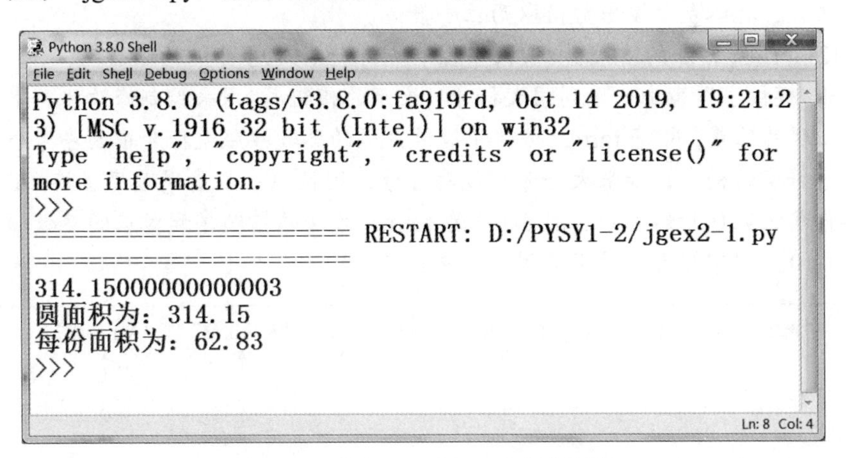

图 3-1-7　程序“jgex2-1.py”运行结果

方法与技巧

本程序可以在交互方式下运行，过程如图 3-1-8 所示。

```
Python 3.8.0 Shell
File Edit Shell Debug Options Window Help
Python 3.8.0 (tags/v3.8.0:fa919fd, Oct 14 2019, 19:21:23)
[MSC v.1916 32 bit (Intel)] on win32
Type "help", "copyright", "credits" or "license()" for mo
re information.
>>> r = 10   #圆半径为10
>>> area = 3.1415 * r * r    #圆面积的计算公式
>>> print(area)    #输出圆面积
314.15000000000003
>>> print("圆面积为：{:.2f}".format(area))   #保留两位小数
圆面积为：314.15
>>> aver = area / 5   #圆面积平分为5份
>>> print("每份面积为：{:.2f}".format(aver))
每份面积为：62.83
>>> |
                                              Ln: 12 Col: 4
```

图 3-1-8　本实验任务在交互方式下运行效果

(1) 函数 print(<对象>)的作用是输出对象中的信息。

① 若对象是字符串和数值类型则可以直接输出，变量也可以直接输出。

② 当既有字符串又有变量输出时，也可以采用格式化输出，通过 format 函数将待输出变量整理成期望输出的格式。如本例中第 4 行的输出语句，输出的模板字符串是"圆面积为：{:.2f}"，其中{}表示一个槽位置，这个括号中的内容由紧跟其后的 format 函数中的参数 area 填充。大括号{:.2f}中的内容表示变量 area 输出的格式，具体表示输出数值取两位小数值。

(2) format 方法的格式：<模板字符串>.format(<逗号分隔的参数>)。

① 模板字符串由一系列用大括号{}表示的槽组成，用来控制修改字符串中嵌入值出现的位置，即将 format 方法中逗号分隔的参数按照大括号中的序号替换到模板字符串的槽中，如果大括号中没有序号，则按照参数出现顺序替换。format 的参数默认从 0 开始编号。图 3-1-9 为 format 方法的槽顺序和对应的参数顺序，图 3-1-10 为槽中序号与参数的对应关系。

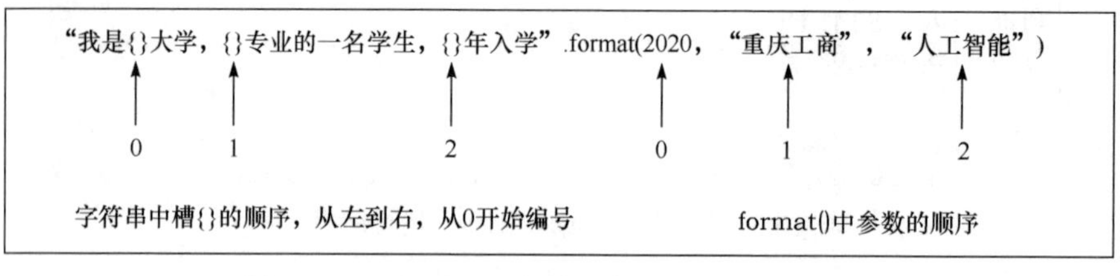

图 3-1-9　format 方法的槽顺序和对应的参数顺序

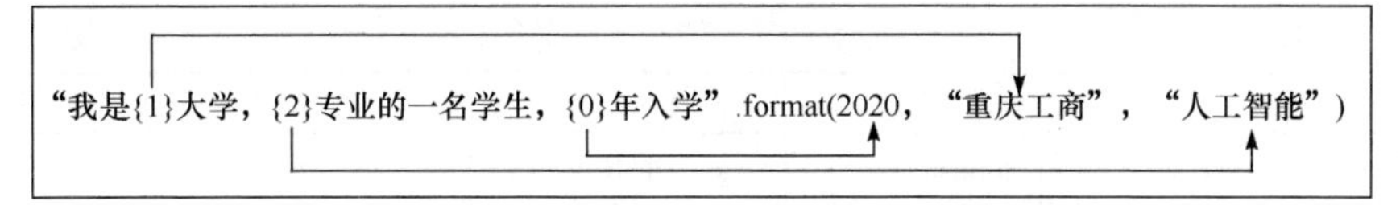

图 3-1-10 槽中序号与参数的对应关系

② 模板字符串中槽的样式：{<参数序号>:<格式控制标记>}

③ format 格式控制标记如表 3-1-1 所示。

表 3-1-1 format 格式控制标记

<填充>	<对齐>	<宽度>	<,>	<.精度>	<类型>
用于填充的单个字符	<左对齐 >右对齐 ^居中	槽的设定输出宽度	数字的千位分隔符，适用于整数和浮点数	浮点数小数部分的精度或字符串的最大输出长度	整数类型 b、c、d、o、x、X，浮点数类型 e、E、f、%

其中，<填充>、<对齐>和<宽度>是 3 个相关格式。<宽度>是指当前槽的设定输出宽度，如果该槽对应的 format 参数长度比<宽度>设定值大，则使用参数实际长度；如果该参数的实际位数小于指定宽度，则剩下的位置将被默认以空格字符填充。<对齐>指参数在指定宽度内输出时的对齐方式。<填充>是指指定宽度内除了参数外的字符采用什么字符填充，默认采用空格。

④ format 方法使用实例如表 3-1-2 所示。

表 3-1-2 format 方法使用实例

x	格式	输出结果	描述
1.23456	"{:.3f}".format(x)	1.235	保留小数点后三位
1.23456	"{:+.2f}".format(x)	+1.23	带符号保留小数点后两位
−1.2	"{:+.2f}".format(x)	−1.20	带符号保留小数点后两位
4.56	"{:.0f}".format(x)	5	不带小数
1	"{:0>3d}".format(x)	001	宽度为 3，左边补 0
1	"{:x<3d}".format(x)	1xx	宽度为 3，右边补 x
10000000	"{:,}".format(x)	10,000,000	以逗号分隔的数字格式
abc	"{:>10}".format(x)	abc	右对齐（默认，宽度为 10）
abc	"{:<10}".format(x)	abc	左对齐（宽度为 10）
abc	"{:^10}".format(x)	abc	居中（宽度为 10）

续表

x	格式	输出结果	描述
10	"{:b}".format(x) "{:d}".format(x) "{:o}".format(x) "{:x}".format(x) "{:X}".format(x)	1010 10 12 a A	不同进制的输出

注：“:”号后面带填充的字符只能是一个字符，不指定字符则默认是用空格填充。

+表示在正数前显示+，负数前显示 ；(空格)表示在正数前加空格。

槽中的 b、d、o、x、X 分别是二进制、十进制、八进制、十六进制(小写)、十六进制(大写)。

(3) 注释语句的作用是提升代码的可读性，是辅助性文字，不被计算机执行。

① 单行注释。以#开头，如本例的代码中 1～5 行，行尾均为该种注释。

② 多行注释。以'''(3 个单引号)开始和结束，如图 3-1-11 方框中所示。

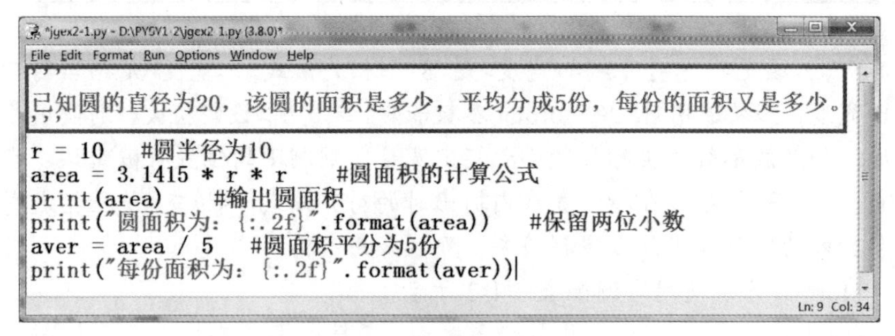

图 3-1-11 方框内为多行注释语句

【任务 2】改进圆面积程序。修改任务 1 中圆的直径及平分的份数，圆面积又如何？平分的面积又如何？文件名为“jgex2-2.py”。

程序分析

可以利用 input 函数输入圆的直径及平分的份数。

参考代码

行号	文件名为：jgex2-2.py
1	d = int(input("请输入圆的直径:"))
2	n = int(input("请输入平分的份数:"))
3	r = d / 2
4	area = 3.1415 * r * r
5	print("圆面积为：{:.2f}".format(area))
6	aver = area/(int(n))
7	print("每份面积为：{:.2f}".format(aver))

程序运行结果

程序“jgex2-2.py”运行结果如图 3-1-12 所示。

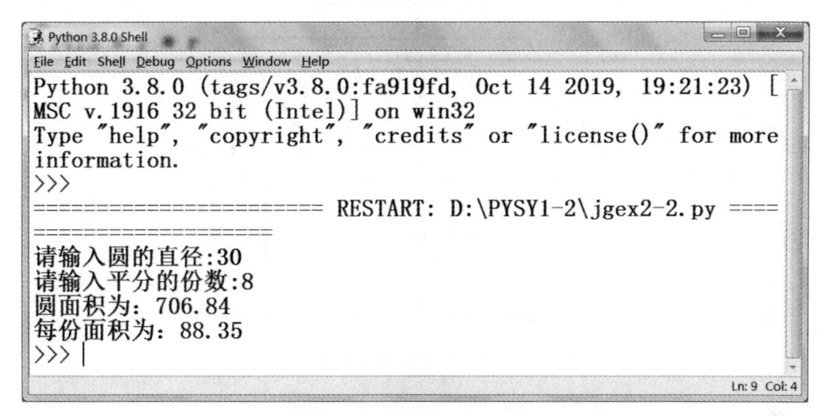

图 3-1-12　程序“jgex2-2.py”运行结果

方法与技巧

(1) 变量的命名需要遵循以下规则：

① 可以由大小写字母、数字和下划线等字符组合而成，但不能由数字开头。注意，标识符要区分大小写，area 和 Area 是两个不同的变量。

② 不能是 Python 语言的保留字，如 and、as、assert、break、class、continue、def、del、elif、else、except、finally、for、from、False、global、if、import、in、is、lambda、nonlocal、not、None、or、pass、raise、return、try、True、while、with、yield。

(2) 函数 input(<提示信息>)的作用是接收用户通过键盘输入的信息。

使用方法：<变量>= input(<提示信息>)。

无论用户输入的是字符或数字，input 函数统一按照字符串类型输出。

(3) 函数 int(x)的作用是将 x 转换为整数，x 可以是浮点数或字符串。

【任务 3】计算三角形的面积。已知三角形的三边 a、b、c，根据公式 $area=\sqrt{s(s-a)(s-b)(s-c)}$ (其中 s=(a+b+c)/2)计算三角形的面积，文件名为“jgex2-3.py”。

程序分析

根据计算公式，输入三角形的三边即可计算对应的三角形的面积。在 Python 中很多模块都是建立好的，可以直接使用。三角形面积公式中会用到 sqrt 函数，因此可以引入 math 函数库。

算法描述：根据上述分析，该问题的算法描述如图 3-1-13 所示。

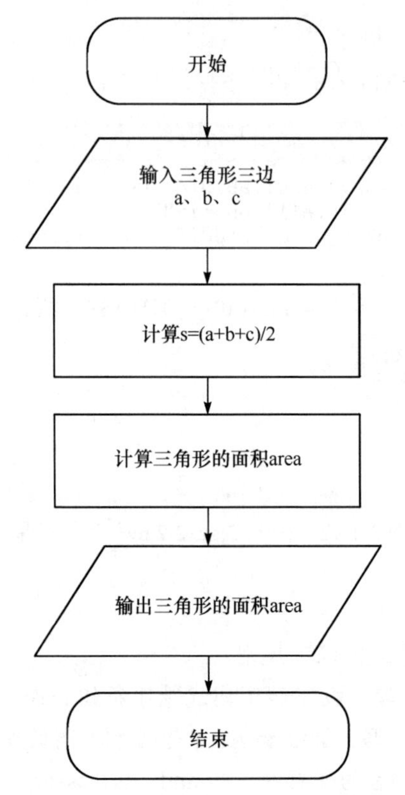

图 3-1-13　程序“jgex2-3.py”的流程图

参考代码

行号	文件名为：jgex2-3.py
1	import math　　　#引入 math 函数库
2	a=float(input("请输入三角形的第一条边:"))
3	b=float(input("请输入三角形的第二条边:"))
4	c=float(input("请输入三角形的第三条边:"))
5	s=(a + b + c) / 2
6	area=math.sqrt(s * (s - a) * (s - b) * (s - c))
7	print("{:.1f}".format(area))　　#面积输出 1 位小数

程序运行结果

程序“jgex2-3.py”运行结果如图 3-1-14 所示。

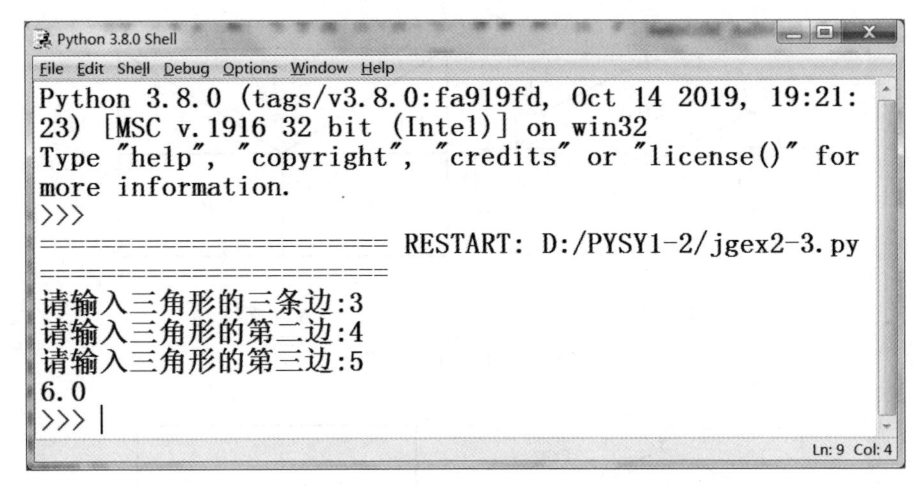

图 3-1-14　程序“jgex2-3.py”运行结果

方法与技巧

(1) 1966 年，Bohra 和 Jacopini 提出了程序的三种基本结构，即顺序结构、分支(或选择)结构、循环(或重复)结构，它们构成了实现一个算法的基本单元。

① 顺序结构是一种最基本、最简单的程序结构，如图 3-1-15 所示，先执行 A，再执行 B，A 与 B 是按照顺序执行的。本实验中的程序都是顺序结构，所有的命令均依次执行。

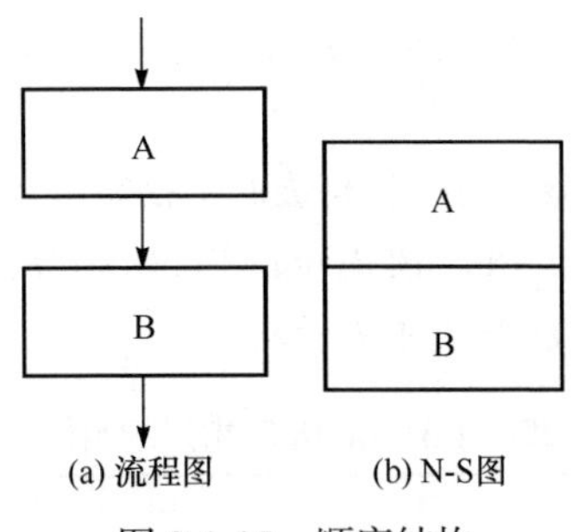

图 3-1-15　顺序结构

② 分支(或选择)结构根据条件是否成立而去执行不同的程序模块，在图 3-1-16 中，当条件 P 为真时，执行 A，否则执行 B，即要么执行 A，要么执行 B。

③ 循环(或重复)结构是指重复执行某些操作，重复执行的部分称为循环体。图 3-1-17 为循环结构，当条件 P 为真时，反复执行 A，直到条件 P 为假时才终止循环。其中 A 就是循环体，A 被重复执行的次数称为循环次数。

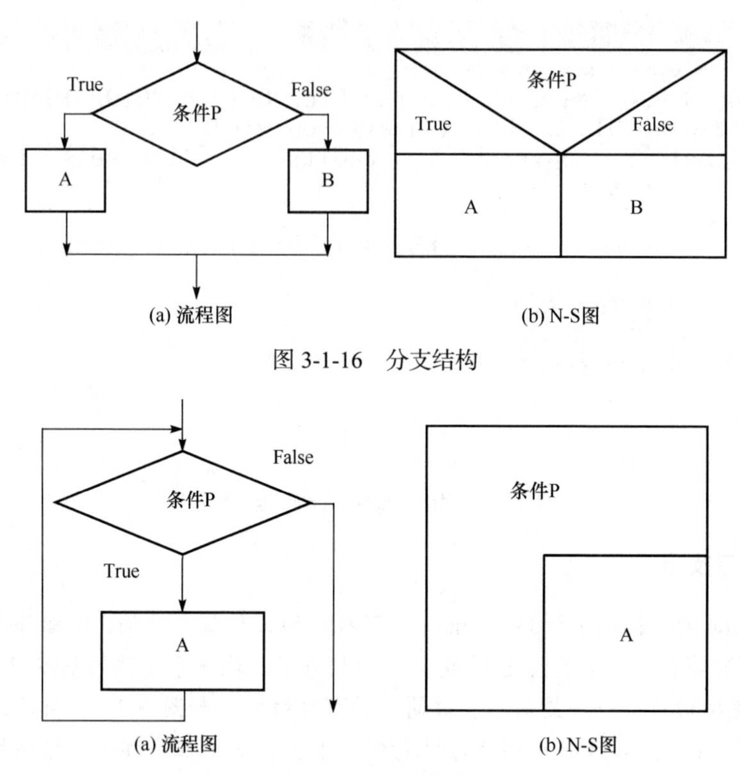

图 3-1-16　分支结构

图 3-1-17　循环结构

说明：在图 3-1-15、图 3-1-16、图 3-1-17 中，其中(a)为传统流程图，(b)为 N-S 图。

(2) math 库包括 4 个常数，16 个数值表示函数，8 个幂对数函数，16 个三角运算函数和 4 个高等特殊函数。圆周率π对应的函数为 math.pi。常用的函数如表 3-1-3 所示，其余函数可以查找相关资料。

表 3-1-3　math 库常用的函数

函数	描述
math.fabs(x)	返回 x 的绝对值，|x|
math.fmod(x,y)	返回 x 与 y 的模，即 x%y
math.ceil(x)	向上取整，返回不小于 x 的最小整数
math.floor(x)	向下取整，返回不大于 x 的最大整数
math.gcd(x,y)	返回 x 和 y 的最大公约数
math.trunc(x)	返回 x 的整数部分
math.pow(x,y)	返回 x 的 y 次幂，即x^y
math.sqrt(x)	返回 x 的平方根，即$\sqrt{x}$

(3) 本程序的第一行命令 import math 的功能是引入 math 函数库，即可使用函数库中的函数。

(4) 函数 float(x)的作用是将 x 转换为浮点数，x 可以是浮点数或字符串。

【自主实验】

【任务 1】输入圆的半径，计算圆的周长，文件名为“zzex2-1.py”。

【任务 2】输入长方形的长和宽，计算长方形的面积，文件名为“zzex2-2.py”。

【任务 3】输入一个 3 位数，分别输出个位、十位和百位数字的二进制形式，运行结果如图 3-1-18 所示，文件名为“zzex2-3.py”。

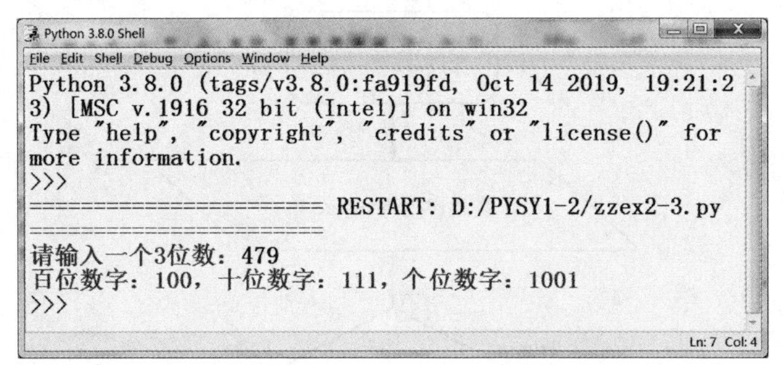

图 3-1-18　程序“zzex2-3.py”运行结果

方法与技巧

format 函数中，输出格式为 b，即可输出整数的二进制形式。

实验 3-1-3　分支结构程序设计

【实验目的】

1. 体会 Python 中几种分支结构程序的执行顺序
2. 掌握分支结构的缩进表达
3. 掌握转换函数 eval 的使用
4. 学会使用字符串的序号体系

【主要知识点】

1. 单分支、双分支结构 if...else 程序的特点
2. 多分支结构 if...elif…else 程序的特点
3. 分支结构的嵌套
4. 函数 eval 的使用
5. 字符串的序号体系

【实验任务及步骤】

在 D 盘根目录下建立“PYSY1-3”文件夹作为本次实验的工作目录。

【任务 1】用计算机模拟掷色子，随机抽取 1～6 的任意两个数 a、b，比较两个数的大小，输出较大数，文件名为“jgex3-1.py”。

程序分析

实例中要比较两个数的大小并输出较大数,这是一个典型的分支结构的程序。

算法描述：根据上述分析，该问题的算法描述如图 3-1-19 所示。

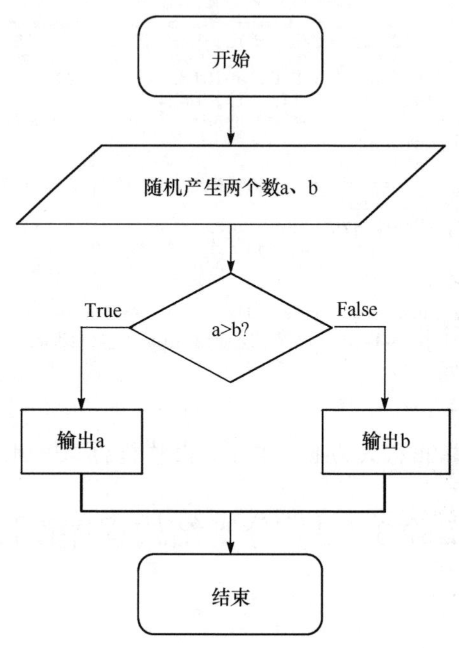

图 3-1-19　程序“jgex3-1.py”的流程图

参考代码

行号	文件名为：jgex3-1.py
1	import random　　#引入随机模块
2	a = random.randint(1,6)
3	b = random.randint(1,6)
4	if a > b:
5	print("a={0},b={1},较大数为：{0}".format(a,b))
6	else:
7	print("a={0},b={1},较大数为：{1}".format(a,b))

程序运行结果

程序“jgex3-1.py”运行结果如图 3-1-20 所示。

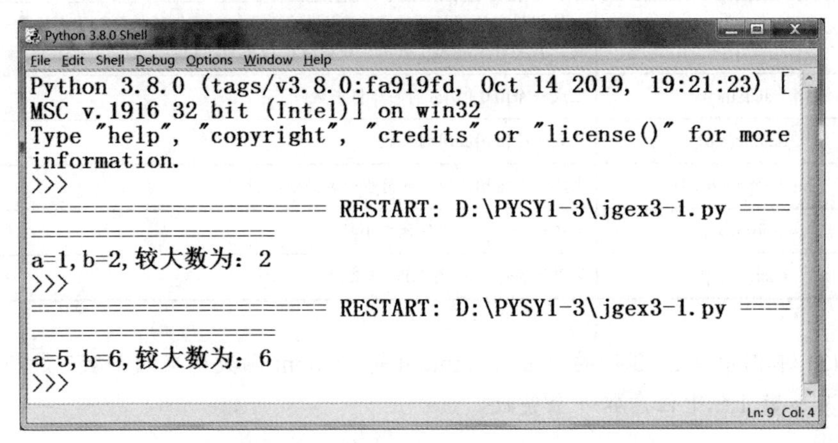

图 3-1-20　程序“jgex3-1.py”运行结果

方法与技巧

(1) 单分支、双分支结构 if...else 语句的格式如下：

if <条件>:

　　<语句块 1>

[else:

　　<语句块 2>]

① 执行该语句时，若<条件>为 True，则执行<语句块 1>，否则执行<语句块 2>；else 语句是可以省略的，若省略，则该语句为单分支语句。if、else 后面均需加冒号，else 后面不能加条件。

② 注意：Python 语言特别强调语句的缩进，<语句块 1>、<语句块 2>通过缩进表达与 if 或 else 语句的所属关系。

③ 本例中，第 4～7 行是分支结构的语句，Python 语言通过缩进表达语句之间的从属关系，第 5 行从属于 if 语句，第 7 行从属于 else 语句。

(2) 随机数是随机产生的数据(如抛硬币)，但是计算机是不可能产生随机数的，真正的随机数也是在特定条件下产生的确定值，只不过这些条件我们没有理解，或者超出了我们的理解范围。计算机不能产生真正的随机数，因为计算机是按照一定算法产生随机数的，其结果是确定、可预见的，称为“伪随机数”，那么伪随机数也就被称为随机数。随机数在计算机中的应用非常广泛，Python 语言内置的 random 库主要用于产生各种分布的随机数序列。表 3-1-4 列出了 random 库常用的几种随机数生成函数。

表 3-1-4　random 库常用的随机数生成函数

函数	描述
seed(a=None)	初始化给定的随机数种子，默认为当前系统时间。随机数种子一般是一个整数，只要种子相同，每次生成的随机数序列也相同
random()	生成一个[0.0,1.0)区间的随机小数
randint(a,b)	生成一个[a,b]区间的整数
randrange(a,b[,n])	生成一个[a,b)区间以 n 为步长的随机整数
uniform(x,y)	生成一个[x,y]区间的随机小数
choice(seq)	从序列 seq 中(如列表)随机选择一个元素

(3) 本例中第 2、3 行的 random.randint 是 random 函数库里的函数，该函数可以在其参数[1,6]中任意取一个整数。

【任务 2】华氏温度和摄氏温度的转换。华氏度(°F)是温度的一种度量单位，以其发明者德国人华伦海特(Gabriel D. Fahrenheit，1686—1736)命名。而包括我国在内的世界上绝大多数国家都使用摄氏度。请设计一个程序实现华氏温度 F 与摄氏温度 C 之间的相互转换(C=(F−32)/1.8，F=C×1.8+32，其中，C 表示摄氏温度，F 表示华氏温度)，文件名为“jgex3-2.py”。

程序分析

实例中利用公式可以完成华氏温度与摄氏温度的转换。输入温度时，温度后面的字符是“F”或“f”就是华氏温度，温度后面的字符是“C”或“c”就是摄氏温度。

算法描述：根据上述分析，本例的算法可描述如图 3-1-21 所示。

参考代码

行号	文件名为：jgex3-2.py
1	`temps=input("请输入带符号的温度值：")`
2	`if temps[-1] in ['F','f']:   #判断 temps 最后一个字符是否为 F 或 f, 若为 F 或 f 即为 True`
3	`    c=(eval(temps[0:-1]) - 32) / 1.8`
4	`    print("转换后的温度为{:.2f}C".format(c))`
5	`elif temps[-1] in ['C','c']:`
6	`    f=1.8 * eval(temps[0:-1]) + 32`
7	`    print("转换后的温度为{:.2f}F".format(f))`
8	`else:`
9	`    print("输入格式错误！")`

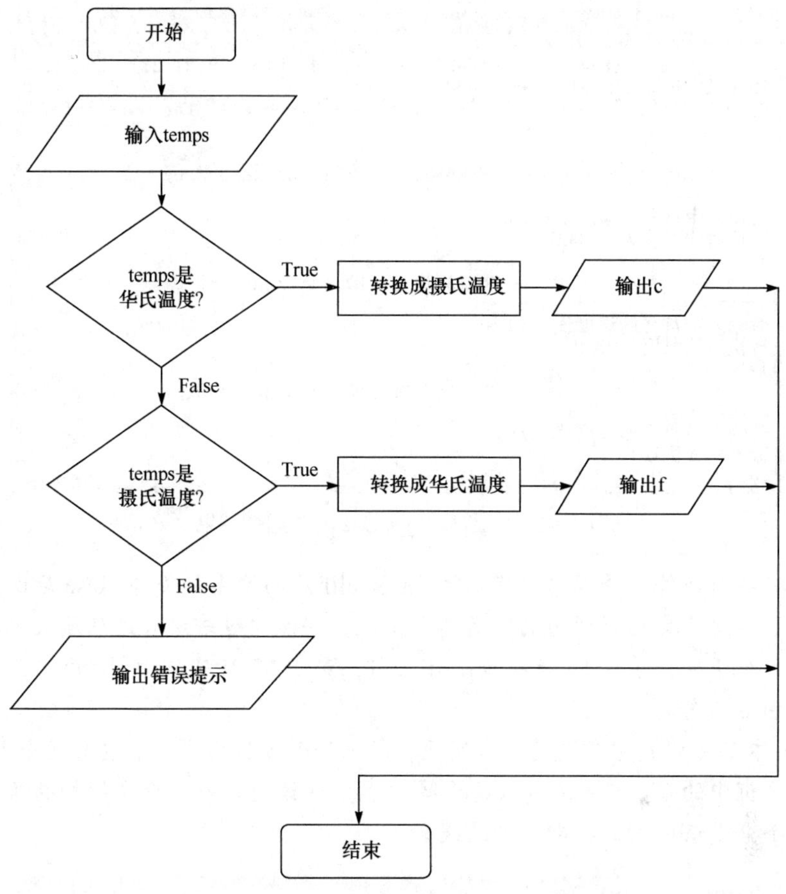

图 3-1-21　程序“jgex3-2.py”的流程图

程序运行结果

程序“jgex3-2.py”运行结果如图 3-1-22 所示。

方法与技巧

(1) 多分支结构 if 语句的格式如下：

```
if <条件 1>:
    <语句块 1>
elif <条件 2>:
    <语句块 2>
…
else:
    <语句块 n>
```

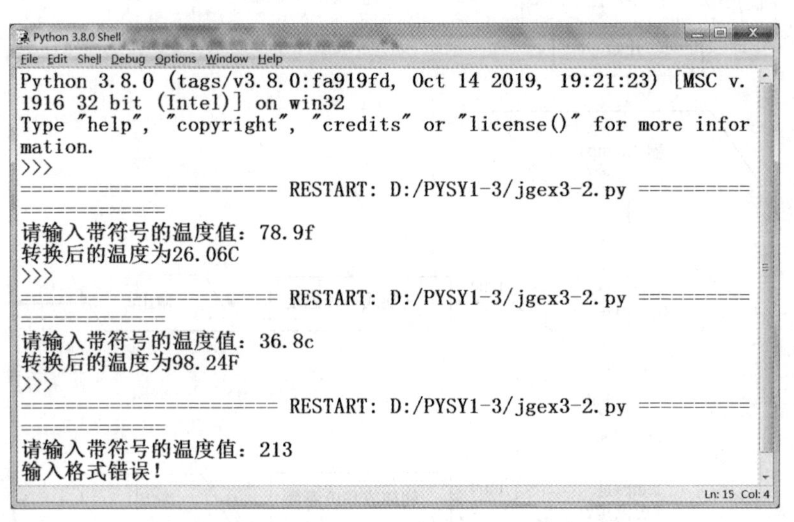

图 3-1-22　程序“jgex3-2.py”运行结果

根据判断条件选择程序执行路径，if 和 elif 后面均需加条件，else 后面不加条件，表示不满足其他 if 语句的所有其余情况，仍然通过缩进表达从属关系。如本例中有 3 种情况，第 3、4 行从属于 if 语句，第 6、7 行从属于 elif 语句，第 9 行从属于 else 语句。

(2) 本例可以利用分支的嵌套实现，代码如图 3-1-23 所示，包含两个 if...else 语句，方框中的 if...else 语句从属于第一个 else 语句。一个分支结构的语句块里由另一个分支语句构成，即分支的嵌套。

```
jgex3-2-1.py - D:/PYSY1-3/jgex3-2-1.py (3.8.0)
File Edit Format Run Options Window Help
temps=input("请输入带符号的温度值：")
if temps[-1] in ['F','f']:
    c=(eval(temps[0:-1]) - 32) / 1.8
    print("转换后的温度为{:.2f}C".format(c))
else:
    if temps[-1] in ['C','c']:
        f=1.8 * eval(temps[0:-1]) + 32
        print("转换后的温度为{:.2f}F".format(f))
    else:
        print("输入格式错误！")
Ln: 10 Col: 24
```

图 3-1-23　分支的嵌套

(3) 字符串。字符串是用两个单引号''或两个双引号""括起来的 0 个或多个字符，默认为绿色。字符串包括正向递增和反向递减两种序号体系，如本例中输入的温度，如图 3-1-24 所示。本例第 2 行代码中的 temps[-1]，就是使用的反向递减序号，这里表示 temps 字符串的最后一个字符。Python 字符串也提供区间访问方式，采用[X:Y]格式，表示字符串从 X 到 Y（不包括 Y）的子字符串，X 和 Y 可以混合使用正向递增序号和反向递减序号。本例中 temps[0:-1]表示截取字符串变量 temps 从第 0 个字符开始到最后一个字符（但不包含最后一个字符）的子字符串。

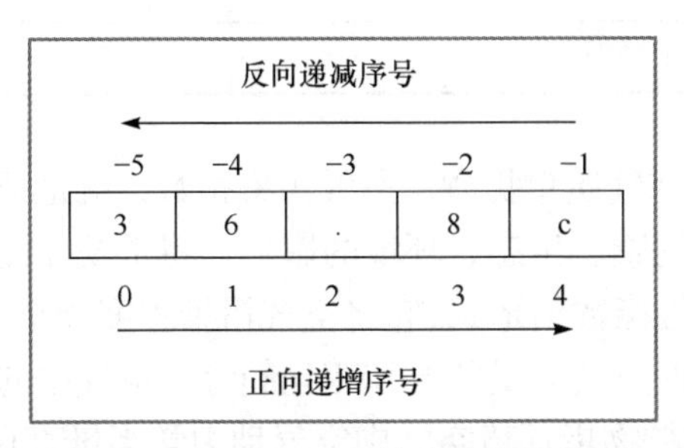

图 3-1-24　Python 字符串的序号体系

(4) 函数 eval(<字符串>)的作用是将字符串转换成 Python 语句。

① eval(temps[0:-1])将用户的部分输入 temps[0:-1]由字符串转换成数字。假设用户输入 82F，经过 eval()函数处理后将得到数值 82。

② 如果直接输入字符串，那么 eval 函数会去掉这个字符串的引号，将其视为一个变量。

③ 如果用户希望输入一个数字(小数或负数)，并用在程序中进行计算，那么可以采用 eval(input(<输入提示字符串>))的组合。

eval 函数还有很多功能，请读者在实践中逐步挖掘。

【自主实验】

【任务 1】任意输入三个数，比较三个数的大小，输出较大数，文件名为“zzex3-1.py”。

【任务 2】改进三角形面积程序。已知三角形的三边 a、b、c，如果三边能构成三角形，则计算三角形的面积，否则输出“不能构成三角形”，文件名为“zzex3-2.py”。

操作提示：根据题目要求，这是一个典型的分支结构，根据条件判断是计算面积，还是给出提示信息。逻辑表达式 a+b>c and a+c>b and b+c>a 是判断输入的三边能否构成三角形的条件，即任意两边之和大于第三边。

【任务 3】输入任意学生的计算机成绩 comp，判断学生的等级 grade。计算机成绩 comp 与等级 grade 的关系如表 3-1-5 所示，文件名为“zzex3-3. py”。

表 3-1-5 计算机成绩 comp 与等级 grade 的关系

comp	grade
90 分及以上	优秀
75(含)～90 分	良好
60(含)～75 分	合格
低于 60 分	不合格

【任务 4】PM2.5 空气质量提醒。空气污染指数，就是根据环境空气质量标准和各项污染物对人体健康、生态、环境的影响，将常规监测的几种空气污染物浓度简化成单一的概念性指数值形式，它将空气污染程度和空气质量状况分级表示，适合于表示城市的短期空气质量状况和变化趋势。空气中的细颗粒物又称细粒、细颗粒、PM2.5。细颗粒物指环境空气中空气动力学当量直径小于等于 2.5 微米的颗粒物。它能较长时间悬浮于空气中，其在空气中含量浓度越高，就代表空气污染越严重。虽然 PM2.5 在地球大气成分中含量很少，但它对空气质量和能见度等有重要的影响。与较粗的大气颗粒物相比，PM2.5 粒径小，面积大，活性强，易附带有毒、有害物质(如重金属、微生物等)，且在大气中的停留时间长、输送距离远，因而对人体健康和大气环境质量的影响更大。

根据 PM2.5 检测网的空气质量新标准，24 小时平均标准值分布如表 3-1-6 所示。

表 3-1-6 空气质量等级与 24 小时 PM2.5 平均标准值的关系

空气质量等级	24 小时 PM2.5 平均标准值/(μg/m³)
优	0～35
良	35(含)～75
轻度污染	75(含)～115
中度污染	115(含)～150
重度污染	150(含)～250
严重污染	250 及以上

请根据 PM2.5 检测网的空气质量新标准，设计一个程序，输入城市的 24 小时 PM2.5 平均标准值提醒市民是否适合出行，文件名为“zzex3-4.py”。

操作提示：根据 PM2.5 检测网的空气质量新标准，不同的 PM2.5 值可以分为 6 个级别，利用分支结构嵌套或多分支结构完成。

实验 3-1-4 循环结构程序设计

【实验目的】

1. 体会 Python 中几种循环结构程序的特点
2. 掌握循环结构的缩进表达
3. 掌握循环辅助语句 break 的使用

【主要知识点】

1. 遍历循环 for 程序
2. 条件循环 while 程序
3. 循环辅助语句 break 的使用

【实验任务及步骤】

在 D 盘根目录下建立“PYSY1-4”文件夹作为本次实验的工作目录。

【任务 1】设计一程序，计算 s=1+2+…+100，文件名为“jgex4-1.py”。

程序分析

这是数学中的一个简单的累加求和问题。累加和的形成是由前一次的累加和再加上这次的数值，总是重复这个操作，因此解决类似问题要用循环结构。

算法描述：根据上述分析，该问题的算法描述如图 3-1-25 所示。

参考代码

行号	文件名为：jgex4-1.py
1	`s=0`
2	`for i in range(1, 101):`
3	`    s += i`
4	`print("1+2+......+100={}".format(s))`

程序运行结果

程序“jgex4-1.py”运行结果如图 3-1-26 所示。

方法与技巧

遍历循环 for 语句的格式如下：

for i in range([<初值>,]<终值>[,<步长>]):

<语句块>

遍历循环可以理解为从遍历结构中逐一提取元素，放在循环变量中，对所取的每个元素执行一次语句块。i 的取值为<初值>到<终值>，不包括<终值>，其中<初值>可以省略，默认为 0，<步长>可以省略，默认为 1。

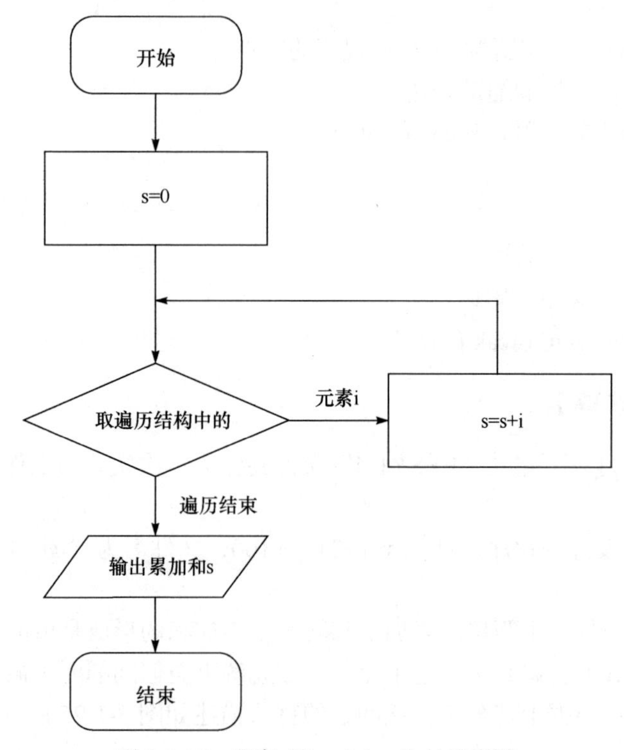

图 3-1-25　程序“jgex4-1.py”的流程图

```
Python 3.8.0 Shell
File Edit Shell Debug Options Window Help
Python 3.8.0 (tags/v3.8.0:fa919fd, Oct 14 2019, 19:21:23)
[MSC v.1916 32 bit (Intel)] on win32
Type "help", "copyright", "credits" or "license()" for mo
re information.
>>>
====================== RESTART: D:/PYSY1-4/jgex4-1.py ==
======================
1+2+......+100=5050
>>> |
Ln: 6 Col: 4
```

图 3-1-26　程序“jgex4-1.py”运行结果

【任务 2】改进任务 1，在 s=1+2+⋯+n 中，累加和大于 4000 的最小 n 值为多少，此时的累加和 s 是多少？文件名为：jgex4-2.py。

程序分析

本例中不知道循环多少次能退出循环，而是通过条件来控制循环，条件是累加和小于 4000，也就是累加和超过 4000 就退出循环，因此本例不能使用 for 循环，而要利用 while 循环，嵌套分支结构和 break 语句退出循环。

算法描述：根据上述分析，该问题的部分算法描述如图 3-1-27 所示。

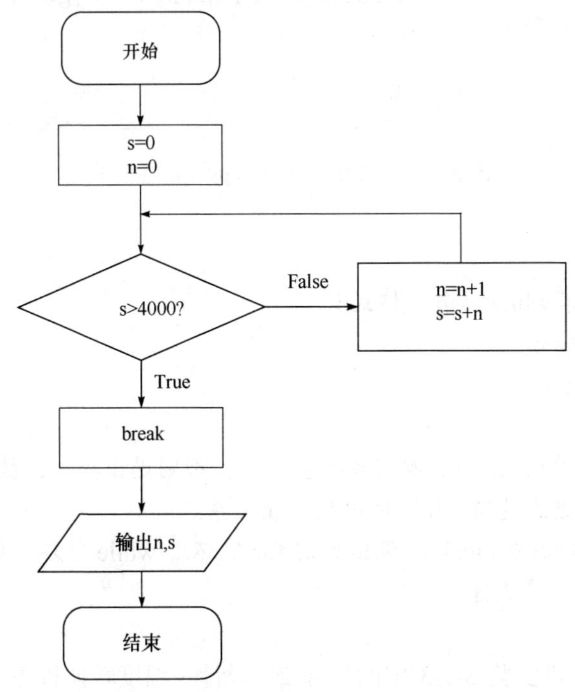

图 3-1-27　程“jgex4-2.py”的部分流程图

参考代码

行号	文件名为：jgex4-2.py
1	s=0
2	n=0
3	while True:
4	n = n +1
5	s = s+ n
6	if s > 4000:
7	break
8	print("n={},s={}".format(n,s))

程序运行结果

程序“jgex4-2.py”运行结果如图 3-1-28 所示。

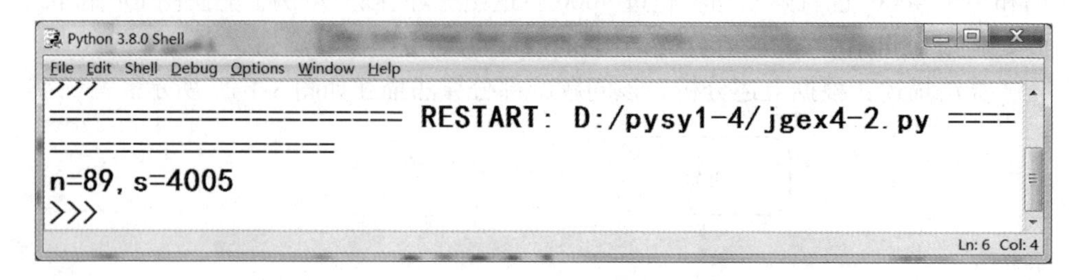

图 3-1-28　程序“jgex4-2.py”运行结果

方法与技巧

(1) 条件循环 while 语句的格式如下：

while (<条件>):

    <语句块 1>

<语句块 2>

当<条件>为真(True)时，执行<语句块 1>，否则退出循环，执行<语句块 2>。这些语句通过缩进表达与 while 语句的所属关系。

(2) 循环辅助语句 break 能跳出当前 for 循环或 while 循环，脱离该循环后程序从循环代码后继续执行。

【任务 3】改进实验 3-1-3 中的任务 2，设计一温度转换程序，可以多次实现华氏温度 F 与摄氏温度 C 之间的相互转换，输入"N"或"n"退出，文件名为“jgex4-3.py”。

程序分析

实验 3-1-3 中的任务 2 的温度转换程序执行一次后就退出了，如果想连续接收用户输入，直到用户输入一个字符“N”或“n”时退出，则需要在循环语句的循环体中加入分支语句，循环的作用是根据用户的输入确定一段程序是否继续执行，分支语句的作用是实现不同的温度转换。

参考代码

行号	文件名为：jgex4-3.py
1	temps=input("请输入带符号的温度值：")
2	while temps[-1] not in ["N","n"]:
3	if temps[-1] in ['F','f']:
4	c=(eval(temps[0:-1]) - 32) / 1.8
5	print("转换后的温度为{:.2f}C".format(c))
6	elif temps[-1] in ['C','c']:
7	f=1.8 * eval(temps[0:-1]) + 32
8	print("转换后的温度为{:.2f}F".format(f))
9	else:
10	print("输入格式错误！")
11	temps=input("请输入带符号的温度值：")
12	print("结束程序")

程序运行结果

程序“jgex4-3.py”运行结果如图 3-1-29 所示。

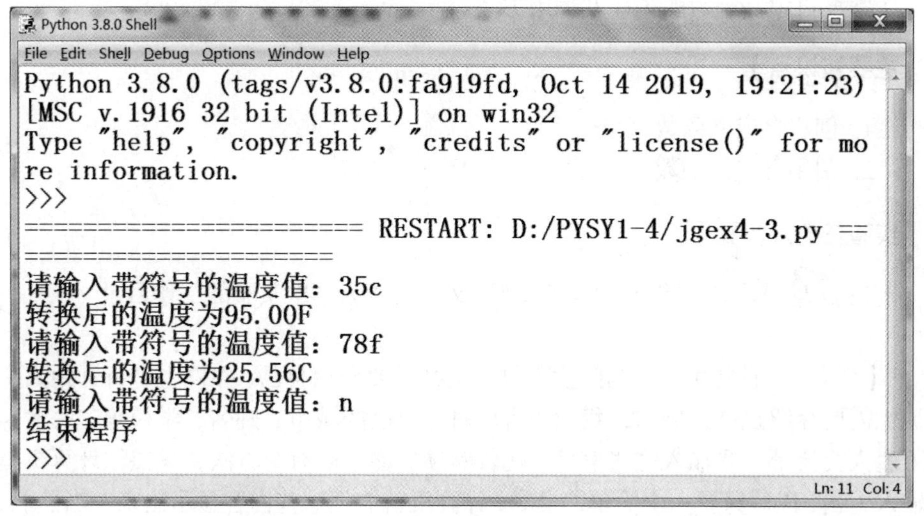

图 3-1-29　程序“jgex4-3.py”运行结果

【自主实验】

【任务 1】计算 s=1+2+⋯+n。设计一个程序，用户输入一个正整数 n，计算

s=1+2+⋯+n，文件名为“zzex4-1.py”。

【任务 2】输出所有的水仙花数(“水仙花数”是一个 3 位数，其各位数字立方和等于该数本身)，文件名为“zzex4-2.py”。

【任务 3】有一对兔子，从出生后第三个月起每个月都生一对兔子，小兔子长到第三个月后每个月又生一对兔子，假如兔子都不死，请问半年里每个月总共有多少对兔子？文件名为“zzex4-3.py”。

操作提示：每个月兔子的对数构成一个斐波那契数列(Fibonacci sequence)。斐波那契数列又称黄金分割数列，因数学家列昂纳多·斐波那契(Leonardoda Fibonacci)以兔子繁殖为例子而引入，故又称为“兔子数列”，指的是这样一个数列：1、1、2、3、5、8、13、21、34、⋯。除此以外，人们从很多地方也发现了这类数列，例如，茉莉花(3 个花瓣)，毛茛(5 个花瓣)，翠雀(8 个花瓣)，万寿菊(13 个花瓣)，紫宛(21 个花瓣)，雏菊(34、55 或 89 个花瓣)，这些花的花瓣数恰好构成斐波那契数列中的一串数。

实验 3-1-5　自定义函数

【实验目的】

掌握自定义函数的创建及调用方法

【主要知识点】

1. 创建自定义函数
2. 调用自定义函数

【实验任务及步骤】

在 D 盘根目录下建立“PYSY1-5”文件夹作为本次实验的工作目录。

【任务 1】日常生活中与陌生人打交道都需要介绍自己，在网上进行远距离交流也需要介绍自己，例如，我们要告诉对方自己的城市、姓名、学校等，每次与陌生人交流都需要输入这些信息，比较麻烦。能不能有个方法，只要往计算机里输入一遍，以后只要一个简单的命令，计算机就能把这些内容显示出来？当然能。我们可以自定义一个函数，通过调用函数完成自我介绍。请定义一个函数 introduce，可以反复输出介绍自己的相关信息。

程序分析

可以通过 def 语句自定义函数，调用函数就可以输出介绍自己的相关信息。

参考代码

在交互方式下输入代码运行结果如图3-1-30所示。

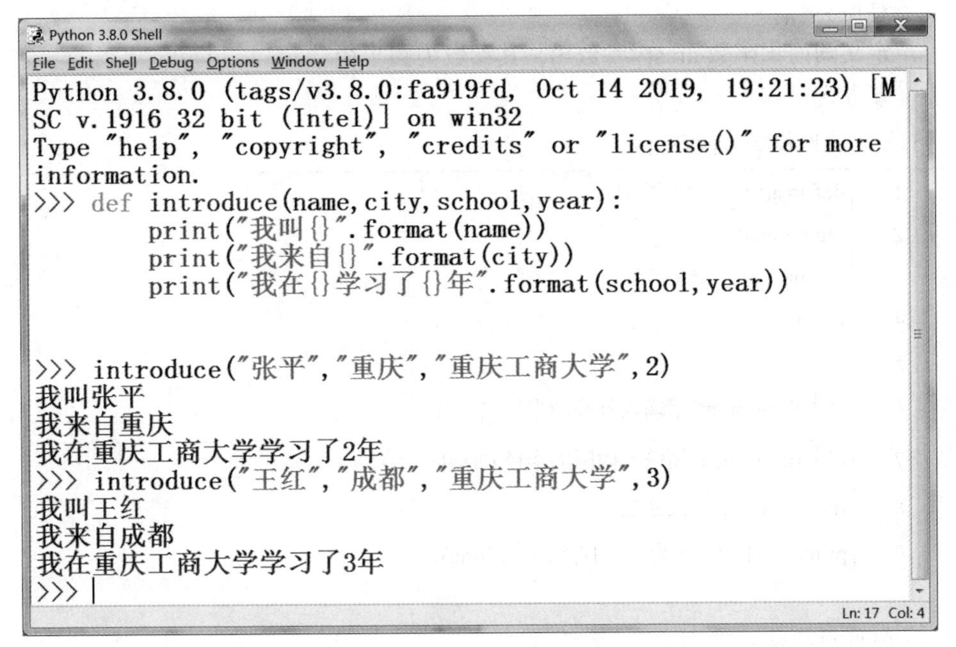

图3-1-30 交互方式下自定义函数的运行结果

方法与技巧

(1) 使用def定义函数，语法格式如下：

def<函数名>(<参数列表>):

<函数体>

[return <返回值列表>]

参数列表是调用该函数时传递给它的值，可以有0个、1个或多个，当传递多个参数时各参数用逗号分隔，当没有参数时括号也要保留。函数定义中参数列表里的参数为形式参数，简称形参。函数体是函数每次被调用时执行的代码，由一行或多行语句组成。当需要返回值时，可以使用return <返回值列表>，否则函数可以没有return语句。

(2) 函数调用的形式如下：

<函数名>(<参数列表>)

参数列表中的参数是传入函数体的，这些参数为实际参数，简称实参。

(3) 在交互方式下定义完函数后敲两次Enter键结束，在文件中定义完函数只需不再缩进即可。

【任务 2】定义圆面积函数 area，输入大小圆的半径，计算圆环的面积，文件名为“jgex5-1.py”。

程序分析

定义圆面积函数 area(<参数>)，其参数为圆半径。

参考代码

行号	文件名为：jgex5-1.py
1	def area(x):
2	import math
3	s = math.pi * x * x
4	return s
5	
6	r1 = float(input("请输入外圆的半径 r1："))
7	r2 = float(input("请输入内圆的半径 r2(<r1)："))
8	ring = area(r1) - area(r2)
9	print("圆环的面积为：{:.1f}".format(ring))

程序运行结果

程序“jgex5-1.py”运行结果如图 3-1-31 所示。

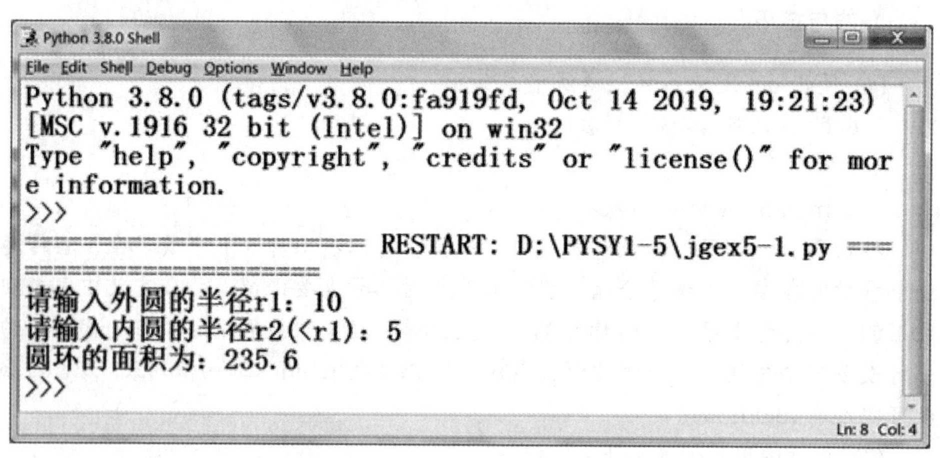

图 3-1-31　程序“jgex5-1.py”运行结果

方法与技巧

1) 函数参数

自定义函数小括号中的参数称为形式参数。函数在调用过程中传递过来的参数值称为实际参数。本例中 x 为形式参数，r1 和 r2 为实际参数，在调用函数时将 r1、r2 的值传递给形式参数 x。

2) 函数返回值

在函数定义中，用 return 语句将结果返回调用函数的位置，例如，本例中第 1～4 行定义计算圆面积的函数 area，参数 x 为圆的半径，return s 返回面积值。第 6～9 行计算圆环的面积。其中第 8 行的 area(r1) 、area(r2)分别两次调用前面定义的函数 area 完成圆面积的计算。

【自主实验】

【任务 1】定义两个函数：摄氏温度转换成华氏温度，华氏温度转换成摄氏温度。调用自定义的函数完成温度转换，文件名为“zzex5-1.py”。

【任务 2】定义计算阶乘的函数，调用阶乘函数计算 x=1!+2!+⋯+10!，文件名为“zzex5-2.py”。

第 2 章　Python 图形绘制

实验 3-2-1　简单图形绘制

【实验目的】

掌握利用 turtle 库进行简单图形绘制。

【主要知识点】

1. turtle 库语法元素
2. 绘图坐标体系
3. 绘图相关函数

【实验任务及步骤】

在 D 盘根目录下建立“PYSY2-1”文件夹作为本次实验的工作目录。

【任务 1】利用 turtle 库函数绘制正方形螺旋线。在自定义的窗口中绘制正方形螺旋线，如图 3-2-1 所示；文件名为“txex1-1.py”。

图 3-2-1　正方形螺旋线

程序分析

turtle 库绘制图形的基本框架是：一个小乌龟在坐标系中爬行，其爬行轨迹就是绘制的图形。刚开始绘制时，小乌龟位于画布的正中央，坐标为(0,0)，行进方向为水平向右。画完一个正方形，左转 90°画第二个正方形，画 200 次，每次正方形的边长加 1，这里采用了 for 循环。

参考代码

行号	文件名为：txex1-1.py
1	from turtle import *　　#导入 turtle 库
2	setup(400,400)　　#设置窗口大小及位置
3	speed(0)　　#设置画笔速度
4	pensize(1)　　#设置画笔的宽度为 1 像素
5	for x in range(200):　　#绘制 200 次
6	forward(x)　　#前进 x
7	left(90)　　#左转 90 度

方法与技巧

(1) turtle 坐标系。

在画布上，默认有一个坐标原点为画布中心的坐标轴，如图 3-2-2 所示。

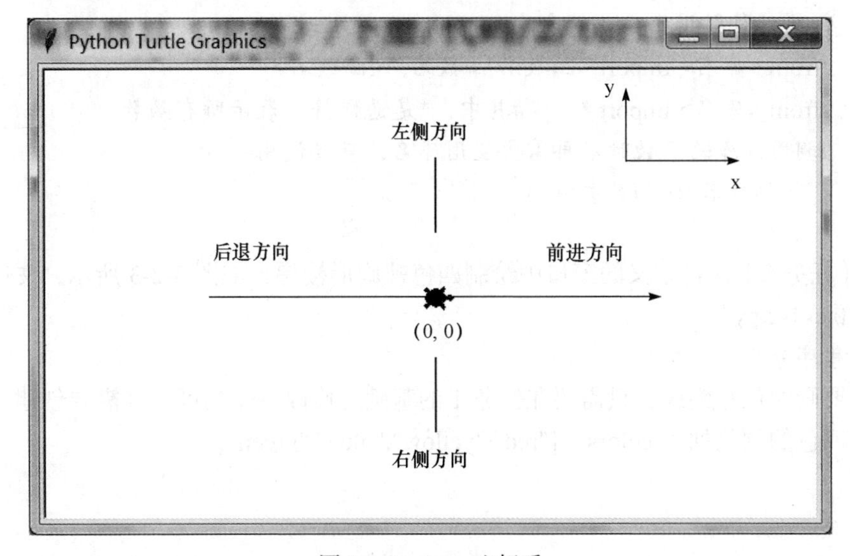

图 3-2-2　turtle 坐标系

(2) turtle 控制函数。

① setup(w,h,x,y)设置主窗口的大小和位置，单位为像素。

w 表示窗口的宽度，小数表示窗口宽度与屏幕的比例。

h 表示窗口的高度，小数表示窗口高度与屏幕的比例。

x 表示窗口左侧与屏幕左侧的距离，值为 None 表示窗口位于屏幕水平中央。

y 表示窗口顶部与屏幕顶部的距离，值为 None 表示窗口位于屏幕垂直中央。

② turtle.forward(d)| turtle.fd(d)：画笔向绘制方向的当前方向移动 d 像素距离。

③ turtle.backward(d)|turtle.back(d)|turtle.bk(d)：画笔向绘制方向的相反方向移动 d 像素的距离。

④ turtle.shape('turtle')：画笔更改成海龟的形状。

⑤ speed(speed)：设置画笔移动速度，画笔绘制的速度范围为[0,10]区间的整数，0 最快，1～10 数字越大越快。

⑥ turtle.left(a)：当前方向向左旋转，其中 a 为当前方向转动的角度(相对角度)。

⑦ turtle.right(a)：当前方向向右旋转，其中 a 为当前方向转动的角度(相对角度)。

⑧ turtle.pensize(w)：画笔粗细，w 用数字表示，数字越大越粗。

(3) 使用 import 引用函数库有两种方式，而且这两种方式对函数的调用方法也有不同。

① 第一种引用函数库的方法：

```
import <库名>
```

程序可以调用库名中的所有函数，使用库中函数的格式如下：

```
<库名>.<函数名>(<函数参数>)
```

② 第二种引用函数库的方法：

```
from <库名> import <函数名,函数名,…,函数名>
from <库名> import *      #其中，*是通配符，表示所有函数
```

调用该库的函数时不再需要使用库名，直接使用：

```
<函数名>(<函数参数>)
```

【任务 2】在自定义的窗口中绘制四色螺旋形楼梯，如图 3-2-3 所示，文件名为“txex1-2.py”。

程序分析

要画四色螺旋线，只需要在任务 1 的基础上修改一个角度，并需要创建一个包含四色的颜色列表 colors = ["red","yellow","blue","green"]。

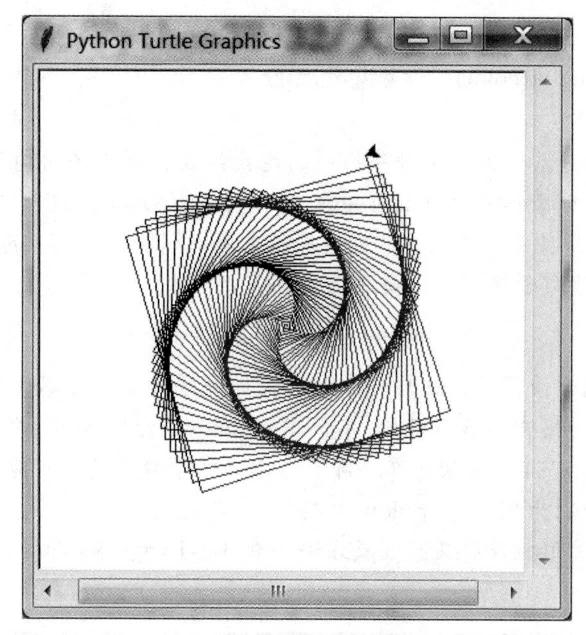

图 3-2-3　四色螺旋形楼梯

参考代码

行号	文件名为：txex1-2.py
1	from turtle import *
2	setup(400,400)
3	speed(0)
4	bgcolor('white')　#设置背景颜色
5	pensize(1)
6	colors = ["red","yellow","blue","green"]　　#利用列表类型存放颜色
7	for x in range(200):
8	pencolor(colors[x%4])
9	fd(x)
10	left(91)

方法与技巧

(1) turtle 画笔控制函数。

① turtle.pencolor(color) | turtle.pencolor((r,g,b))：设置画笔颜色，color 为颜色的英文名，(r,g,b)形式直接输入颜色值，r、g、b 的取值为 0～255。

② turtle.color(color1,color2)：画笔颜色为 color1，填充颜色为 color2。

③ turtle.bgcolor(color)：设置背景颜色。

(2) 列表。

列表(list)由一系列按特定顺序排列的元素组成，属于序列类型，其长度和内容都是可变的。列表所有元素放在中括号[]中，相邻元素用逗号“,”隔开；其元素可以是整数、浮点数、字符串、列表等。在同一列表中，元素的类型可以不同。

① 用赋值语句创建列表，语法格式如下：

ls_name = [e1,e2,···,en]

列表可以同时使用正向递增序号和反向递减序号，即可以使用索引(index)号从列表中获取元素，索引从 0 开始。本例中 colors = ["red","yellow","blue","green"]，第 8 行代码中的 x%4 是求模运算，即 x 除以 4 的余数，其值可能为 0、1、2、3，其对应的颜色分别为"red"、"yellow"、"blue"、"green"。

② 列表的常用操作符及函数或方法如表 3-2-1 和表 3-2-2 所示。

表 3-2-1　常用操作符

操作符(ls 为列表)	描述
x (not)in ls	x 是(不是)ls 的元素，返回 True(False)
ls[i]	索引，返回列表的第 i 个元素
ls * n 或 n * ls	列表 ls 重复 n 次
ls[i,j]	分片，返回列表 ls 中的第 i 个到 j 个元素的子列表(不包含第 j 个元素)
len(ls)	返回列表 ls 的元素个数

表 3-2-2　常用函数或方法

常用函数或方法(ls、lt 为列表)	描述
ls[i] = x	将列表 ls 中的第 i 个元素替换为 x
ls[i:j] = lt	用列表 lt 替换列表 ls 中第 i 项到第 j 项数据(不含第 j 项)
del ls[i:j]	删除列表 ls 第 i 项到第 j 项数据，等价于 ls[i:j] = []
ls.append(x)	在列表末尾添加新的元素 x
ls.clear()	删除列表 ls 中的所有元素

续表

常用函数或方法(ls、lt 为列表)	描述
ls.insert(i,x)	在列表 ls 的第 i 位置插入元素 x
ls.remove(x)	将列表 ls 中出现的第一个元素 x 删除
ls.pop([i])	移除列表 ls 中的第 i 个元素(默认最后一个元素)，并且返回该元素的值

(3) 第 8 行代码中的 colors[x%4]表示使用 colors 列表中的前四种颜色，即编号从 0 到 3 的颜色，当 x 发生变化时就遍历它们。在 200 次循环中，colors[x%4]将遍历四种颜色(0、1、2、3，分别表示红色、黄色、蓝色和绿色)50 次。

colors = ["red","yellow","blue","green"]

0　　1　　2　　3

【任务 3】利用 turtle 库函数在自定义的窗口中绘制 6 个圆构成的玫瑰花瓣，如图 3-2-4 所示，文件名为“txex1-3.py”。

图 3-2-4　玫瑰花瓣图形

程序分析

刚开始绘制时，小乌龟位于画布的正中央，坐标为(0,0)，行进方向为水平向右。画完一个圆，转 60°画第二个圆，画 6 次，这里采用了 for 循环。

参考代码

行号	文件名为：txex1-3.py
1	from turtle import *
2	setup(400,400,100,100)
3	screensize(200,200,"white") #设置画布大小和颜色
4	colormode(255) #设置颜色模式
5	pensize(5)
6	fillcolor(255,111,204) #设置图形的填充色
7	begin_fill() #颜色填充开始
8	pencolor(213,221,125) #画笔的颜色设置
9	for x in range(6):
10	circle(80) #右侧画圆，半径为 80 像素
11	left(60)
12	end_fill() #颜色填充结束

方法与技巧

turtle 画笔控制函数：

(1) turtle.circle(r,e)：根据半径 r，绘制一个 e 角度的弧形。其中，r 为弧形半径，值为正数时，逆时针方向绘制圆弧；值为负数时，顺时针方向绘制圆弧。e 表示绘制弧形的角度，不设置参数或参数为 None 时，绘制整圆。

(2) turtle.fillcolor(color)：绘制图形的填充颜色。

(3) turtle.begin_fill()：准备开始填充图形。

(4) turtle.end_fill()：填充完成。

(5) turtle.screensize(w,h,"bgcolor")：设置画布大小，参数 w 为画布的宽度(像素)，h 为画布的高度(像素)，bgcolor 为背景颜色。用 screensize 函数设置的是画布大小及背景颜色，setup 函数用于设置窗体大小。窗体和画布不是一个概念。若画布大于窗体，则窗体会出现滚动条；若画布小于窗体，则画布可以填充整个窗体。

(6) turtle.colormode(255)：使用 RGB 整数模式改变颜色。部分 RGB 颜色对照表如表 3-2-3 所示。

表 3-2-3　部分 RGB 颜色对照表

中文名称	英文名称	RGB 整数值
白色	white	255,255,255
黑色	black	0,0,0
黄色	yellow	255,255,0
绿色	green	0,255,0
蓝色	blue	0,0,255
红色	red	255,0,0
青色	cyan	0,255,255
洋红	magenta	255,0,255
灰色	grey	190,190,190
金色	gold	255,215,0
粉红色	pink	255,192,203
棕色	brown	165,42,42
深绿色	darkgreen	0,100,0
紫色	purple	160,32,240
紫罗兰	violet	238,130,238
番茄色	tomato	255,99,71

【任务 4】在画布中间绘制如图 3-2-5 所示的五角星，文件名为“txex1-4.py”。

图 3-2-5　五角星图形

程序分析

利用 turtle 库中的函数绘制五角星。要绘制一个正五角星，画笔的移动过程是：向当前画笔方向(默认为水平向右)画一条横线，然后顺时针转动 144° ，再画一条横线，再转 144°，循环 5 次，即可完成。

参考代码

行号	文件名为：txex1-4.py
1	from turtle import *
2	reset()　#清空窗口
3	setup(500,500)
4	penup()　#起笔
5	goto(-100,50)　#移到点(-100,50)处
6	pendown()　#落笔
7	pensize(10)
8	color('red','yellow')　#画笔颜色为红色，填充色为黄色
9	begin_fill()　#颜色填充开始
10	for i in range(5):
11	forward(200)
12	right(144)
13	end_fill()　#颜色填充结束

方法与技巧

(1) turtle 画笔控制函数：

① turtle.goto(x,y)：将画笔移动到坐标为(x,y)的位置，如本例中第 5 行代码，将画笔移到(-100,50)处。

② turtle.pendown()：落笔，在此状态下画出运动的轨迹。

③ turtle.penup()：起笔，在此状态下不会画出运动的轨迹。

④ turtle.clear()：清空 turtle 窗口，但是画笔的位置和状态不会改变。

⑤ turtle.reset()：清空窗口，重置画笔状态为起始状态。

(2) 本例中第 4～6 行代码是定位画笔的起始位置，抬起笔移到点(-100,50)处，落笔准备画图。

【任务 5】绘制如图 3-2-6 所示的旋转正五边形，文件名为“txex1-5.py”。

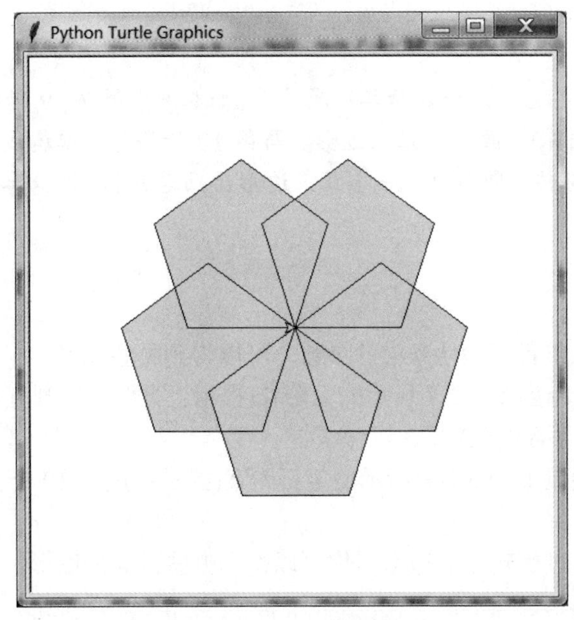

图 3-2-6　旋转正五边形

程序分析

导入 turtle 库，利用 turtle 库中的函数绘制 5 个正五边形。要绘制一个正五边形，画笔的移动过程是：向当前画笔方向(默认为水平向右)画一条横线，然后逆时针转动 72°，再画一条横线，然后再转 72°，循环 5 次，即可完成。本例中要制作 5 个正五边形，可以添加一个外层循环(即循环嵌套)，旋转 5 次，每次旋转 72°，即旋转次数×旋转角度=360°。

参考代码

行号　文件名为：txex1-5.py

```
1   from turtle import *
2   reset()
3   setup(500,500)
4   color('blue','yellow')      #颜色自定义
5   begin_fill()
6   for i in range(5):
7       for i in range(5):
8           left(72)
9           fd(100)
10      left(72)
11  end_fill()
```

方法与技巧

循环的嵌套也通过缩进表示其从属关系，如本例中第 7～9 行语句是一个完整的循环结构(内循环)，画一个正五边形。与第 10 行语句一起构成第 6 行的 for 循环(外循环)的循环体，即每画完一个正五边形后画笔旋转 72°，等待画下一个正五边形。

【自主实验】

【任务 1】调整各实验任务中的参数，可以得到哪些图形。

【任务 2】绘制如图 3-2-7 所示的太阳花(提示：类似于绘制五角星，这个图形需要更改角度及循环次数)。

【任务 3】绘制如图 3-2-8 所示的宝石图案(提示：这是 10 个正五边形构成的图形)。

【任务 4】通过旋转正 n 边形，你可以得到哪些漂亮的图形。

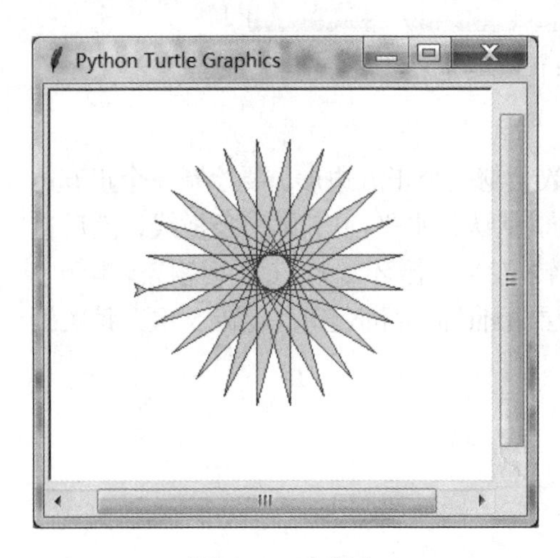

图 3-2-7 太阳花

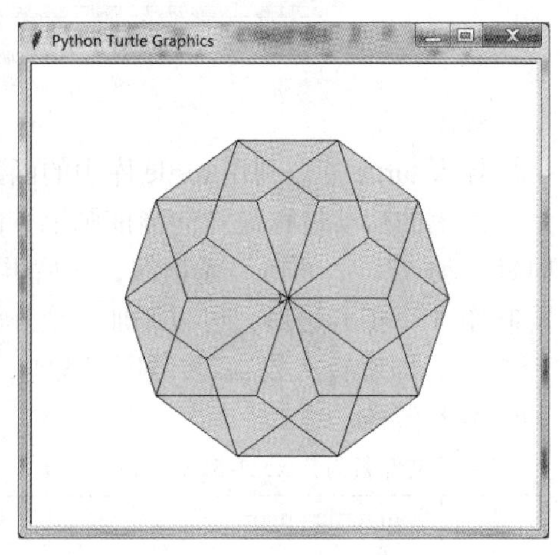

图 3-2-8 宝石图案

实验 3-2-2 经典图形实验

【实验目的】

了解 Python 的经典实例

【实验任务及步骤】

【任务 1】绘制如图 3-2-9 所示的风车螺旋线，文件名为“txex2-1.py”。

参考代码

行号	文件名为：txex2-1.py
1	from turtle import *
2	speed(0)
3	setup(500,500)
4	bgcolor('white') #颜色自定义
5	x = 0
6	while x < 350:
7	pencolor("blue") #颜色自定义
8	forward(x)
9	right(98)
10	x = x + 1

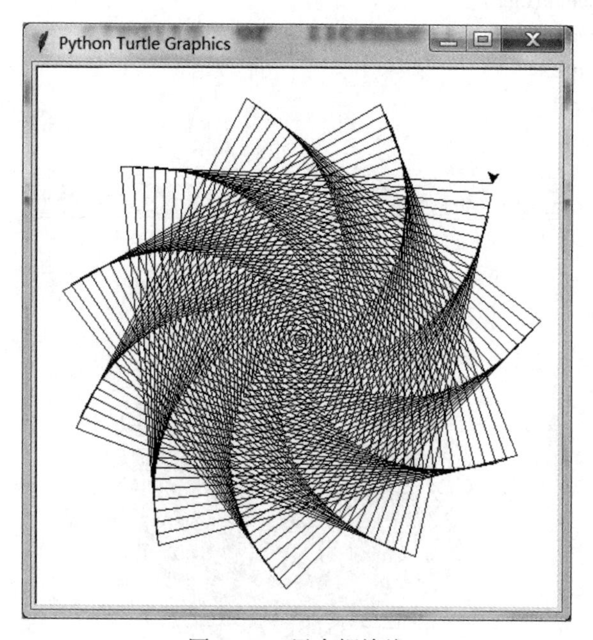

图 3-2-9 风车螺旋线

方法与技巧

利用条件循环语句 while 控制循环。

【任务 2】绘制如图 3-2-10 所示的螺旋线，文件名为“txex2-2.py”。

参考代码

行号	文件名为：txex2-2.py
1	from turtle import *
2	from random import randint
3	speed(0)
4	bgcolor('white')　　#颜色自定义
5	pensize(2)
6	x = 1
7	while x < 300:
8	r = randint(0,255)
9	g = randint(0,255)
10	b = randint(0,255)
11	colormode(255)
12	pencolor(r,g,b)
13	forward(50 + x)
14	right(92)
15	x = x+1

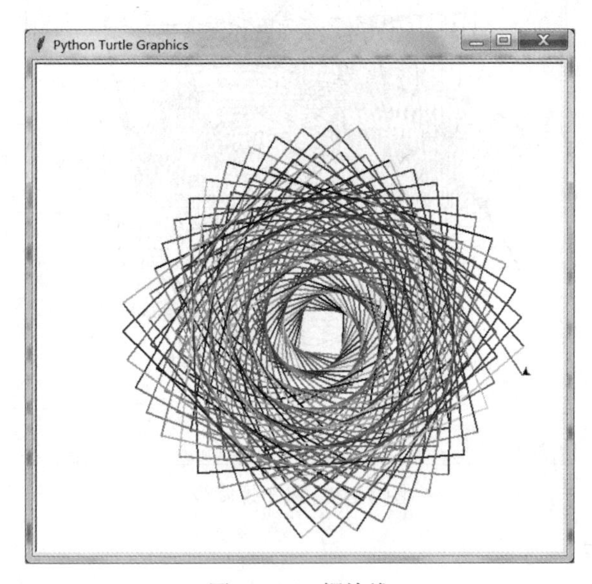

图 3-2-10　螺旋线

方法与技巧

代码的第 8～10 行是设置 r、g、b 的值为 0～255 的随机整数，每次循环都会变化。

【任务 3】绘制如图 3-2-11 所示的变色 Python 蟒蛇，文件名为“txex2-3.py”。

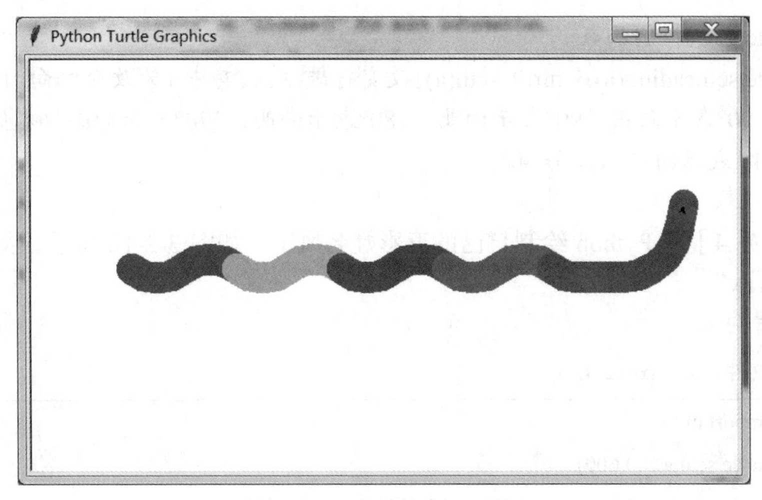

图 3-2-11　变色 Python 蟒蛇

参考代码

行号　文件名为：txex2-3.py

```
1   from turtle import *
2   from random import randint
3   colormode(255)
4   def draw(radius,angle,length):
5       seth(-40)
6       for i in range(length):
7           circle(radius,angle)
8           circle(-radius,angle)
9           r,g,b=randint(0,255),randint(0,255),randint(0,255)
10          pencolor(r,g,b)
11      circle(radius,angle/2)
12      fd(40)
13      circle(60,80)
14      fd(40 * 1/2)
15  setup(700, 400, 100, 100)
16  penup()
17  fd(-250)
18  pendown()
19  pensize(30)
20  pencolor(100,100,100)    #颜色自定义
21  draw(40,80,4)
```

方法与技巧

turtle 画笔控制函数。

turtle.setheading(a)或 turtle.seth(a)：改变行进方向，其中 a 为改变方向的角度(绝对角度)，0°表示向东，90°表示向北，180°表示向西，270°表示向南。本例中第 5 行代码-40 表示向东南方向 40°。

【任务 4】用 Python 绘制自己的五彩姓名风车，如图 3-2-12 所示，文件名为“txex2-4.py”。

参考代码

行号	文件名为：txex2-4.py
1	import turtle
2	turtle.setup(600,600)
3	my_name=turtle.textinput("请输入你的姓名：","你叫什么名字？")
4	colors=["red","green","purple","blue"]
5	turtle.hideturtle()
6	for x in range(80):
7	turtle.pencolor(colors[x%4])
8	turtle.penup()
9	turtle.forward(x*4)
10	turtle.pendown()
11	turtle.write(my_name,font=("楷体",int((x+4)/4),"bold"))
12	turtle.right(93)

方法与技巧

(1) turtle 画笔控制函数。

① turtle.hideturtle()：隐藏画笔的 turtle 形状。

② turtle.showturtle()：显示画笔的 turtle 形状。

(2) turtle.write(s [,font=("font-name",font_size,"font_type")])：写文本，s 为文本内容，font 是字体的参数，分别为字体名称、大小和类型；font 为可选项，font 参数也是可选项。

(3) turtle.textinput("请输入你的姓名：","你叫什么名字？")主要为用户提供一个输入窗口，如图 3-2-13 所示。

图 3-2-12　五彩姓名风车

图 3-2-13　输入姓名对话框